U0295503

大飞机出版工程　总主编／顾诵芬

民机先进航电系统及应用系列

主编／冯培德　执行主编／金德琨

国家出版基金项目
NATIONAL PUBLICATION FOUNDATION

民用飞机
客舱与机载
信息系统

Cabin and Onboard
Information System of Civil Aircraft

周贵荣 曹全新 等／著

上海交通大学出版社
SHANGHAI JIAO TONG UNIVERSITY PRESS

内容提要

本书针对民航领域新兴的信息系统和客舱系统两个系统的技术体系,从历史、工程设计、集成、验证、适航、产品化和制造需要的角度对信息客舱系统的标准及规章基础、功能描述、基础技术、集成验证、发展趋势等方面进行了阐述。全书共 7 章,既有顶层的概述、依据标准规章和历史,又有具体功能板块领域的深入阐述,并对信息系统和客舱系统所必需的技术基础进行了分述,旨在以点带面,为科技工作者的深入研究提供参考。此外,本书对当今信息与客舱的基于宽带空地无线通信的一体化发展进行了展望。

本书内容全面、工程应用性强,既可作为民用飞机从事信息系统和客舱系统设计的工程技术人员的参考用书,也可作为高等院校相关专业的教材。

图书在版编目(CIP)数据

民用飞机客舱与机载信息系统/周贵荣等著.—上海:上海交通大学出版社,2019(2020 重印)

大飞机出版工程

ISBN 978-7-313-22774-4

Ⅰ.①民…　Ⅱ.①周…　Ⅲ.①民用飞机-客舱-信息系统　Ⅳ.①V223

中国版本图书馆 CIP 数据核字(2020)第 003704 号

民用飞机客舱与机载信息系统

MINYONG FEIJI KECANG YU JIZAI XINXI XITONG

著　　者:周贵荣　曹全新　等

出版发行:上海交通大学出版社　　　　　地　　址:上海市番禺路 951 号

邮政编码:200030　　　　　　　　　　　电　　话:021-64071208

印　　制:上海盛通时代印刷有限公司　　经　　销:全国新华书店

开　　本:710mm×1000mm　1/16

字　　数:351 千字

版　　次:2019 年 12 月第 1 版　　　　　印　　次:2020 年 11 月第 2 次印刷

书　　号:ISBN 978-7-313-22774-4

定　　价:260.00 元

民用飞机客舱与机载信息系统
编写人员

主　　编　周贵荣

副 主 编　曹全新　曾　利　黄建民　张军才

校　　审　曹全新　任振东　孙志强

编　　委　霍元杰　廖达科　孔德岐　严林芳　张　超　陈　斌　吴英建

编写成员　（按姓氏拼音顺序排）

　　　　　曹全新　陈　珊　杜稀晖　范琛琛　辜迎佳　靖　丹　寇含军　李伟杰

　　　　　刘　鑫　刘　绚　刘子尧　荣佑珍　邵立群　宋志超　孙志强　王鹤彬

　　　　　徐睿娜　杨继华　杨　融　张　双　赵建平　赵腊才　赵庆贺　郑　涛

　　　　　周　斌　朱恩亮　朱婧媛

总序

国务院在 2007 年 2 月底批准了大型飞机研制重大科技专项正式立项,得到全国上下各方面的关注。"大型飞机"工程项目作为创新型国家的标志工程重新燃起我们国家和人民共同承载着"航空报国梦"的巨大热情。对于所有从事航空事业的工作者,这是历史赋予的使命和挑战。

1903 年 12 月 17 日,美国莱特兄弟制作的世界第一架有动力、可操纵、重于空气的载人飞行器试飞成功,标志着人类飞行的梦想变成了现实。飞机作为 20 世纪最重大的科技成果之一,是人类科技创新能力与工业化生产形式相结合的产物,也是现代科学技术的集大成者。军事和民生对飞机的需求促进了飞机迅速而不间断的发展,应用和体现了当代科学技术的最新成果;而航空领域的持续探索和不断创新,为诸多学科的发展和相关技术的突破提供了强劲动力。航空工业已经成为知识密集、技术密集、高附加值、低消耗的产业。从大型飞机工程项目开始论证到确定为《国家中长期科学和技术发展规划纲要》的十六个重大专项之一,直至立项通过,不仅使全国上下重视起我国自主航空事业,而且使我们的人民、政府理解了我国航空事业半个世纪发展的艰辛和成绩。大型飞机重大专项正式立项和启动使我们的民用航空进入新纪元。经过 50 多年的风雨历程,当今中国的航空工业已经步入了科学、理性的发展轨道。大型客机项目其产业链长、辐射面宽、对国家综合实力带动性强,在国民经济发展和科学技术进步中发挥着重要作用,我国的航空工业迎来了新的发展机遇。

大型飞机的研制承载着中国几代航空人的梦想,在 2016 年造出与波音 B737 和空客 A320 改进型一样先进的"国产大飞机"已经成为每个航空人心中奋斗的目标。然而,大型飞机覆盖了机械、电子、材料、冶金、仪器仪表、化工等几乎所有工业门类,集成了数学、空气动力学、材料学、人机工程学、自动控制学等多种学科，是一个复杂的科技创新系统。为了迎接新形势下理论、技术和工程等方面的严峻挑战，迫切需要引入、借鉴国外的优秀出版物和数据资料，总结、巩固我们的经验和成果，编著一套以"大飞机"为主题的丛书，借以推动服务"大型飞机"作为推动服务整个航空科学的切入点，同时对于促进我国航空事业的发展和加快航空紧缺人才的培养，具有十分重要的现实意义和深远的历史意义。

2008年5月，中国商用飞机有限公司成立之初，上海交通大学出版社就开始酝酿"大飞机出版工程"，这是一项非常适合"大飞机"研制工作时宜的事业。新中国第一位飞机设计宗师——徐舜寿同志在领导我们研制中国第一架喷气式歼击教练机——歼教1时，亲自撰写了《飞机性能捷算法》，及时编译了第一部《英汉航空工程名词字典》，翻译出版了《飞机构造学》《飞机强度学》，从理论上保证了我们飞机研制工作。我本人作为航空事业发展50年的见证人，欣然接受了上海交通大学出版社的邀请担任该丛书的主编，希望为我国的"大型飞机"研制发展出一份力。出版社同时也邀请了王礼恒院士、金德琨研究员、吴光辉总设计师、陈迎春副总设计师等航空领域专家撰写专著、精选书目，承担翻译、审校等工作，以确保这套"大飞机"丛书具有高品质和重大的社会价值，为我国的大飞机研制以及学科发展提供参考和智力支持。

编著这套丛书，一是总结整理50多年来航空科学技术的重要成果及宝贵经验；二是优化航空专业技术教材体系，为飞机设计技术人员培养提供一套系统、全面的教科书，满足人才培养对教材的迫切需求；三是为大飞机研制提供有力的技术保障；四是将许多专家、教授、学者广博的学识见解和丰富的实践经验总结继承下来，旨在从系统性、完整性和实用性角度出发，把丰富的实践经验进一步理论化、科学化，形成具有我国特色的"大飞机"理论与实践相结合的知识体系。

"大飞机"丛书主要涵盖了总体气动、航空发动机、结构强度、航电、制造等专业方向，知识领域覆盖我国国产大飞机的关键技术。图书类别分为译著、专著、教材、工具书等几个模块；其内容既包括领域内专家们最先进的理论方法和技术成果，也包括来自飞机设计第一线的理论和实践成果。如：2009 年出版的荷兰原福克飞机公司总师撰写的 Aerodynamic Design of Transport Aircraft(《运输类飞机的空气动力设计》)，由美国堪萨斯大学 2008 年出版的 Aircraft Propulsion(《飞机推进》)等国外最新科技的结晶；国内《民用飞机总体设计》等总体阐述之作和《涡量动力学》、《民用飞机气动设计》等专业细分的著作；也有《民机设计 1000 问》《英汉航空缩略语词典》等工具类图书。

该套图书得到国家出版基金资助，体现了国家对"大型飞机项目"以及"大飞机出版工程"这套丛书的高度重视。这套丛书承担着记载与弘扬科技成就、积累和传播科技知识的使命，凝结了国内外航空领域专业人士的智慧和成果，具有较强的系统性、完整性、实用性和技术前瞻性，既可作为实际工作指导用书，亦可作为相关专业人员的学习参考用书。期望这套丛书能够有益于航空领域里人才的培养，有益于航空工业的发展，有益于大飞机的成功研制。同时，希望能为大飞机工程吸引更多的读者来关心航空、支持航空和热爱航空，并投身于中国航空事业做出一点贡献。

2009 年 12 月 15 日

系列序

20世纪后半叶特别是21世纪初,信息技术的高速发展带动了其他学科的发展,航空信息化、智能化加速了航空的发展。航空电子已成为现代飞机控制和运行的基础,越来越多的重要功能有赖于先进的航空电子系统来实现。先进的航空电子系统已成为飞机先进性的重要标志之一。

如果将发动机比作飞机的"心脏",航空电子系统则称得上是飞机的"大脑"和"中枢神经系统",其性能直接影响飞机的自动化和智能化水平,对飞机的安全性、经济性、舒适性、可用性等有重要的作用。由于航空电子系统地位特殊,因此当今主流飞机制造商都将航空电子系统集成与验证的相关技术列为关键技术,这也是我国亟待突破的大飞机研制关键技术。目前,国家正筹备航电专项以提升航空电子系统的自主研发和系统集成能力。

随着国家对航空产业的重视,在"十二五""十三五"民机科研项目的支持下,在国产大飞机研制的实践中,我国航空电子系统在综合化、模块化方面取得了很大的进步。本系列图书旨在将我国广大工程技术人员在航空电子技术方面多年研究成果和实践加以梳理、总结,为我国自主研制大型民用飞机助一臂之力。

本系列图书以"民机先进航电系统及应用"为主题,内容主要涵盖航空电子系统综合技术、飞行管理系统、显示与控制系统、机载总线与网络、飞机环境综合监视、通信导航监视、航空电子系统软件/硬件开发及适航审定、客舱与机载信息系统、民机健康管理系统、飞行记录系统、驾驶舱集成设计与适航验证、系统安全性设计与分析和航空电子适航性管理等关键性技术,既有理论又有设计方法;既有正在运营的各种大型飞机航空电子系统的介绍,也有航空电子发展趋势的展望,具有明显的工程实用性,对大飞机在研型号的优化和新机研制具有参考和借鉴价值。本系列图书适用于民用飞机航空电子研究、开发、生产及管理人员和高等学校相关专业师生,也可供从事军用航空电子工作的相关人员参考。

本系列图书的作者主要来自航空工业无线电电子研究所、航空工业西安航空计算技术研究所、航空工业雷华电子技术研究所、航空工业综合技术研究所、中国电子科技集团航空电子公司、航空工业陕西千山航空电子有限责任公司、上海交通大学以及大飞机研制的主体单位——中国商用飞机有限责任公司等专业的研究所、高校以及公司。他们都是从事大飞机航空电子系统研制的专家和学者,在航空电子领域有着突出的贡献、渊博的知识和丰富的实践经验。

大型民用飞机的研制承载着中国几代航空人的梦想,制造出先进的国产大飞机已经成为每个航空人奋斗的目标。本系列图书得到 2019 年国家出版基金的资助,充分体现了国家对"大飞机工程"的高度重视,希望该套图书的出版能够为国产大飞机的研制服务。衷心感谢每一位参与编著本系列图书的人员,以及所有直接或间接参与本丛书审校工作的专家学者和上海交通大学出版社的"大飞机出版工程"项目组,在大家的共同努力下,这套丛书终于面世。衷心希望本系列图书能切实有利于我国航空电子系统研发能力的提升,为国产大飞机的研制尽一份绵薄之力。

由于本系列图书是国内第一套航空电子系列图书,规模大、专业面广,作者的水平和实践经验有限,不妥之处在所难免,敬请读者批评指正!

民机先进航电系统及应用系列编委会

序

  民航客机的信息系统和客舱系统是近些年随着电子信息技术快速发展而出现在民机上的新兴系统。随着民机航空电子日益一体化的发展趋势,通过部署信息系统,传统的系统可以借助信息化手段来大幅度的提升飞行态势感知、运营效率、维护效率、管理效率、服务效率等。通过部署客舱系统,可以较大提升客舱的服务水平,方便乘务员的客舱管理与服务,提升旅客的乘坐体验,增加航空公司的品牌吸引力。站在飞机设计的角度,一本科学的、优质的产品设计工具书能够帮助设计研发人员拓展思路,系统全面地掌握系统基本知识,提升系统设计能力。

  《民用飞机客舱与机载信息系统》一书正是适应这样一种需求而开展的基础性知识分享。参与本书编制的工程技术和管理人员都来自我国民机设计的第一线,有着丰富的设计实践经验。编撰成员查阅了大量的国内外相关文献资料,并结合我国民机客舱与机载信息系统的研发经验总结凝炼成本书,奉献给广大的读者。

  本书总结了国内外先进信息系统和客舱系统设计理念,弥补了我国民机这两个系统研究的不足,提高了信息客舱系统设计、营运及管理水平。本书的出版将进一步推动我国信息客舱系统研制、运营、管理、培训各领域的综合发展,并起到重要的指导和借鉴作用。

  进入 21 世纪以来,国家大力发展民航事业,国内的飞机制造业也迎来了重要的发展机遇。ARJ21 新支线客机、C919 大型客机、新舟 700 飞机和宽体远程飞机项目相继启动,越来越多的工程技术人员和管理人员投身到飞机设计、制造和管理的行业中。虽然我国的民机产业与世界的领先水平还存在着一定的差距,但是只要中国的航空人始终秉持着一颗虚怀若谷的心,潜心钻研、默默前行,相信达到一流世界民机设计与制造水平的那天终将会到来。

（吴光辉 中国工程院院士；C919 大型客机总设计师）

前言

随着信息化技术的快速发展,美国和欧洲正致力于新一代空管系统的建设,分别提出下一代空中运输系统(NextGen)与单个欧洲空中交通管理研究(SESAR),并提出构建系统广域信息管理(SWIM),实现多种航空网络及利益相关方信息互联互通,促进传统运营、运维、管制方式的信息化转变。我国各航空公司民机规模近些年快速扩大,国产民机研制也快速推进,在这种大环境下,提高民机航空电子系统的技术先进性和国际地位,是非常重要的。作为机载航电重要成员的 ATA44 客舱系统和 ATA46 信息系统同样需要紧跟全球民机技术发展的趋势,快速研制具有竞争力的客舱和信息系统。在本书中对客舱系统和信息系统所涉及的传统功能进行了论述,同时针对信息化飞机对客舱管理、旅客服务、飞行员态势感知、航线调度管理、运维管理等所带来的功能提升也做了论述。限于篇幅,本书主要着力点在广度上。

本书是"大飞机出版工程·民机先进航电系统及应用系列"之一,本书的出版主要供从事民机信息系统和客舱系统设计研究的技术人员研究参考。本书内容涵盖了信息和客舱系统的发展历史、市场需求、典型架构、典型功能、基础技术、关键技术、应用技术、未来趋势等多个方面,可以作为广大信息系统和客舱系统设计人员、工程技术人员及相关产品研发人员等的参考工具书,为民机信息系统和客舱系统设计、适航、运营、培训和产品研制的广大工程技术和管理人员提供有益的帮助。由于作者知识所限,书中存在的不足之处,欢迎批评指正。

十分感谢吴光辉院士为本书作序。吴光辉是中国工程院院士,C919 大型客机总设计师,中国商用飞机有限责任公司副总经理。衷心地感谢本书的编制人和审稿人,正是由于大家的共同努力以及对本书进行的大量修改完善,才最终使这本专业著作能够在这么短的时间内与大家见面。本书要特别感谢主编和副主编,他们牵头负责本书的出版工作,并对整个章节的遴选、修订、审稿付出了大量的心血,才保证了整个稿件的完成。感谢上海飞机设计研究院,航空工业 631 所、633 所、212 厂,中国电科航电公司的领导和工程技术人员对本书认真编纂和校对等大量的工作。

目录

1

民机信息系统绪论

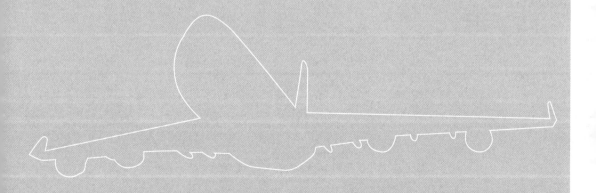

1.1　概述

随着民用飞机(简称"民机")的设计越来越先进,飞机系统的电子化程度越来越高,尤其是综合模块化航电(integrated modular avionics,IMA)技术的发展十分迅速。电子化技术的发展使得飞机上产生了大量的数据,这些数据并不是孤立地存在于飞机各个系统中,而是频繁地、大量地在飞机各个系统之间进行交互,包括在飞机与地面、飞机与人员(包括机组、乘务,以及维护人员)、机上人员之间、机上人员与地面人员之间进行交互。与传统意义上通过飞机通信系统和塔台及地面的交互不同,这一交互主要采用宽带数据通信方式,而较少采用语音通信方式。

在某种程度上,飞机的发展已经进入了"网络化"时代。一方面,飞机机载系统形成了数个局域网;另一方面,飞机作为网络终端接入地面网络,与地面形成更加紧密甚至是无缝的连接。

在这样的需求下,全球各大民机制造商加大了对飞机、地面,以及飞机内部的网络化应用开发,试图建立新一代民机信息系统网络,以期更加高效、便捷地实现飞机系统间、飞机与人员、飞机与地面的数据传输与网络交互。

民机信息系统正是基于方兴未艾的 IMA 技术,对传统意义上的飞机互联系统进行整合和划分,建立了开放式的信息系统网络架构,实现了飞机信息服务域与地面支持网络互通互联的功能。

目前,参与商业运营的客机一般具有机体庞大、构造复杂、设备众多、功能纷繁、飞行环境多样等特点。其中,有较多的飞机系统设备为飞机提供信息服务,如机载数据加载器为飞机系统提供软件加载服务,快速访问记录器为飞机提供数据记录服务,中央维护功能为飞机提供维护服务,驾驶舱电子飞行包

(electronic flight bag，EFB)为飞机提供无纸化驾驶舱信息服务，客舱管理系统(cabin management system，CMS)为乘务员提供客舱信息服务和管理等。这些服务的一个共同特点是，需要与大量其他飞机系统进行数据交互，并且都有数据存储、数据分发的需求。

除此之外，针对航空公司对飞机进行飞行品质分析、综合健康监控的需求，近年来众多飞机制造商都在研究飞机健康状态监控系统，大量采集飞机系统参数，并进行存储和对地传输。

在上述背景下，现代民机迫切需要建立统一的信息处理平台，提高飞机信息服务的效率，减少重复使用的各种繁杂的信息服务设备。民机信息系统应运而生，该系统旨在通过采用模块化技术，整合以上各项服务所需的功能，建立开放式网络架构，成为飞机的各种信息的存储、传输、记录和访问的中枢，既能与多种飞机系统进行数据通信，又能为人员提供统一的信息访问，还能够作为终端与地面网络进行数据通信。

在 ATA 2200 航空维修资料(information standards for aviation maintenance)中，第 46 章为信息系统，具体的定义为：提供相应信息化手段，代替在纸质、缩微胶卷或缩微胶片等传统介质的信息，数字化到电子设备或组件中的机载系统，以便于存储、更新和检索，包括专用于信息存储和检索功能的单元。

信息系统包含的子章节有：

(1) ATA46 - 10 飞机通用信息系统(airplane general information systems)。飞机通用信息系统包含底层的宽带通信网络(有线、无线)和通用的数据服务平台，为信息系统或其他系统的应用提供数据和通信网络。此外，飞机通用信息系统还应提供数据和网络等的信息安全，保护飞机机载系统不受外部系统非法数据的威胁。

(2) ATA46 - 20 驾驶舱信息系统(flight deck information systems)。驾驶舱信息系统指为飞行员提供辅助飞行服务的系统或设备，如 EFB、打印机等。主要目的是实现无纸化的驾驶舱环境，最大化地方便飞行员对诸如手册、航图、日志等资料的获取，辅助飞行员的操作，减轻飞行员的负担。

（3）ATA46－30 维护信息系统（maintenance information systems）。维护信息系统指为机载维护系统功能，维护技师、地面维护活动等提供支持，如提供维护数据的分发和传输、数据的处理和分析等。目的是提高地面维护的效率，降低维护人员的工作强度。

（4）ATA46－40 客舱信息系统（passenger cabin information systems）。客舱信息系统指为支持客舱旅客、客舱操作和乘务组提供支持信息，如为客舱系统提供经纬度、高度、速度等飞机参数。

（5）ATA46－50 其他信息系统（miscellaneous information systems）。其他信息系统指为飞机制造商定义的除以上其他方面的应用提供信息，如地面滑行防撞、机场移动地图、舱单、签派等运营服务。

随着信息技术和航空制造业的发展，信息系统的定义也在悄悄发生变化。目前信息系统不仅仅是提供存储、更新和检索数据的系统，而且已经发展成为机载系统提供开放网络和通用化服务平台的模块化系统，还是包含信息系显示终端、EFB、空地无线互联、打印机、视频监视等周边设备在内的综合化民机信息系统。

民机信息系统根据美国航空运输协会（Air Transport Association，ATA）的分类标准，其中包含飞机通用信息系统、驾驶舱信息系统、维护信息系统、客舱信息系统以及其他信息系统。飞机通用信息系统主要是为民机信息系统提供信息转换、信息传输、信息安全认证、信息储存、第三方软件驻留、基于网络的驾驶舱打印服务等；驾驶舱信息系统主要为飞行机组提供显示、控制及应用服务（电子航图、机组操作手册、机组维修手册等文件服务、飞机性能计算、在线气象、电子日志等）；维护信息系统主要为维护系统、记录系统提供应用驻留、信息安全快速传输的服务平台；客舱信息系统主要为客舱系统的乘务员及旅客提供信息定制服务、所需其他系统的图像、参数信息等；其他信息系统主要包括滑行监视系统、起落架监视系统、客舱监视系统、货舱监视系统等信息系统应用。

1.2 民机信息系统的定义范畴

1.2.1 民机信息系统的定义

根据 ATA46 章节的定义，民机信息系统指提供数据存储、更新、提取数字信息等一系列服务的一组部件和单元，其中包括专门用于信息存储和提取功能的硬件，例如大型数据存储和控制器，不包含用于其他用途与其他设备共享的硬件，例如驾驶舱打印机或通用显示器。

民机信息系统分别分布在"航电域"和"开放域"之中。航电域聚集了对安保环境要求较高的信息系统，开放域的系统则可作为航电域内信息系统的延伸，是为了满足航空公司、机务人员以及旅客的需求而存在。

民机信息系统，属于分布在航电域、信息域和开放域等多个域的系统，它起到了重要的过渡和延伸作用，为飞行员、乘务、机务人员提供多种支持与服务。因此民机信息系统的存在，旨在提高用户对飞机状态的意识程度，提高飞机整体的自主性。民机信息系统通过对数据的管理，帮助用户方便快捷地获取数据，为用户提供性能优化方案，为机务人员提供维护工具，方便其获取并更新数据，缩短维修时间，同时帮助优化客舱人员的服务。

民机信息系统可被具体划分为如下系统。

(1) 驾驶舱信息系统：支持驾驶舱人员，提供飞行操作服务。

(2) 通用信息系统：为飞机控制域、信息域和开放域提供数据互联、网络安保、数据和应用驻留服务。

(3) 维护信息系统：支持维护人员，提供维护支持服务。

(4) 客舱信息系统：支持旅客以及乘务，提供客舱服务。

(5) 其他信息系统：支持其他用户，提供相关服务。

民机信息系统由硬件平台以及一系列软件应用和电子文档组成。硬件平台构建经济性强、用途多样的网络系统，用于数据交换、计算和应用的驻留。软件及电子文档则为不同的用户提供针对性的工具及文档，从而实现不同应用场景下的任务。民机信息系统将会极大地改善包括飞行员、机务和乘务员在内的航线操作体验。

1.2.2 民机信息系统的意义

现代社会的每一方面都是很大程度地依赖着信息而得以发展的。脱离了信息将无处前行，大众普遍认为，信息代表了控制力，谁拥有了信息谁就拥有了控制力。信息是发展其他资源的重要前提。不断变化的现代化组织使不同层面的信息管理变得尤为重要。因此开发并且使用信息管理系统已经成为现役机型的必然趋势，利用合适的信息将能够促使更好地制订计划，更好地做出决定以及获得更好的结果。

信息已经成为一项重要的资源，对于现代社会的个人和系统的正常发展都尤为重要。技术的发展正不断改变着信息的获取、处理、存储、传播以及使用的方式。因此，如同系统中其他的资源一样，信息同样需要被合理地管理以保证成本的有效使用。

计算机技术的快速革新促使人们更加期待通过计算机辅助解决越来越多的复杂问题，这些复杂问题在几年前曾被认为仅仅存在于人们直觉的判断过程中。信息系统在先进的并不断发展的环境或组织中正获得越来越多的关注。方便、快捷、经济的访问信息的需求促使数据库的生成、管理以及使用设计程序尤为迫切。在现行的组织环境中，信息管理系统或者信息系统，尤其是针对与决策过程密切相关的信息，正逐渐被视为重要的系统。信息系统能够将原始数据通过一些处理过程转化成有价值的信息。信息系统应包含如下功能：

（1）获取，将捕获或者生成的原始数据初次导入系统。

（2）记录，物理存储捕获数据。

（3）处理，根据系统需求转换数据。

（4）传播，发生在信息系统内部的数据流。

（5）存储，保存用于将来使用的数据。

（6）检索，搜索记录的数据。

（7）呈现，发布或传达数据。

（8）决策，只针对参与了决策过程的数据管理。

民机信息系统作为民机环境下的信息管理系统，能够为不同的使用者进行信息处理，支持不同场景下的决策过程。民机信息系统在提高航空公司的日常运营、管理、维护、维修中正发挥越来越重要的作用。

1.3　民机信息系统发展历史

国外大型客机在提高运营效率方面经历了三个阶段：第一个阶段系统仅有机载维护功能，没有信息服务功能，并未实现功能一体化，以空客 A330 及波音 767 等大型客机为标志；第二个阶段具有维护功能和信息服务功能，实现了不同程度的功能或架构一体化，但并未实现完全的一体化，以空客 A380 和波音 787 为标志；第三个阶段，飞机不但具有维护功能和信息服务功能，而且可以提高航空公司运行控制（airline operational control，AOC）准确性和便利性、满足快速运行维护需要等功能、提供机上人员获取航线公共信息服务网络等，并实现了所有非安全关键信息的集中处理和优化，实现了完全的一体化设计。

1）第一阶段

民机信息系统起源于 EFB 技术。起初为了满足"无纸化驾驶舱"的需求，最早的应用主要是将原有的纸质飞行包转换为电子文档的数字化飞行包，安装在便携式的计算机里，与飞机之间不产生任何信息交互，这称为第一代 EFB 系统。随着 EFB 内大量的新的应用，EFB 与飞机其他部件之间产生了交换数据的需要，诞生了第二代 EFB 系统。第二代 EFB 由于实际需要，其实现形式发生了异构,因此出现了 SMART 类 EFB 和坞站式的 EFB。

民机信息系统的一个方向是扩展 EFB 系统的应用。随着移动航图、门到门服务等新的应用,信息系统要求与飞机系统的信息交互实时性越来越高,传统的基于非实时操作系统的架构已不能适应新的应用要求,这些功能的软件/硬件平台必须基于实时操作系统才能保证其安全性,其实现架构主要有以下两类:一类为独立的电子飞行包,独立的航线可更换件(line replaceable unit,LRU)专门提供 EFB 的应用,软件/硬件结合紧密;另一类为综合化的系统平台,EFB 软件驻留在具有实时操作系统的通用模块中,其驻留的平台可以是航电核心系统平台,也可以是通用信息处理计算机平台。这两类平台都是基于模块化架构设计的,差异仅在于硬件的安全等级的高低。

2)第二阶段

民机信息系统的另一个方向是与维护系统、记录系统的融合。出于维护系统和飞行记录系统的功能扩展的需要,且为了降低这两个系统的研制成本,逐步将其驻留在通用化的信息处理计算机平台中。同时,在这个领域美国国家航空航天局(National Aeronautics and Space Administration,NASA)根据2000—2017 年飞机的事故发生概率,将发展航空器综合健康管理(integration vehicle health management,IVHM)系统作为下一步降低非操作相关的灾难或事故的主要手段。包括系统或设备发生失效或故障,结冰、风切变或雷暴等引起的飞行器失去控制,而这些由于失去控制引起的事故中有 26% 可以通过IVHM 的实施得以解决。目前,空客的 AIRMAN 地面支持系统,波音的飞机健康管理(aircraft health management,AHM)地面支持系统,通用电气公司(General Electric Company,GE)的发动机状态监控地面支持系统,都是基于对视情维护 LRU 的普遍规律和原理的分析,通过增强典型的性能趋势监控功能,逐步提高视情维护提前量,做到提前预防,降低飞机的故障率。另外,经过这些年的积累,依据各航空公司的数据收集、整理和分析,以及部件趋势的维护方法的经验数据,许多零部件维护的状态模型得以建立。IVHM 的大量实施对提高民机的安全飞行和经济运行有着重大的推动作用。但是,怎样让地面快速而又方便地下载机上被监测系统的运行数据?怎样将这些下载下来的数据快速地分发到需要的用户手中?随着机载信息系统与维护系统、记录系统的融合,飞机的状态监测数据可以通过无线的方式快速高效地分发到用户手中。

3) 第三阶段

民机信息系统本身的功能也在不断扩展,随着图像处理技术的发展和应用,产生了众多的视频监视领域的应用,如驾驶舱门监视、滑行监视、客舱监视、货舱监视、垂尾俯视监视、下视风景监视等。所有的这些都大大地增强了飞行员和机上其他人员对飞机多个区域的态势感知能力,提高了飞行安全性。

出于减轻飞机重量、降低功耗、提高系统的可靠性与维护性、提高资源利用率、降低研发费用等方面的需要,信息系统、维护系统和记录系统在今天的技术应用中,相互之间都进行了不同程度的综合。可扩展的信息服务器不同程度地都驻留了信息、维护、记录的功能软件,这样渐渐地形成了综合的机载信息系统架构的一般模式。

由于与民机信息系统交联的系统当今大量地使用 ARINC 664 Part7 总线,并且与地面支持系统通过无线局域网(wireless fidelity,WiFi)或 3G/4G/5G 进行无线通信,这就带来了新的问题——网络安全,因此在民机信息系统的研制中,把安全网关的设计和审查放在重要的位置,如图 1-1 所示。并且在每个网络域都和地面相应的服务网络产生了信息交互,如图 1-2 所示。

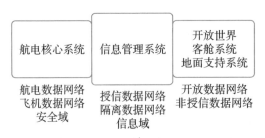

图 1-1　民机信息系统在飞机网络安全域的划分

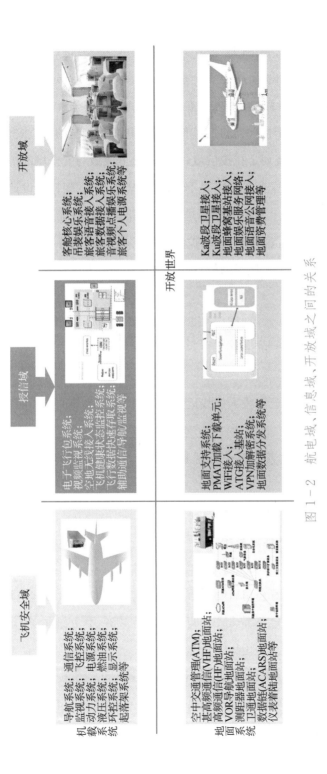

开放域

客舱核心系统;
吊装娱乐系统;
旅客语音接入系统;
旅客数据接入系统;
音视频点播娱乐系统;
旅客个人电源系统等

Ka波段卫星接入;
Ku波段卫星接入;
地面蜂窝基站接入;
地面娱乐服务网络;
地面语音公网接入;
地面资费管理等

开放世界

授信域

电子飞行包系统;
视频监视系统;
空地无线接入系统;
飞机健康状态监控系统;
飞行数据快速存取系统;
辅助通信导航监视系统等

地面支持系统;
PMAT加载下载单元;
WiFi接入;
ATG接入基站;
VPN加解密系统;
地面数据分发系统等

飞机安全域

导航系统; 通信系统;
监视系统; 飞控系统;
动力系统; 电源系统;
液压系统; 燃油系统;
环控系统; 显示系统;
起落架系统等

空中交通管理(ATM);
甚高频通信(VHF)地面站;
高频通信(HF)地面站;
VOR导航地面站;
测距器地面站;
卫通地面站;
数据链(ACARS)地面站等
仪表着陆地面站等

机载系统

地面系统

图 1-2 航电域、信息域、开放域之间的关系

11

从图 1 - 2 可以清晰地看出，美国联邦航空局（Federal Aviation Administration，FAA）和欧洲航空安全局（European Aviation Safety Agency，EASA）在审查机载信息系统时将机载信息系统的网络安全放在非常重要的位置，在实现"信息化、电子化"的同时，其首要目的是防止传统的飞机安全域受到外界侵害，机载信息系统划定在授信域，作为连接开放域与安全域的桥梁，三个网络域的优先级以及安全防护要求是不同的。基于以上的架构和设计理念，机载信息系统在新研飞机上的应用主要是以强化机载信息系统通用处理平台为核心，EFB、网络打印机、视频监视、维护信息系统、记录系统等都是基于该平台进行的扩展应用，可以大大地提高信息的共享性和网络安全性。

1.4　民机信息系统发展现状

当今航空公司基于已经投入航线运营的飞机，出于改装的需要而进行了局部应用改装，如波音 737、波音 747、空客 A320、空客 A340 等。另外一批新研的飞机则是从民机信息系统整个系统级的高度，进行了研制和应用，如波音 787、空客 A380、空客 A350 等。

1.4.1　波音公司的信息系统

1.4.1.1　波音 787 飞机信息系统

波音 787 飞机是波音公司研制的第一种全信息化飞机，大量地应用了信息技术，采用了全新的航电系统 IMA 架构。波音 787 中央维护系统（central maintenance system，CMS）由以下功能组成：

（1）中央维护计算功能（central maintenance computing function，CMCF）。

（2）飞机状态监控功能（aircraft condition monitor function，ACMF）。

（3）数据采集功能。

（4）机载数据加载功能（onboard data loading function，ODLF）。

（5）机载存储管理功能（onboard storage module function，OSMF）。

波音 787 中央维护系统的功能分别驻留在 IMA 系统平台和信息系统平台中，在两个平台的驻留情况如图 1-3 和图 1-4 所示。

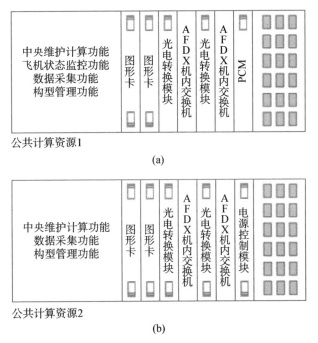

图 1-3　波音 787 IMA 系统平台驻留的中央维护系统功能

（资料来源：https://cdmd.cnki.com.cn/Article/CDMD-10059-1016775896.htm）

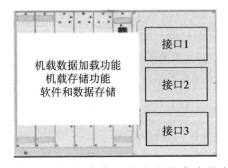

图 1-4　波音 787 信息系统平台驻留的中央维护系统功能

（资料来源：https://cdmd.cnki.com.cn/Article/CDMD-10059-1016775896.htm）

从图 1-3 和图 1-4 中可以看出，波音 787 的中央维护系统的 CMCF 和 ACMF 依旧驻留在航电系统的 IMA 系统平台中，而 ODLF 和 OSMF 已经集成到信息系统的综合处理平台中。也就是说，波音 787 仅实现了部分维护功能与信息服务功能的一体化。

波音 787 信息系统是一个包含了核心网络处理机、EFB 显示器、EFB 电子单元、多功能键盘、机场无线通信单元、打印机、视频监视系统等多个机载设备在内的大型综合航电系统，其架构如图 1-5 所示。

波音 787 信息系统的核心设备是核心网络处理机，它采用了综合化模块化架构，实现了大部分非安全关键信息的集中处理，提高了机载信息资源的利用率，降低了机载设备的数量。核心网络处理机由以下模块组成。

（1）网络接口模块（network interface module，NIM）：用于与航电系统进行网络通信。

（2）以太网网关模块（Ethernet gateway module，EGM）：用于连接开放世界域内的设备。

（3）管制员服务器模块（controller server module，CSM）：用于驻留飞行员与管制员的通信功能。

（4）机组信息系统/维护信息系统模块（crew information system/maintenance information system module，CIS/MISM）：用于驻留数据加载功能、机载存储管理功能及软件和数据存储等应用。

（5）核心网络应用服务模块（core network application server module，CNASM）：用于驻留客舱日志、维护文档等应用。

1.4.1.2　波音 AHM 系统介绍

波音公司为了在飞机信息化方面取得竞争优势，根据客户需要，投入大量的人力和物力开发建设了波音 AHM 系统，为波音的客户（服役的具有机载信息系统的机型）提供信息化运维服务。

波音的 AHM 系统主要是依托波音飞机装载的机载信息系统与地面的信

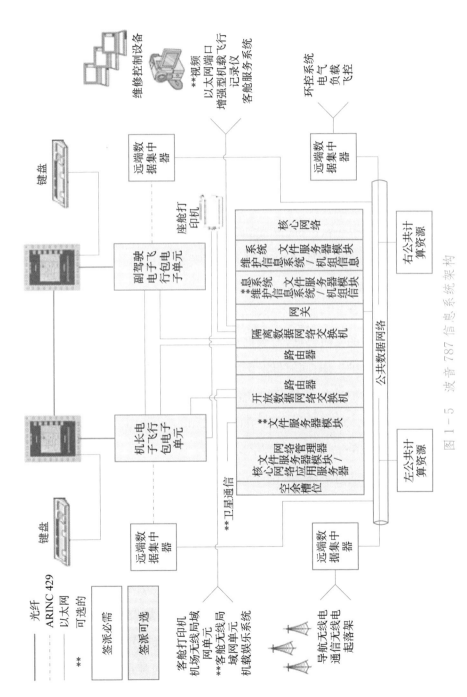

图 1-5　波音 787 信息系统架构

（资料来源：https://wenku.baidu.com/view/6061e3de3069a451772321160ddccda38366be165.html）

息互联,将飞机的状态监控数据以每秒几万个数据的速度存储在记载信息服务器内,并通过无线和有线等形式将数据传送至波音的数据中心进行数据加工和分析,为全球用户提供远程维护维修支持服务。

波音公司已将故障诊断与健康管理应用到民用航空领域。为了提高飞行安全性和降低维护成本,波音公司联合霍尼韦尔公司为波音 777 飞机研制了一个综合故障诊断与健康管理系统,命名为"飞机信息管理系统"(aircraft information management system,AIMS)。该系统将以往分散在许多 LRU 中的一些飞机功能用一个集中的计算机系统来管理。正在开发的以信息为依据的维修和保障系统(informed maintenance and support system,IMSS),将飞行器、维修调试活动、维修人员、保障设备和后勤系统集成到一起,形成一个坚实的管理保障系统。

波音公司的 AHM 系统是一个先进的自动化维护决策支持系统。它收集和处理飞机在飞行中的实时数据,对数据进行监控和分析,决定对飞机和主要部件的当前和计划维护工作;同时针对影响飞机飞行或需要采取的维护措施,AHM 提供相关的维护文件链接,包括客户的飞机最低设备清单(minimum equipment list,MEL)、故障隔离手册(fault isolation manual,FIM)和飞机维护手册(aircraft maintenance manual,AMM)等。

飞机维护工程师通过登陆 MyBoeingFleet.com 网站就可以浏览到 AHM 系统提供的数据,从而对整个机队的飞行状态进行监控。对于 AHM 系统监控的飞行中故障,维护工程师提前准备好了排故文件和所需器材及人力。飞机落地后马上安排进行维修,从而减少了飞机停留时间,增加了飞机的可利用率。

波音公司的 AHM 系统在法国航空公司、美利坚航空公司、日本航空公司、泰国航空公司、阿联酋航空公司、新西兰航空公司和新加坡航空公司的波音 777、波音 747 - 400 飞机(实现部分信息化功能的改装飞机)上被大量采用,提高了飞行安全和航班运营效率。据波音的初步估计,通过使用 AHM 可使航空公司节省约 25% 的因航班延误和取消而导致的费用。此外,AHM 通过帮助航空公司识别重复出现的故障和发展趋势,支持了机队长期可靠性计划的实现。

1.4.2　空客公司的信息系统

1.4.2.1　空客 A330 飞机信息系统

空客 A330 是正在运营的大型客机,但并未装备机载信息系统等专门用于提高飞机运营效率的先进系统,仅装备了中央维护系统。其维护系统信息化架构如图 1-6 所示。

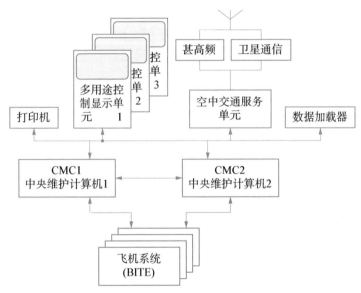

图 1-6　空客 A330 维护系统信息化架构

(资料来源:https://www.airacm.com/read/95717/)

系统的设计目的是通过在驾驶舱内直接指示故障信息,并提供特定的测试功能,为维护任务提供便利,降低维护成本。系统可以支持如下两级维护任务。

(1) 航线短停:更换设备。

(2) 主基地:排故。

空客 A330 维护系统由如下设备组成:

(1) 所有机载电子系统内的内置测试设备(built in test equipment,BITE)。

（2）2个完全独立的中央维护计算机（central maintenance computer，CMC）。

（3）3个多用途控制显示单元（multi control & display unit，MCDU），同时也用于飞行管理系统和飞机状态监控系统等。

（4）1个打印机（A4格式）。

在正常状态下，只有CMC1处于工作状态，另一个CMC2备份。当CMC1失效时，CMC2自动接管并进入工作状态。飞行员也可以通过驾驶舱顶部的面板按钮强制切换，使CMC2处于工作状态。

1.4.2.2　空客A380飞机信息系统

空客A380维护系统可以为如下活动提供支持：飞机服务、航线维护（定期维护和非定期维护）、飞机构型和重构监控。

空客A380维护系统信息化架构如图1-7所示，由3个子系统组成。

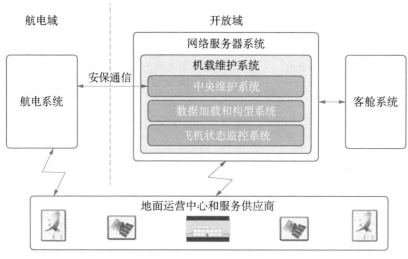

图1-7　空客A380维护系统信息化架构

（资料来源：https://www.airacm.com/read/80590/）

（1）中央维护系统（central maintenance system，CMS）：识别、集中和存储机载系统的失效。

（2）飞机状态监控系统（aircraft condition monitor system，ACMS）：支持

预防性维护和深度调查。

（3）数据加载和构型系统（data loading and configuration system，DLCS）：管理数据加载和机载设备的构型管理。

空客 A380 维护系统并未驻留在 IMA 中，而是驻留在信息系统的网络服务器系统（network server system，NSS）中，基本实现了与信息系统的功能融合。像客舱系统一样，维护系统（通过安保通信接口）从航电系统接收数据。维护数据可以通过信息系统的人机界面访问，在飞机飞行阶段传输到地面运营中心和服务提供商。

空客 A380 信息系统是一个包含机载信息终端、多功能键盘、打印机、机载维护终端（onboard maintenance terminal，OMT）、视频监视系统和网络服务器系统等设备在内的大型复杂机载系统，其架构如图 1-8 所示。信息系统驻留了大量的信息应用，可分成如下 4 种：支持飞行操作的工具；支持客舱操作

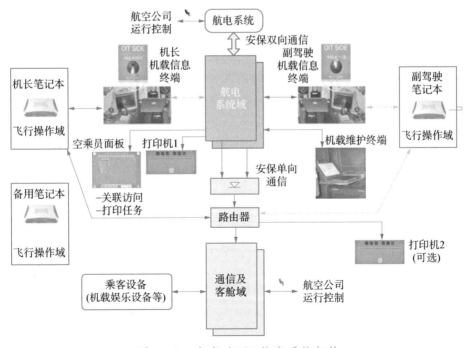

图 1-8　空客 A380 信息系统架构

（资料来源：https://wenku.baidu.com/view/531c4e04b9f67c1cfad6195f312b3169a551eab5.html）

的工具;支持维护操作的工具;支持旅客、飞行机组和乘务机组的信息服务。

空客 A380 信息系统的应用驻留在 NSS 的 3 个网络域(航电系统域、飞行操作域、通信及客舱域)中,其驻留情况如图 1-9 所示。

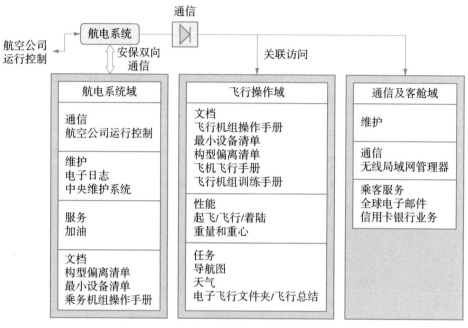

图 1-9　空客 A380 信息系统的应用驻留情况

(资料来源:https://www.airacm.com/read/80590/)

空客 A380 在网络服务器系统的航电系统域内集成了空中交通控制(air traffic control,ATC)系统功能,其信息化架构如图 1-10 所示。它可以通过高频(high frequency,HF),甚高频(very high frequency,VHF)或卫星通信系统实现飞机和空管中心的数据链通信。ATC 系统的具体功能如下。

(1)提醒功能:向空管中心发送飞机身份信息,如飞机注册号和航班号等,建立数据链通信连接。

(2)数据链通信功能:使飞行机组可以发送请求、发送报告、阅读上传消息、回答上传消息、请求和接收终端区自动信息服务(automatic terminal information service，ATIS)消息等，也可以请求离港许可等空管指令。支持的通信消息包括预先定义的消息和自由编辑的消息。

（3）自动相关监视功能：自动产生监视数据报告，并传送给空管中心。

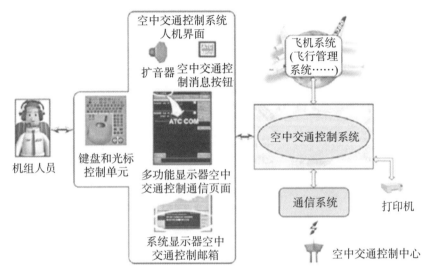

图 1-10　ATC 系统信息化架构

空客 A380 基本实现了维护与信息服务功能的一体化，但由于系统设备过多、架构复杂、处理资源分散，未能形成一体化的平台架构。

1.4.2.3　空客 A350 飞机机载信息系统

空客 A350 飞机机载信息系统具有如下功能。

（1）中央维护系统：识别、集中并存储系统的失效信息，可通过信息化链路无线下传。

（2）电子日志（e-logbook）及数字客舱飞行日志（digital cabin logbook，DCL）可过站自动推送至航空公司信息中心。

（3）飞机状态监控系统：可通过获取的机上状态监视数据开展大数据挖掘分析，从而支持预防性维护及深度调查。

（4）数据加载和构型报告系统：可通过网络在线管理数据加载和机载设

备的构型。

　　维护人员可以通过驾驶舱内的机载维护终端访问维护数据。在飞行阶段，维护数据也可以传输到飞行操作地面中心或服务供应商。空客 A350 飞机维护系统信息化架构如图 1-11 所示。

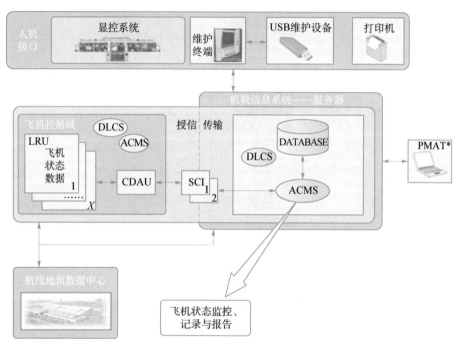

ACMS—飞机状态监视系统；CDAU—集中数据采集单元；DLCS—数据加载和构型系统；PMAT—便携式维护访问终端。

图 1-11　空客 A350 飞机维护系统信息化架构

（资料来源：http://www.cnki.com.cn/Article/CJFDTotal-KONG201909013.htm）

　　空客 A350 信息系统由如下功能组成：通用信息处理功能和空中交通控制通信（air traffic control communication，ATC COM）系统组成 AOC 功能；客舱操作等其他功能。

　　飞行机组使用 AOC 功能与航空公司地面控制中心交换飞机操作或管理信息，包括如下功能：

　　（1）管理飞行操作，包括数据初始化、飞行记录、飞行总结、自由文本、预计到达时间、随机服务请求等。

（2）检查天气状态，包括天气预报、例行天气报告、重要气象情报等。

（3）管理与离港、起飞、飞行和登机门相关的航班延误。

（4）管理飞行参数。

ATC COM 系统提供飞机与 ATC 中心之间数据链通信，使空中交通管制人员可以监控飞机位置并进行相应的交通管制。飞机和地面空管中心的通信可以通过 HF、VHF 或卫星通信系统实现。

空客 A350 一体化机载系统融合了机载维护功能、机载信息服务、AOC 和 ATC 等非安全关键信息功能，并采用了模块化和网络化的平台架构，实现了功能与架构的完全一体化。

1.4.2.4　空客 AIRMAN 系统介绍

空中客车公司将健康管理思想引入飞机的实时运行监控中，开发了飞机维修分析软件工具 AIRMAN，实现了对飞机的实时监控及故障诊断，并提供排故建议。飞机的机载信息与维护系统从各系统的 BITE 收集系统的故障信息，通过飞机通信寻址和报告系统（aircraft communication addressing and reporting system，ACARS）传送到地面。在收到故障报告后，地面的工作人员做出快速响应，在飞机降落之前就做好修理准备，而不是等飞机着陆之后才开始做准备。AIRMAN 还可以提供预防型维修所需的日常工作清单，维修控制中心和航线维修人员利用 AIRMAN 管理飞机的计划外维修。

1.4.3　全球其他民机公司的信息系统

1.4.3.1　巴西航空工业公司

巴西航空工业公司于 2006 年 6 月为 E170/190 飞机推出了基于网络的飞机健康分析和诊断排故（aircraft health analysis and diagnosis，AHEAD）软件，其启动用户是美国低成本的捷蓝航空公司。

AHEAD 可自动向地面传送飞机系统发出的报警信息，在飞行过程中持续地监控飞机的健康状况。航空公司接收到飞机的健康信息后会形成故障识别报告，并采取纠正和预防措施。

巴航航空工业公司称，通过 AHEAD 的使用，可以明显地提高飞机的技术签派率。

1.4.3.2　庞巴迪公司

庞巴迪公司于 2009 年 6 月推出了基于 iflybombardier. com 网站的 eService 系统，作为一个先进的交互式客户门户网站服务系统，eService 系统可以减少飞机的维修时间、提高 CRJ 系列和 Q 系列飞机客户的运营效率。维修人员和决策者通过该网站可以更快捷、更详尽地查询数据，从而快速地隔离故障和采取正确的行动解决问题。

庞巴迪公司的 iflybombardier. com 网站还提供飞机故障诊断解决方案、飞机性能分析(aircraft performance analysis，APA)、在线技术请示(OTR)和数字化数据导航(DDN)4 种新的服务项目。这些新型的诊断和分析工具可以将 CRJ 和 Q 系列飞机的维修资源提升至新水平。

1.5　民机信息系统的功能及组成

1.5.1　民机信息系统的功能及应用

民机信息系统为飞行员提供包括电子飞行日志、电子地图、电子飞行手册等在内的电子飞行包功能；为飞行管理系统、机载数据链、机载维护系统和 EFB 等提供网络打印功能；为机组和其他机上人员提供飞机内、外部分的视频画面；提供机载网络与地面公共网络的数据通信，并确保机载数据网络的安全，从而为地勤人员的维护作业提供宽带无线通信支持。此外，信息系统通过模块化通用计算平台，提供安全等级为 D 和 E 的第三方应用软件的驻留与运行能力。

举例来说，现行的民机信息系统划分为通用信息子系统、驾驶舱信息子系统、维护信息支持子系统和视频监视子系统。以下从 4 个子系统分别描述各自包含的功能。

1.5.1.1 通用信息子系统功能

通用信息系统功能主要指信息系统基础的重要功能,包括如下功能:

(1) 连接和网络管理服务功能。该功能为系统内设备间和交联系统间的数据简化提供了连接与网络管理的服务,其中包括为航电核心网络与信息系统之间的数据交换提供链接和网络管理服务功能,提供了包括 ARINC 664P7、ARINC 429 与以太网协议间的数据格式转换;为信息系统内各设备和与信息系统相交联的系统等设备提供以太网形式的连接和网络管理服务。

(2) 网络安全服务功能。该功能保证航电核心网络、机载维护系统、信息系统网络等机载数据网络与外部网络间数据通信的安全,采取网络安保措施防止外部低安全等级网络对机载数据网络中的软件或数据进行有意或者无意的更改。

(3) 数据存储、应用软件驻留与运行等通用计算服务功能。该功能提供信息系统自身应用服务和第三方应用等安全等级为 D 及以下的功能应用软件的驻留、运行和数据存储等通用计算服务功能。

(4) 飞机参数服务功能。该功能指从与信息系统交联的其他系统实时获取飞机参数,支持信息系统、客舱系统及地面飞机故障诊断系统实现功能。

(5) 文件导入导出功能。导入功能指通过有线或无线的方式将地面需要上传的数据包导入信息系统的存储单元内。导出功能指通过无线或有线方式将其他系统生成的数据包以及信息系统本身的数据包导出到地面的维护支持系统。

(6) 信息系统数据加载功能。该功能指对支持 ARINC 615A - 3 协议和符合 ARINC 665 - 3 协议的外场可加载程序的信息系统内设备进行数据加载。仅在同时满足飞机停在地面,舱门打开的条件下才能提供该功能。

(7) 综合用户身份认证功能。对来自用户访问的身份认证请求,进行身份审查,并根据审查结果提供相应服务,可存储、管理和软件加载配置用户身份与权限信息。

（8）综合维护管理服务功能。产生符合 ARINC 624P7 协议的自检测、故障和构型信息，生成统一格式的信息系统级详细维护信息和 LRU 级维护信息（包括构型信息），并进行存储记录。向显示告警系统发送安全网关的状态和机载无线通信单元开关状态的告警信息，向机载维护系统发送系统的维护信息。

（9）机场无线通信功能。当飞机停泊在机场时，为信息系统与地面支持系统之间提供 WiFi、3G/4G/5G 制式的无线通信能力。并受到应用程序控制，保证在飞机起落及飞行过程中无线通信装置处于关闭状态。

（10）驾驶舱打印功能。为包括飞行管理系统、机载维护系统、机载数据链等成员系统和信息系统提供图形和文本形式的无墨打印。

1.5.1.2　驾驶舱信息子系统功能

驾驶舱信息系统子功能主要是指信息系统在驾驶舱部分所承担的功能。

（1）EFB 功能。将飞行中所需的各类文档、航图和日志等纸质资料进行电子化形式存储和显示，提供符合 AC 120 - 76B/C 等规章中的 A 类和 B 类要求的应用软件和数据库功能，并支持信息的传递和更新。另外支持符合民航条例的第三方应用。

（2）信息显示功能。向机长和副驾驶提供信息系统信息的显示功能，包括显示控制人机界面的数据、软件、画面等信息。

（3）信息输入与操作控制功能。采用触摸屏和键盘两种方式进行包括数字和字符等在内的中、英文信息的输入，实现对信息系统的操作与控制。

1.5.1.3　维护信息支持子系统功能

支持实施状态监控与健康管理功能，为状态实施监控与健康管理功能提供驻留和运行的环境，提供运行所需的接口和数据，并通过有线和无线的方式与地面支持系统进行双向的数据交互。

1.5.1.4　视频监视子系统功能

为飞行员提供客舱、货舱和飞机滑行时跑道的视频画面，记录和回放这些视频信息,机长和副驾驶可独立进行选择、实施观看和回放等操作;通过视频流媒体形式向客舱广播下视景的视频信息。

1.5.2 民机信息系统的组成

现行的民机信息系统包括如下几个部分:驾驶舱信息系统、通用信息系统、维护信息系统、客舱信息系统、视频监视系统、ATC 辅助通信系统(可选)、AOC 功能(可选),以及其他飞机系统的信息化增强(可选)。

民机信息系统是一个不断发展的新型飞机系统,随着信息化技术的发展和应用需求的不断推动,其组成在未来必将进一步得到扩展和充实。

机载信息系统为机务人员提供了一组电子文档以及应用程序。这些应用能够代替传统纸质文档以及图表。电子文档则为机务人员提供了文档浏览器,使文档访问与查询操作更为方便。

在通常情况下,该子系统组成部分包含了多个服务器,用于存储和运算数据。针对不同的网络域提供不同的服务器,如航电服务器(针对高网络安保要求的网络域)以及网络服务器(针对低网络安保要求的网络域),每一个服务器都驻留了不同的应用。并且为了保证网络安全,服务器之间的数据交换方向是单向的,即数据流只能从航电服务器流向网络服务器。

驾驶舱内部的显示器可以访问两个服务器,同时切换开关可以在显示器上切换显示两个服务器的不同应用的界面。

在通常情况下,机载信息系统为驾驶舱提供的驻留应用包括:

(1) 性能计算工具,包括起飞、飞行、降落以及重量平衡等性能计算。

(2) 电子文档浏览,包括飞行机组操作手册(flight crew operational manual,FCOM)、飞机飞行手册(aircraft flight manual,AFM)、构型偏离清单(configuration deviation list,CDL)、最低主设备清单(master minimum equipment list,MMEL)、FCTM、客舱机组操作手册(cabin crew operating manual,CCOM)以及航空公司文档。

1.6 民机信息系统的设计

虽然在现役的机型上,信息系统的设计有着很大的差异,但通常整个信息系统的设计一般是从硬件平台以及驻留应用两方面出发的。同时系统能够针对不同的网络域,提供不同的硬件平台及软件服务。

一方面,根据 ARINC 763 的定义,硬件平台主要指的是 NSS。NSS 的作用在于将航电系统、客舱系统与机务终端、维护终端连接在一起。NSS 通过多种数据链路和因特网协议(Internet protocol,IP)将机载系统与地面系统形成连接。根据 ARINC 821 的定义,NSS 提供的功能主要包括网络管理服务、空地通信管理服务以及航电接口服务。

另一方面,民机信息系统的驻留应用主要是指在 NSS 平台上运行的,旨在为机组人员、机务人员和客舱乘务员等提供一系列工具与服务的,方便其操作的软件及文档。

1.6.1 航电网络域定义

国际民航组织(International Civil Aviation Organization,ICAO)在文件 ACP - WG - S/5 WP - 11 中给出了网络域的分类。为了强调机载设备的安全性与安保性的差异,将飞机网络域划分为 4 个网络域。

(1) 飞机控制域(aircraft control domain,ACD)拥有最高的安全性要求以及安保要求。该网络域内的系统主要用于支持 ATC 以及 AOC 通信服务。飞机控制域可以被划分为两个子域:飞行及嵌入式系统子域,由驾驶舱控制;客舱核心子域,提供由客舱控制的环境功能,如环境控制、旅客广播、烟雾检测等。

(2) 航线信息服务域(airline information services domain,AISD)为非必要的应用提供通用的数据传输、计算、存储和通信服务。AISD 可以连接独立的航电系统、客舱娱乐系统、客舱分布域以及地面网络。

（3）旅客信息和娱乐服务域（passenger information and entertainment services domain，PIESD）包含了所有能够给旅客提供服务的功能或者设备，超越了传统的机载娱乐系统（in flight entertainment system，IFES）。它也包含了旅客设备连接系统、旅客飞行信息系统、宽带电视或者空地互联系统、座位信息系统和控制系统，通过 IFES 为旅客提供服务的信息服务器。

（4）旅客自带设备域（passenger owned devices domain，PODD）指旅客携带上机的与 PIESD 相连的设备。旅客设备在没有连接至 PIESD 网络域前均被视为机载网络之外的设备域。

1.6.2 信息系统设计

现行最新的信息系统主要涉及的网络域包括飞机控制域以及航线信息服务域。信息系统将飞机控制域与旅客信息娱乐服务域以及地面网络连接在一起。信息系统针对不同的网络域设计了不同的硬件平台以及软件，既保证了安全性和安保性的差异，同时又针对不同用户提供了相应的信息管理服务。

信息系统飞机控制域部分主要涉及从安保性要求高的机载系统获取参数并提供给飞行员及机务相应的服务，其中包括相应的硬件平台以及驻留应用。

信息系统主要是基于高速以太网的机载服务器、网络设备以及人机接口（human machine interface，HMI）界面，其主要功能包括如下方面：

（1）提供服务器以及路由器平台。

（2）为不同的用户提供 HMI 的连接，用户包括机组人员、机务人员。

（3）通过采用防火墙的方式，保障地面系统与机载系统间的数据通信链路安全。

（4）部分机型可以提供飞机与 AOC 中心以及其他服务供应商间的外部数据通信能力。通过安保接口与机载系统连接获取飞机参数信息，地面数据中心与航线信息服务域互联，飞机航线信息服务域内部提供专门的服务器，供数据存储以及数据处理。

航线信息服务域主要服务于维修人员，同机载航电域相连，通过航电网络获取数据，域内的信息服务器（带安全网关）与机载航电网络相连，通过航电全双工交换以太网（avionics full duplex switched Ethernet，AFDX）从航电核心网络获取 AOC 参数。

信息系统的驻留应用主要用于改善在飞机飞行状态和地面状态时的操作过程，其中包括：

（1）提供电子表格和电子文档代替纸质文件。

（2）提供一系列客户化的应用与文档，该部分既可以由航空公司开发，也可以由主制造商开发。

驻留应用的存在为机务人员提供了方便、直观并快速地访问数据的途径，为维护人员提供了方便维护的工具，为客舱乘务员提供了访问操作手册与电子表格的工具，为旅客提供了网络以及电子邮件的服务。

通过计算提供飞行操作相关的性能评估，包括起飞，巡航，降落以及配重性能评估计算。通过无线通信系统提供飞机与地面之间的通信功能。

1.7 客户对民机信息化的需求

分析国外民机信息化应用的发展，无一例外首先应用在飞机的状态监控、维修支持、飞参记录参数及时下传、航线优化等，其经历了故障诊断、远程故障诊断、参数监控、寿命管理、故障预测、系统集成等日益完善的阶段，在部件级和系统级两个层次、在机械产品和电子产品两个领域经历了不同的发展历程。当前信息技术快速与飞机维护系统、参数记录系统、信息服务等结合，其发展体现在以提高系统作业自动化需求为牵引，提高了实时监控、航线信息服务、故障诊断与预测精度，扩展了健康监控的应用对象范围。

1.7.1 黑匣子数据实时云备份的需求

当飞机在遭遇极端情况下发生事故时,黑匣子是支持事故调查的主要设备。而在马航 MH370 失联事件中,各国救援团队的首要任务也是努力定位和寻找黑匣子。虽然目前民航飞机的机载系统和设备已经实现了多次升级换代,但是黑匣子技术却由于使用频率不高而仍然停留在 30 年前的发展水平。因此,利用现有的空地海量数据实时传输技术,实现黑匣子数据的实时云备份功能,能够在飞机发生事故的第一时间内,将飞行数据备份至云端,从而有效地提高飞机的救援效率以及事故分析的效率。

黑匣子数据实时云备份技术主要涉及机载飞行数据采集技术,机载无线通信技术以及地面云备份技术 3 个方面。

1.7.2 高效的故障诊断需要

长期以来,民航运输业最激烈的一对矛盾是安全性与经济性的矛盾。如何在确保安全性的前提下,尽可能地降低成本、提高经济性,是民用航空运营人最关注的核心要素,也是主制造商关注的热点。

基于空地宽带无线通信传输技术实现飞行实时监控,通过获取飞机运行数据,并对数据进行趋势分析,为掌握飞机的实时健康状态,预测飞机未来的健康趋势,实现联机故障诊断提供了技术基础,从而服务于飞机的全寿命运行与维护过程。

实时监控与健康管理系统通过及时发现飞机故障和性能衰减,为航空公司用户及飞机制造商提供更简单和有效的排故解决方案,方便用户采取更有效的预防维修工作以及高效的工程支援来提高飞机利用率、缩短飞机延误时间、减少非计划维修、降低运行成本和维修成本。

1.7.3 空地一体化的旅客通信与娱乐信息服务

舒适性是民机的核心竞争力之一,也是航空公司占有市场份额、赢得客户所必须关注的重点。目前配置较好的飞机都装有 IFES,在飞行途中为旅客提供吊装式和椅背式的娱乐服务。然而,仅仅封闭式的娱乐服务已逐渐无法满足日益多元化的市场需求,需要逐渐丰富传统娱乐系统的内涵,主要表现为如下方面。

(1) 手机通信服务,包括语音通话、短消息等。

(2) 无线网络接入服务,包括互联网接入、电子邮件等。

(3) 终端设备(如吊装式显示器、椅背式显示器、旅客的手机、笔记本电脑等),通过机内无线网络与头端的媒体服务器通信,传输媒体数据,播放娱乐节目。

(4) 头端设备(如媒体服务器等)通过地空间的传输链路实时更新娱乐节目、新闻资讯,在机内通过有线或无线的方式将内容传输至终端设备。

目前,国外航空公司普遍采用 Inmarsat 公司的 L 波段卫星通信进行中继,即便是最先进的快速宽带(Swift Broadband,SBB)业务,其信道容量也只能达到 432 kbps,只能进行窄带业务的传输。部分航空公司采用 Ka/Ku 波段卫星通信进行中继,信道容量可以达到几兆至几百兆,但是卫星通信资源有限,使用成本高昂,这仍然是制约宽带通信业务发展的因素之一。因此,采用中国自主的空地宽带无线通信链路成为我国制造商重要发展的方向。

1.7.4 便利的信息服务的需要

根据相关权威机构统计,目前对于飞行员、地面运维人员、空乘人员、旅客、航空公司职能部门、主制造商、机载系统供应商等都对进一步获取更多信息具有强烈的需求,都渴望通过对相关数据进行深度的挖掘,能够准确快速地得到各自所需的数据分析结果,用于各自的目的。这些信息服务有的可以降低劳动负荷,有的可以提高工作效率,有的可以辅助提高安全性,有的可以提高经济效益,有的可以降低作业成本,有的可以提高舒适性等。

1.8　民机信息系统的重要价值

信息系统通过性能计算、电子化的航图、图形化的航路气象、电子化的手册和检查单等应用,飞行员不用再查阅大量的纸质文件,搜索相关信息变得十分快捷和方便,这些都极大地降低了飞行员的操作强度,减轻了飞行员的劳动负荷。

信息系统还可以通过机载信息服务平台和网络互联的特点,拓展传统的维护功能,支持网络化的维护作业,提高维护作业效率和维护信息推送的精准度,增强维护分析的深度和广度,形成覆盖有线和无线的一体化维护网络。

此外,航空公司通过电子化航空公司客户信息系统服务,在飞机电子化之后,基于互联网化的飞机平台,对航空公司运营控制平台进行空地联网,为飞行员提供短消息、服务通告、邮件办公等在线信息服务,提高整个机队的运营效率。

1.9　小结

未来民机产品正朝着飞机的智能化、自动化、数字化产品发展,而满足这些要求的首要任务就是要不断地提高飞机信息化的程度。因此,开展信息系统的研究和提升民机的信息化对保证和提高国产民机的竞争力必将起到重要的作用。

本章叙述了民机信息系统的发展历史和发展现状,并对其进行定义;讨论了民机信息系统的功能、应用、组成和设计;基于客户对民机信息化的需求,肯定了民机信息系统的重要价值。

2

民机信息系统典型架构和特点

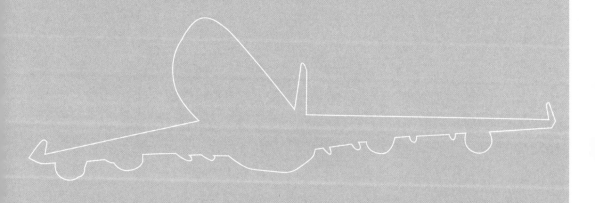

2.1　民机信息系统典型架构

2.1.1　概述

根据 ISO/IEC 42010：2007 的描述，架构的定义是对系统、系统内部组件、组件之间关系，与外部环境的关系，指导其设计和发展原则等方面的基本组织架构。而对架构的描述，则是指一个形式化的描述和系统表达，其中包括了它的组成部分，组成部分之间的相互作用和相互依赖关系以及它们与环境的关系。

系统在架构层面，需要解决一系列的问题，包括为什么要有这个系统？谁将会使用这个系统以及为什么要使用这个系统？将来如何使用？它将在什么样的环境中使用？它需要与哪些系统通信？这些问题概述了系统所必须实现的目标，同时也有利于在抽象层面构建系统。而抽象的架构可以提供系统的"全景"目标，并用来指导系统的设计和开发。

本章将从以上几个问题出发，分析民机信息系统在架构层面需解决的问题，对比目前市场上先进机型的信息系统架构，结合航空领域相关规范和标准，综合考虑系统的功能、兼容性、扩展性、安全性、易用性、维护性、经济性等，形成民机信息系统的典型架构。

2.1.2　系统来源

参与商业运行的民机一般具有机体庞大、结构复杂、设备众多、功能纷繁、飞行环境多样的特点。为了保障飞机的安全运行，有大量的飞机系统设备为飞机提供信息服务，如机载维护数据加载器为飞机提供软件加载服务，快速访问记录器为飞机提供数据记录服务，中央维护功能为飞机提供维护服务，驾驶舱电子飞行包（EFB）为飞行员提供无纸化驾驶舱信息服务，客舱乘务面板为乘务员提供信息服务。这些服务具有一个共同的特点,就是需要与其他机载系统进行大量的数据交互,并且都有数据的存储和分发功能。

除此之外,针对航空公司对飞机飞行品质,综合健康监控的需求,各大飞机制造商都在研究飞机健康管理系统,大量采集飞机系统参数,并进行存储、传输和地面处理。

在传统的飞机上,这些功能分别在不同系统的不同设备中。而随着电子与网络技术的发展,电子设备的能力大幅度提高,迫切需要在民机上建立统一的信息服务平台,提高信息服务的效率,减少功能重复设备的数量,简化信息系统的复杂度,从而民机信息系统应运而生。

民机信息系统旨在通过模块化设计,整合以上各项服务所需的功能,建立开放的网络架构,为相关人员提供统一的信息访问接口。

2.1.3 利益相关方分析

(1)飞行员。基于民机信息系统提供的功能,需要为飞行员提供辅助飞行的人机接口功能。民机信息系统作为机载信息服务平台,可以为飞行员提供包括电子日志、电子航图、电子飞行手册、飞机视频监控信息等。

(2)维护人员。民机信息系统为地面维护人员提供与飞机的人机接口,提供飞机的维护信息、记录数据、状态数据等。

(3)乘务人员。民机信息系统为乘务机组提供飞机等乘务信息接口,包括舱单信息、电子日志等。

(4)监控人员。信息系统收集飞机上的状态、故障等信息以及指示记录系统,并自动或者根据相应信息发送到地面系统,供监控人员分析和监控。

2.1.4 使用场景分析

民机信息系统在飞机运行的整个过程中都会使用,包括飞机在滑行、爬升、巡航、降落、维修和停在机场。民机信息系统在各阶段的具体应用,分析如下:

（1）飞机在滑行和爬升阶段，飞行员可以通过民机信息系统的操作与显示设备进行机场移动地图的查看，飞机电子文档（包括 FCOM）的浏览，飞机的内部和外部的视频信息查看，飞机重量、重心位置、起飞决断速度（V_1）、起飞爬升速度（V_2）等基本性能的计算，实现电子日志的记录和发送。

（2）飞机在巡航阶段，飞行员可以进行电子航图的查看，飞机航行路径气象信息的查看，飞机电子文档的查阅和浏览，驾驶舱门的监视等操作。

（3）飞机在维修阶段，维护人员可以接入民机信息系统的存储器，查看飞机在飞行过程中自动记录的维护相关的信息，包括飞机的故障信息、状态信息、健康数据等，以及飞行员、乘务员在飞行过程中的记录等日志。为维护人员进行航线可加载软件的加载提供接口、数据存储、加载功能的控制和实现。同时，还为维护人员的操作提供电子文档的浏览，便于维护人员的工作。

（4）飞机停在地面阶段，地面支持系统可以自动获取飞机飞行过程中采集记录的系统和设备运行状态数据，用于进行飞机的健康管理。同时，地面支持系统可以向飞机传输需要加载的数据库，更新软件，支持飞机的数据加载工作。

2.1.5　功能分析

民机信息系统提供的基本功能有：

（1）数据交换与网络连接管理。为系统内设备间和交联系统间的数据交换提供格式的转换和数据的交换（如提供 ARINC 664P7、ARINC 429 与以太网的数据转换和信息网络的数据交换），并为整个信息系统网络提供网络连接和网络管理服务功能（如为信息系统内各设备和与信息系统相交联的机载维护系统、客舱系统、信息系统便携式地面支持终端以及地面支持系统等设备提供以太网形式的连接和网络管理服务）。

（2）通用计算服务。提供信息系统自身应用服务和第三方应用等应用软件的驻留、运行和数据存储等通用计算服务功能。

（3）综合维护管理服务。产生自检测、故障和构型信息，生成统一格式的信息系统详细维护信息和设备级维护信息,并进行存储、记录,支持构型记录和报告功能,并可向维护系统发送信息系统的维护信息。

(4)信息网络安全服务。保证航电核心网络,机载维护网络,信息系统网络等机载数据网络与外部开放网络间数据通信的安全,采取网络安保措施防止通过外部低安全等级网络对机载数据网络中的软件或数据进行有意与无意的变更。

(5)信息系统数据加载。提供对支持外场可加载程序的信息系统内设备进行数据加载的功能。

(6)文件导入、导出服务。通过有线和无线方式将地面的加载数据导入信息系统存储器,通过无线或有线方式将信息系统存储器中的数据传输至地面支持系统。

(7)驾驶舱打印。采用支持 ARINC 744A-1 的打印机,为成员系统(包括飞行管理系统,机载维护系统,通信系统等)和信息系统(包括 EFB)提供图形和文本形式的无墨打印。

(8)机场无线通信。当飞机停泊在机场时,提供信息系统与地面支持系统的 WiFi、3G/4G/5G 制式的无线通信,同时保证飞机在飞行过程中无线通信装置处于关闭状态。

(9)终端无线接入。维护人员可以使用终端接入设备,通过无线的方式接入飞机网络,进行飞机维护数据的浏览、加载等。

(10)信息显示。向机长和副驾驶提供信息系统信息的人机界面,包括数据、软件以及其他应用等。

(11)信息输入与操作控制。采用触摸屏和键盘两种方式进行字符的输入,实现对信息系统的操作与控制。

(12)EFB。将飞行中所需的各类文档、航图和日志等纸质资料进行电子化形式的存储和显示,并提供符合 AC 120-76B/C 等规章的应用软件和数据库功能,并支持信息的传递和更新。另外,支持符合民航条例的第三方应用。

（13）视频监视。为飞行员提供客舱、货舱和飞机滑行时跑道等区域的视频画面，记录和回放这些视频信息，机长和副驾驶可独立进行选择、实时观看和回放等操作；通过视频流媒体形式向客舱广播下视景的视频信息。为飞行员提供驾驶舱门的视频画面可用于应对恐怖袭击。

2.1.6　接口分析

与其他民机信息系统相连的参数采集接口，可收集飞机系统的状态、故障参数，用以支持维护系统的中央维护功能、快速存取记录器的记录功能、飞机飞行品质监控功能、综合健康监控功能、采集燃油系统、防冰系统、高升力系统的参数，支持性能计算。

与通信系统相连的接口，可保障飞机在飞行时与外部系统的信息通信能力，如气象信息、飞机状态信息等。

与导航系统等相连的接口，可获取导航系统、大气数据系统（air data system，ADS）、惯性基准系统（inertial reference system，IRS）等飞行参数，用于电子航图、机场移动地图、性能计算等功能。

与飞机空地状态系统相连的接口，如舱门系统的舱门打开信号、起落架系统的轮载信号、动力系统的发动机关车信号等，可用于地面或空中场景的逻辑控制。

与维护系统相连的接口，可用于维护数据的收集、存储、与地面系统间的传输，现场可加载软件的无线上传，通过地面网络传输到信息系统，再到机载维护系统。

与地面支持系统相连的接口，可将飞机运行过程中的状态、故障、记录信息发送到地面系统，同时将地面的软件、信息发送至飞机。

与客舱系统相连的接口，可为客舱系统提供客舱温度、湿度、照明等控制，提供舱单、日志的存储和传输。

2.1.7 基本架构

基于对利益相关者、使用场景、系统接口、系统功能的分析,典型的民机信息系统可以由网络服务设备、网络交换设备、信息采集设备、信息显示设备、信息输入与控制设备、无线接入设备、网络安全防护设备等组成。

网络服务器设备是信息系统的核心,负责信息系统所有数据的存储、处理、管理。根据 ARINC Report 821,网络服务器需要驻留网络服务支持维护和故障解决。另外,网络服务器还需要支持 ARINC Specification 834 所定义的航电接口服务功能和网络管理的功能。

网络交换设备一个连接多个不同的网络,包括飞机的航电核心网络、信息网络、客舱网络以及地面的支持网络。由于航电核心网络使用 ARINC 664P7 协议,同时还有 ARINC 429、ARINC 825 和离散量接口。因此,网络交换设备需要具备 ARINC 664P7(AFDX)接口、ARINC 429 接口、Ethernet 接口、ARINC 825 接口和离散量接口,同时要有能力实现以太网协议和其他总线协议的转换。网络交换设备通常集成在网络服务器中,作为网络服务器的一个模块,同时为网络服务器内的文件服务模块提供数据交换功能。

信息采集设备负责为信息系统提供数据来源,采集故障信息、飞行和系统运行状态信息、健康状态信息、视频监控信息等,支持数据综合处理。信息采集设备采集的数据经网络交换设备传送到网络服务器,通常参数采集模块作为网络服务器的一部分,而视频采集则分布在飞机的各个部分。

信息显示设备主要为飞行机组和维护机组提供信息的显示,通常包括在驾驶舱的显示设备以及在电子设备(electronic equipment,EE)舱、客舱的显示设备。

信息输入和控制设备一般包括键盘、触摸板、触摸屏、按钮等。

无线接入设备提供飞机与外部的无线连接,其中当飞机在地面时,提供网络服务器与地面支持系统的无线连接,支持数据的无线上传和下载;或者飞机在非关键阶段,提供维护人员的维护访问和操作。

对于网络安全防护设备,由于飞机需要通过信息系统与外界的地面系统进行数据的交换,通常地面系统处于公共网络中,这使飞机的接口暴露于公共网络中,而针对此类接口进行网络攻击和数据破坏的现象也很多,如计算机病毒、黑客攻击、木马等。因此,需要对此类接口采取防护措施,保护数据和通信网络。

其典型架构如图 2-1 所示。

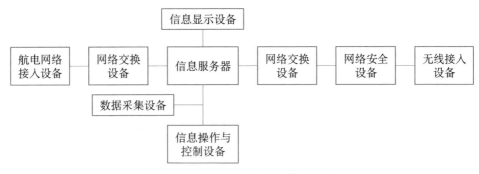

图 2-1　民机信息系统典型架构

2.1.8　民机信息系统架构对比

2.1.8.1　空客 A380 飞机信息系统架构

空客 A380 是首个具备典型信息系统的飞机,其信息系统具备了完整网络服务设备、网络交换设备、信息采集设备、信息显示设备、信息输入与控制设备、无线接入设备、网络安全防护设备。空客 A380 飞机信息系统架构如图 2-2 所示。

飞机网络系统服务器(aircraft network server unit,ANSU)提供数据的处理与存储、平台基础服务、应用驻留、通信管理等功能。安保通信接口(security communication interface,SCI)、飞机路由单元(airframe router units,ARU)、服务接口路由单元(service interface router unit,SIRU)均为网络交换设备,其中 SCI 提供网络服务器与航电网络间的数据交互,ARU 提供客舱网络和地面网络间的数据交互,SIRU 提供便携式设备的以太网接入。SCI、ARU、SIRU 提供的网络安全功能,包括子网隔离、接入控制(防火墙)等。机载维护终端(onboard maintenance terminal,OMT)为维护人员提供维护接口,支持维护人员进行数据加载、数据导出等维护相关操作。机载信息终端(onboard

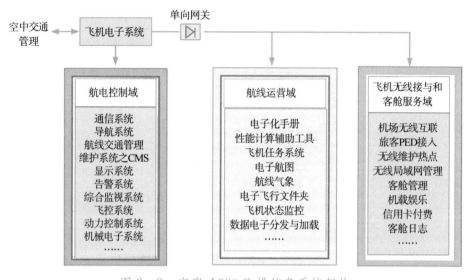

图 2-2 空客 A380 飞机信息系统架构

(资料来源: https://wenku. baidu. com/view/531c4e04b9f67c1cfad6195f312b3169a551eab5. html)

information terminal，OIT) 机组应用主要为 EFB 的显示和电源转换单元 (transformer power unit，TPU)，用于进行通信控制。航站无线局域网单元 (terminal wireless unit，TWLU)用于飞机在地面时的数据传输。

空客 A380 飞机信息系统本身分为航电网络域、飞行操作域以及两个域之间的逻辑二极管。航电网络域的安全性级别较高,包括与航电网络有直接交互的设备。飞行操作域的安全级别较低,包括与地面系统有直接接口的设备。两个域之间的二极管保障数据的单向传输,使外界的网络威胁不会影响到航电网络域内的关键设备,因此可以避免影响飞行安全。但由于数据的单向传输,限制了飞机与外部网络数据交互的能力。信息系统服务器被二极管分成了两个独立的部分,一部分用于飞行员操作相关应用,另一部分用于维护人员使用相关应用。信息系统还不具备为维修人员提供无线接入功能,因此并未有机组无线局域网单元(crew wireless LAN unit，CWLU)功能。

2.1.8.2 波音 787 飞机信息系统架构

波音 787 飞机通过其先进的信息系统,提供了扩展的模块架构,结合通用化的软件驻留和运行平台,实现了飞机的电子化,波音 787 飞机信息系统的架构如图 2-3 所示。

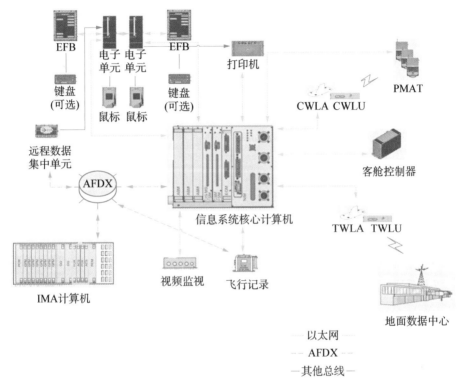

CWLA—机组无线局域网天线;TWLA—航线无线局域网天线。

图 2-3　波音 787 飞机信息系统的架构

(资料来源: https://wenku. baidu. com/view/6061e3de3069a45177232f60ddccda38366be165. html)

核心网络机柜为信息网络服务器,可以提供基本的信息服务功能。以太网网关模块(Ehternet gateway module,EGM)、网络接口模块(network interface module,NIM)为网络连接设备,本身以模块的形式安装在核心网络机柜内,EGM 为与航电网络连接的接口,NIM 为系统内部连接与外部网络之间的接口。EFB 显示单元和坞站共同组成了信息系统显示设备。选装的键盘和光标控制设备为信息系统的输入和控制设备,同时 EFB 的显示器为触摸屏,也可以提供信息的输入。TWLU 和天线提供飞机与地面的无线连接,支持数据无线的上传和下载。CWLU 为维护人员提供无线的接入，避免维修人员只能在飞机 EE 舱或驾驶舱的几个固定的接入点接入，提供便捷的操作。

波音 787 的信息系统网络与飞机的航电网络使用双向的 ARINC 664P7 接口，大大提高了信息系统与航电网络数据的通信能力，支持飞机与地面系统大数据的通信，为该飞机的电子化提供了有力支持。

2.1.8.3 空客 A350 飞机信息系统架构

空客 A350 飞机的信息系统向飞机的信息化向前迈进了一步，除了提供信息系统基本功能外，还将 ATC 和 AOC 的功能放入信息系统，空客 A350 飞机信息系统架构如图 2-4 所示。

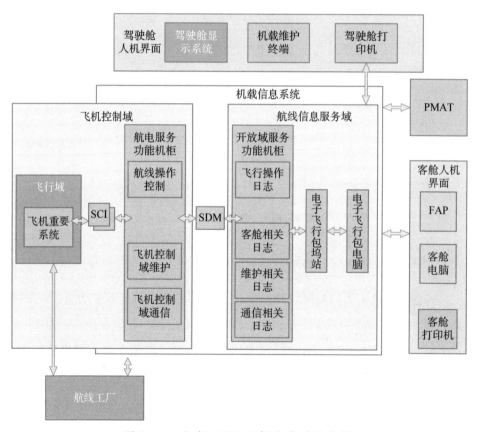

图 2-4　空客 A350 飞机信息系统架构

（资料来源：http://www.cqvip.com/Main/Detail.aspx?id=28476342）

46

航电服务功能机柜通过两个专用防火墙(SCI),与航电核心系统相连,进行数据通信。该安保通信接口能够保护航电核心系统免受外界不安全因素的攻击,例如病毒等。开放域服务功能机柜通过一个专用防火墙(智能二极管模块(smart diode module,SDM))与航电服务功能机柜进行通信。SDM 能够保护航电服务功能机柜的高完整性。EFB 与开放域服务功能机柜相连,获取各类电子文档等数据资源。

两个信息系统显示单元位于主仪表盘上,飞行员可通过该显示单元访问飞行操作相关的应用或文档,维护人员可通过该显示单元访问维护相关的应用或文档;键盘和光标控制单元(keyboard and cursor control unit,KCCU),用于为飞行机组提供在机载信息系统应用中进行操作的人机接口。机载维护终端安装于观察员座椅处,用于为维护人员提供访问维护应用和文档的人机接口。

2.1.9 民机信息系统内部架构

1) 网络服务器架构

民机信息系统网络服务器在系统中提供基本的信息服务,是系统中最关键的设备,基于系统的网络安全和系统的复杂性综合考虑,信息系统网络服务器与飞机控制域的交互可分为单向和双向。因民机信息系统处在飞机关键的核心网络和外部的开放世界之间的过渡区域,民机信息系统需要确保外部开放域设备不会影响到飞机控制域设备的正常运行,如果采用独立式,可以将飞机控制域与开放网络域间做成单向传输,类似于空客 A380 飞机,其方案相对来说简单一些。如果考虑数据的双向交互,则需要使用更为复杂的网络安保防护措施。

民机信息系统的网络服务器包含文件服务器模块,用于应用软件的驻留。文件服务器模块根据驻留应用的不同,分布在不同的网络域之中,可以仅仅在信息网络域中,也可以同时在信息网络域与开放网络域之中。

2）EFB 的架构

民机信息系统的 EFB 是提供与飞行机组交互的接口，EFB 根据安装方式可以分为便携式和安装式，其中便携式多用在改装飞机上，与机载系统数据交互较少，一般依靠设备本身的传感器和存储的资料为飞行员提供服务。而安装式则与飞机机载系统交互较多，可以提供更加丰富的功能，这里主要描述安装式 EFB 的架构。安装式 EFB 根据数据处理模块所在的位置可以分为坞站式和 Smart 式，坞站式是指有独立的坞站进行数据的处理，显示器仅提供显示功能，而 Smart 式是指数据处理模块在显示设备中，无需单独的坞站进行数据处理。使用坞站式 EFB，可以将信息系统设备与飞机其他显示器进行统一或处理，甚至可以将两者合在一起并用。Smart 式显示器的优点在于不需要额外的处理模块，所有功能都在显示设备上，重量较小。

3）无线通信的架构

民机信息系统的无线通信主要包括与地面系统通信的 TWLU 和维护人员便携式维护终端接入的 CWLU。TWLU 设备需要采用飞机外部天线，而 CWLU 则采用多个内部天线，主要覆盖客舱和 EE 舱。

4）视频监视架构

民机信息系统视频监视的架构主要是依据对于外部视频监控功能实时性的要求来定义的，因为视频监视本身是通过分布在机上的多个摄像头和视频服务设备组成的。对于客舱、货舱等的监控，主要是为了监视人员的行为，无实时性的要求。而对于飞机外部的监控，如翼梢是否碰到障碍物，如果将此作为飞行员操作的必须信息，则有实时性的要求；如果仅仅作为参考，则无实时性要求。在有实时性要求的情况下，一般需要单独考虑该路视频信号的传输，因此架构上也要进行相应的考虑。

2.1.10　民机信息系统架构设计考虑

在民机信息系统架构设计时，需要考虑系统的网络服务器、网络本身的性能,网络安全的措施等实现,系统安全性是否满足等问题,以下从网络组成、网络安保、安全性设计几个方面来说明。

1) 网络组成

网络组成成分是网络架构设计的基本要素。为了满足系统设计的功能要求,项目研制的周期、成本和风险等,民机信息系统在设计时会考虑基于COTS的基础上,进行系统的集成开发,民机电子设备COTS已有的接口形态会被保留下来,这样就带来了不同型号飞机电子部件集成网络成分的复杂性,包括ARINC 429 总线、ARINC 453 总线、ARINC 664 总线、ARINC 717 总线、ARINC 818 总线、ADSB 总线、CAN 总线、RS-485 总线、以太网、802.11a/b/e/g/h/i、蜂窝网 LTE-FDD、LTE-TDD 等多种网络。这些网络之间的信息转换、信息融合、信息打包与转发等都需要相应的数据处理设备,同时网络安全域之间的划分需要部署网络防护设备,因此网络组成是网络架构设计所需输入的第一步。

2) 网络安保

系统架构在考虑网络安保时,需要考虑网络域的划分与隔离,访问控制和审计功能的实现,证书和密钥的存储和管理,防火墙和病毒防护软件在系统中的位置。通常需要将信息系统的网络服务器放在网络安保等级较高的飞机控制域和较低的开放网络域之间的过渡区域,而与外界有直接交互的信息系统设备,如 CWLU 和 TWLU 则直接放在开放网络域之中。证书和密钥的存储和管理一般放在信息系统网络服务器中。网络防火墙和病毒防护功能一般在开放网络域的边界处,隔离飞机内部和外部区域。飞机的访问控制和设计功能在所有不同安全级别的网络域的边界处都应该实施。

3) 安全性设计

民机信息系统在考虑安全性设计时,由于系统本身需要具备可扩展性,因此基于适航考虑,对后续可能进行升级的部分安全等级应尽量降低。而对于驻留网络安保功能的模块,则需要考虑合理的安全性,避免因功能失效而造成安保功能失效的情况。

2.2　架构评估

性能是指系统的响应能力,即要经过多长时间才能对某个时间做出响应,或者某段时间内系统所能处理的事件的个数。

可靠性是系统在意外或错误使用的情况下维持系统功能特性的基本能力。通常用平均故障间隔时间(mean time between failure，MTBF)来衡量。可靠性可以分为容错性和鲁棒性两个方面,其中容错性的目的是在错误发生时,确保系统正确的行为,并进行内部修复,如系统设备间丢失连接,接下来恢复连接;鲁棒性是保护应用程序不受错误使用和错误输入的影响,在遇到意外错误事件时应保证系统处于已经定义的状态。

可用性是系统能够正常运行的时间比例,经常用两次故障之间的时间长度和出现故障时系统能够恢复正常的速度来表示。

网络安全性是指系统在向授权用户提供服务的同时能够阻止非授权用户的使用企图,根据可能受到的威胁类型,可分为机密性、完整性、不可否认性等特性。

可修改性是指能够快速地以较高的性价比对系统进行变更的能力,通常包含可维修性、可扩张性、结构重组和可移植性。

2.3　架构特点

(1)灵活性。网络服务器的设计符合通用的工业标准,采用开放的系统架构,可以在成本可控的情况下进一步给容易便捷的设备升级。网络服务器采用符合工业标准且广泛使用的操作系统，如 Linux 和 Windows，便于第三方应用的驻留。航空公司本身也希望网络服务器单元（network server unit，NSU）中的软件可以跨机型适用，这也要求网络服务器支持第三方应用驻留。

（2）可扩展性。信息系统的网络服务器采用模块化设计，并可预留相应的模块插槽，为以后设备性能的提升、功能的扩展提供可能性。另外，信息系统采用交换网络，不像传统飞机使用设备间直接连接的方式，使得它便于系统的扩展。而且信息系统本身的设备研制保障等级（design assurance level，DAL）较低，在增加新型应用时，相对的成本也较低。

（3）高度集成性。信息系统在一个硬件平台上，除了可以提供数据的采集、处理、存储、转发等信息系统基本功能，还可以驻留机载维护系统、客舱管理系统的相关功能，有利于设备间的协同工作，发挥系统整体的性能。

2.4　小结

民机信息系统作为一个新兴的系统，承担了未来民机电子系统发展网络化飞机的重要支撑之一，其架构必然包含模块化、互联、开放、易扩展、共享、智能、融合、通用等特点。这些特点也进一步为信息系统的机上、空地传输、地面架构明确了方向和生态体系，把共性的部分逐渐沉淀和归纳，从而形成典型架构。通过分析民机信息系统在架构层面需要解决的各种问题，对比目前市场上先进机型的架构，本章阐述了民机信息系统的典型架构和特点。

3

民机信息系统的子系统

3.1 机载信息系统通用处理平台

3.1.1 机载信息系统处理平台架构

3.1.1.1 概述

机载信息系统(onboard information system，OIS)架构设计是从多个角度对系统形成一个结构化的行为说明，涉及系统之间的互联互通、功能部署、数据流图、控制模式等，是一种基于系统需求的自上向下的分解过程，并最终形成系统的逻辑架构和物理架构。在 OIS 架构设计中，需要从多个维度对系统的架构进行分析评估，包括技术成熟度、生产可行性、成本、维修性、可靠性等，经过分析权衡，形成一个折中的方案。

传统的航电系统经过长期的发展，经历了从分立式、联合式，到综合化航电系统，如图 3-1 所示。航电系统的体积、重量等方面有了巨大改善，为后继新增功能的部署提供了空间。

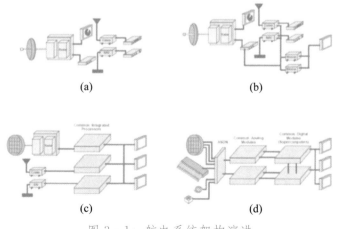

图 3-1　航电系统架构演进

(a) 分立式(二十世纪四五十年代)　(b) 联合式(二十世纪六七十年代)
(c) 综合化(二十世纪八九十年代)　(d) 增强综合化(2000 年之后)

航电系统与设备的不同安全属性对航电系统与设备的发展有很大影响,随着航电系统和设备的不断增加,航电系统和设备开始朝两个方向发展。飞机控制域内的系统和设备向高价值、高安全等级的 IMA 发展,而航空公司信息服务域内的机载信息系统则向着低成本、低安全等级的网络化综合处理发展。

从国外宽体客机的发展轨迹也可以看出,未来飞机系统的发展趋势是通过两个平台来完成飞机的各种功能和应用,一个是面向飞机控制域的高安全等级和高实时性的 IMA 处理平台,另一个是面向航空公司信息服务域的非安全关键的信息处理平台。机载非安全关键航电系统一体化已成为明显的趋势。

机载信息系统就是在这种条件下产生的面向非安全关键功能的信息综合处理平台。在机载信息系统设计中充分利用了航电系统的发展成果以及先进民用技术的巨大优势,综合了机载维护功能、机载信息服务和 AOC 等功能,并采用了模块化和网络化的平台架构,实现了功能与架构的完全一体化。

3.1.1.2 机载网络域的划分

按照 ARINC REPORT 821 规范中的定义,把机载网络基于安保性的要求分为 4 个域(见图 3 - 2),包括飞机控制域(ACD)、航线信息服务域(AISD)、旅客信息和娱乐服务域(PIESD)和旅客自带设备域(PODD)。其中,ACD 包含了所有用于飞机安全和飞行控制的系统和网络;AISD 用于实现航电系统、飞行娱乐系统、地面网络、客舱信息发布系统等网络之间的互联互通服务;PIESD 为旅客提供服务,如每个座位上安装的旅客用显示设备;PODD 包含了旅客在机上使用到的所有的电子设备,如个人数字助理(personal digital assistant, PDA)、笔记本、移动电话等。

基于安全性、安保性要求,每个域都有相对应的保证等级,虽然域之间都有相应的需求,但是高安全等级的网络域的防护不能完全依赖于低安全等级的网络域,每个域应具有一定的自我保护能力。同时,安全性保证等级和安保性保证等级没有直接对应关系,如 IFES,因为其预期将连接所有的旅客电子设备,所以需要进行全面的安保防护。

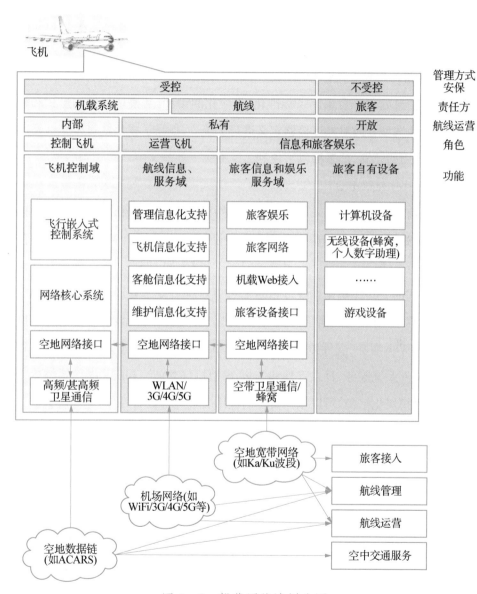

图3-2 机载网络域划分图

3.1.2 通用信息处理平台架构

3.1.2.1 通用信息处理平台的特性

基于信息系统功能、目标用户需求和产品"四性"方面的要求,通用信息平台在设计中从如下几个方面进行了说明。

1）通用处理模块设计标准化

通用信息处理平台采用了标准化、模块化的设计,从模块的结构形式和模块的元器件选型方面对外连接器定义进行了统一,提高了模块的可生产性及通用性,为应用的开发、部署提供了便利。

2）开放性处理平台

通用信息处理平台中采用了通用的硬件平台和基础软件,通用模块硬件采用了 Intel 处理器、大容量内容和固态存储设备,并提供了大量的通用接口,包括通用串行总线(universal serial bus，USB)、以太网、RS232 等。基础软件采用了嵌入式的 Linux 操作系统,Linux 操作系统拥有众多开源的协议栈、驱动、组件和工具,支持大量的通用信息技术,足以支撑机载信息系统需要的打印机管理功能、Web 服务、文件传输协议(file transfer protocol，FTP)服务、网络管理服务、文件系统服务、日志管理和 Java 虚拟机等功能。Linux 操作系统运行稳定,采用模块化结构,可以根据具体的应用要求进行裁剪,提高运行效率。

3）处理平台的可升级和可扩展

在通用信息处理平台借鉴 IMA 思路,采用了通用化、模块化的架构理念,各功能模块具有统一的电、机接口,有利于系统的改装、扩展以及新技术的应用,易于形成规范化和系列化的产品,并在产品中预留了可扩展的通用处理模块插槽。采用此种设计,可以通过更换或增加模块数量实现接口的扩展、处理能力和存储能力的提升,支持航空公司未来不断增长的信息服务需求,具备良好的可扩展性。

4）特定功能的专用模块

在通用信息处理平台中,除了通用的处理模块,还有一些专用模块用以支持平台的整个功能,包括电源模块、音频采集模块、无线通信模块、视频处理模块等。

3.1.2.2　通用信息处理平台的组织架构

通用信息处理平台架构设计包含了逻辑架构和物理架构。逻辑架构设计通过分析系统的功能,进行分类和整合,形成最优的功能组合。逻辑架构设计从逻辑上定义系统的逻辑单元组成、逻辑单元之间的互联关系、逻辑单元外部接口关系和逻辑功能的实现方式。

基于逻辑架构的功能组合,进行物理架构研究,分析各个功能用何种方式实现,包括软件/硬件等,形成一个基本的功能和物理架构的对应关系。

根据通用信息处理平台的功能和信息技术(information technology,IT)发展,对系统功能进行分解、分析,对相似的子功能进行合并,形成基础服务功能、应用服务功能和访问服务功能 3 个层次,建立起面向服务的逻辑架构,如图 3-3 所示。基础服务整合了平台的各种资源,包括网络资源、通信资源、存储资源、打印资源等,还整合了一些共用的功能,如文件传输服务、加密服务和健康监控服务,为上层的应用服务提供统一的接口。利用这些基础功能搭建起来的不同业务的处理流程构成了应用服务层。访问服务层则给不同的使用者提供不同的用户界面(user interface,UI)视图和操作。

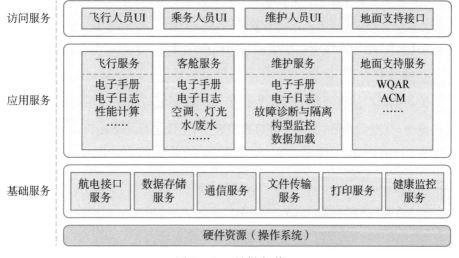

图 3-3　逻辑架构

物理架构设计以逻辑架构设计结果为依据,结合逻辑单元物理上的可实现性,对系统物理单元构成、物理单元之间的交互关系和对外接口关系进行定义;结合相关专业的先进技术,确定如何从物理上实现满足系统需求的初步物理架构,性能上能否满足要求,如何实现逻辑架构和物理架构的映射,物理架构对逻辑功能分配的支持等。

3.1.2.3　通用信息处理平台对外的接口

1) 机械接口

通用信息处理平台可以采用符合 ARINC 404 或 ARINC 600 标准的 LRU结构、IMA 结构形式或自定义结构形式。其中:

(1) 采用 ARINC 404 或 ARINC 600 标准的 LRU 结构形式的设备,其外形尺寸已有明确规定,产品的设计只需要符合相关标准即可,在飞机上对安装位置需配置对应的托架,两者通过前锁紧装置实现产品的固定。采用此种结构形式的产品,如果出现故障,那么需要将整个产品从机上拆除进行故障排查。

(2) 采用 IMA 结构形式,整个设备通过螺钉固定到飞机设备架上,内部模块采用航线可更换模块(line replaceable module, LRM)形式,具备模块级的维护能力。当出现故障时,只需更换对应的模块即可。

(3) 自定义结构形式。当无法提供所需空间时,可以采用特定尺寸的结构形式,其安装、电缆连接等由供应商与用户自行确定。

2) 电气接口

模块化通用信息处理平台作为连接飞机控制域与航空公司信息服务域的关键设备,其提供的结构种类、接口数量较多,主要包括如下接口。

(1) 供电接口:1 路 115/200 V 360~800 Hz 单相交流电源,或 28 V 直流电源。

(2) ARINC 664 接口:至少 2 路。

(3) ARINC 429 接口:至少 2 路收和 2 路发接口。

（4）ARINC 818 接口：至少 2 路。

（5）音频接口：至少 2 路模拟音频接口。

（6）航空以太网接口：至少 4 路。

（7）离散量接口：至少 2 路地开型离散量接口。

（8）视频接口：至少 2 路数字视频接口（digital video interface，DVI）。

3.1.2.4　通用信息处理平台的基础软件

机载信息系统中通用信息处理平台的基础软件分为两大类：系统软件和基础服务软件。

1）系统软件

系统软件为 OIS 应用软件提供驻留和运行环境以及硬件资源访问接口，监控软硬件故障信息、外场更新服务。系统软件主要包括以下软件：

（1）操作系统。在 OIS 中，对于安全等级和实时性要求高的模块，如航电接口模块等，配置了天脉操作系统（ACoreOS）。天脉操作系统是国内自主研发的强实时操作系统，采用模块化、层次化系统结构。支持模块支持层（module support layer，MSL）、操作系统层和应用软件层这 3 层结构，实现各层软件之间的分离，解决了操作系统在不同硬件平台的可移植性、硬件设备升级和应用软件可重用的问题，如图 3-4 所示。

天脉操作系统支持 Intel 和 PowerPC 单核处理器，具备对周期、非周期任务的调度与管理、内存管理、时间管理、具备错误处理、中断/异常管理、高速缓存（Cache）管理、OpenGL 图形接口软件集成和内置测试（built in test，BIT）管理等功能。

天脉操作系统提供 C 运行时库，支持与 VxWorks 等航空主流操作系统服务接口兼容的应用程序接口（application program interface，API）和板级支持包（board support package，BSP）兼容的 API，为应用软件的移植和开发带来方便，节省了培训的成本，缩短了研发周期。

对于 OIS 其他对实时性要求不高的模块，则配置了嵌入式的 Linux 操作

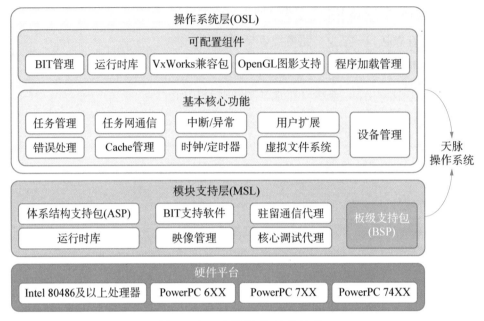

图 3-4 天脉操作系统结构

系统。Linux操作系统运行稳定,采用模块化结构,可以根据具体的应用要求进行裁剪,提高运行效率。

嵌入式Linux操作系统拥有众多开源的协议栈、驱动、组件和工具,支持大量的通用信息技术,足以支撑OIS需要的打印机管理功能、Web服务、FTP服务、网络管理服务、文件系统服务、日志管理和Java虚拟机等功能。

借助于互联网上广泛的Linux资源,可以大大降低应用软件的开发风险,缩短开发周期,降低开发成本,符合当前民机机载设备研制的经济性目标。

(2)BIT软件。BIT软件是OIS实现故障检测与隔离、状态监控和维护测试的重要手段。BIT软件负责对模块硬件故障进行检测,对应用软件故障进行监控,对整个模块的工作状态进行判断,并上报结果作为系统状态监控的依据。BIT软件还负责收集软件/硬件构型信息,并上报构型信息。

BIT软件支持加电自检、周期自检和维护自检3种方式。

a. 加电自检:当模块加电启动时,BIT软件要对硬件设备和软件构型项进行检测以保证模块的正常工作。加电自检的项目包括中央处理器（central processing unit，CPU）、缓存（cache）、内存（memory）、PCI 主桥（PCI host bridge）、非易失性随机存取存储器（non volatile random access memory，NVRAM）、温度、电源以及对外的通信接口和软件构型项的完整性。

b. 周期自检：在模块正常工作期间，在不影响功能软件正常运行的前提下，BIT 软件要对一些硬件故障进行持续的检测和监控。周期自检的项目包括 CPU、电压、温度等。

c. 维护自检：当飞机在地面进行维护时，由维护人员触发，BIT 软件完成对特定硬件或功能的检测，如完成设备更换后，维护人员会启动恢复使用检测用于确认更换的设备能否正常工作。不同硬件设备/模块的维护自检项目也不同，有时需要多个设备/模块的维护自检互相配合，一起完成系统的维护自检功能。

（3）数据加载代理软件。ARINC 615A 作为一种加卸载标准协议，已经被众多的航电设备供应商广泛采用。ARINC 615A 协议的实现由两部分组成：加载设备（加载端）和目标机（被加载端）。数据加载代理软件作为被加载端，支持加载端发起指令为 find、information、upload 和 download 的操作，并实现本地软件或数据的更新操作。数据加载代理软件支持机载信息系统的外场软件/数据的更新，在不拆卸设备的情况下实现软件升级、配置文件或数据库的更新以及机载数据和日志的下载，提高了操作效率，降低了运营成本。

2）基础服务软件

（1）网络管理服务。网络管理服务提供以太网网络管理服务功能，确保网络的可用性与服务质量。网络管理服务功能主要包括交换服务、路由服务、域名解析服务、动态主机配置服务、网络时间同步服务和简单网络管理服务等功能。

（2）网络安保服务。网络安保服务要保证各个域之间数据交换的安全，杜绝来自地面支持网络、客舱和电子飞行包的威胁隐患，保证飞机的安全飞行。

网络安保功能包括虚拟个人网络(virtual private network，VPN)、包过滤、状态检测、审计告警、恶意代码防护、日志审计等功能。

(3) 航电接口服务。航电接口服务提供对航电核心网络与通用信息系统之间的接口(AFDX、ARINC 429 和离散量)进行管理的功能，负责配置、接收、管理总线数据，根据信息系统应用软件的注册信息，将总线数据按照应用软件的要求发布(包括航电核心网络与信息系统之间双向的通信)。未注册的应用程序将无法访问航电核心网络的数据，也不允许向航电核心网络写入数据。

(4) 文件传输服务。文件传输服务实现机上系统之间、机载信息系统内部和飞机与地面支持网络之间的文件传输功能，支持断点续传、文件压缩和文件加密。

(5) 机载数据存储与管理服务。机载数据存储与管理服务为飞机维护人员提供了对机载数据的管理。维护人员可通过信息系统显示终端或 PMAT 查看、删除或下载信息系统数据文件。机载数据存储与管理服务仅支持飞机在地面时使用，当飞机在空中时，该服务将被禁止。

(6) 健康管理服务。健康管理服务主要用于 OIS 运行过程中，通过接收信息系统各个设备的 BIT 信息完成对信息系统状态的实时监测和故障的综合分析，故障诊断结果及时报告给机载维护系统。健康管理服务还支持交互式测试管理、机载信息系统软件/硬件构型信息的收集和存储功能。

(7) 打印服务。打印服务为航电核心网络应用和 OIS 应用提供打印功能，支持基于 ARINC 429 的 ARINC 744A 打印协议和基于以太网的网络打印协议。

(8) 视频服务。视频服务通过安装在飞机不同部位的内置和外置摄像头，为飞行员、乘务人员和旅客提供驾驶舱、客舱、货舱和起落架等监控画面，提高飞行的安全性。视频服务还可以为旅客提供下视景画面，改善旅客的飞行体验。

3.1.2.5 通用信息处理平台应用的驻留技术

作为非安全关键功能通用信息处理平台，支持不同安全等级的软件驻留，包括以飞机维护为目标的机载维护功能（DAL D 级）、以机载信息服务为目标的电子飞行包功能（DAL E 级）和客舱支持功能（DAL E 级），以及以运营信息服务为目标的 AOC 功能（DAL E 级）。该平台要为这些驻留功能提供满足安全性要求、便于移植或开发的驻留环境。

通用信息处理平台通过 Hypervisor 虚拟机技术、Linux 资源容器（Linux resource container，LRC）分区技术和中间件技术，为不同的驻留功能提供满足其要求的驻留环境。

（1）Hypervisor 虚拟技术。虚拟化（virtualization）是一种资源管理技术，它将计算机的各种实体资源，如服务器、网络、内存及存储等予以抽象、转换后，变为逻辑上可以管理的资源并呈现出来。由此打破了实体结构间的不可切割的障碍，使用户可以用比原本组态更好的方式来管理和应用这些资源。和传统资源分配的应用方式相比，虚拟化技术可以扩大硬件的容量，大大提高资源的利用率，提供相互隔离、安全、高效的应用执行环境，并简化软件的重新配置过程，能够方便地管理和升级资源。

Hypervisor 虚拟技术是在硬件系统上直接安装虚拟化软件，再在其上安装操作系统和应用，依赖虚拟层内核和服务器控制台进行管理。其架构如图 3-5 所示。

Hypervisor 虚拟技术为驻留在同一个硬件模块上的不同安全等级的应用提供了隔离手段，有效地避免了低安全等级应用对高安全等级应用造成的影响。

（2）LRC 分区技术。LRC 是一种操作系统内核虚拟化技术，能提供轻量级虚拟化，以便隔离进程和资源，而且不需要提供指令解释机制以及全虚拟化的其他复杂性。其主要利用内核的命名空间和群组特性，不需要像传统硬件虚拟机一样，提供模拟层和运行客服操作系统，因此会很大程度地节省资源开销。LRC 架构如图 3-6 所示。

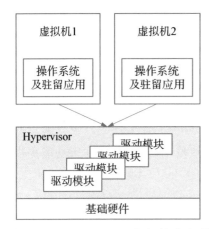

图 3-5　Hypervisor 虚拟技术架构　　　图 3-6　LRC 架构

对于平台中配置 Linux 的服务模块，LRC 可以提供轻量级的隔离机制，保障各个服务进程互不影响。同时，LRC 也支持开发者将应用程序、依赖的运行库文件打包并移植到一个新的容器中，然后发布到任何系统为 Linux 的机器上，为后期的运营和维护提供了极大的便利。

（3）中间件技术。通用信息处理平台大量使用了中间件技术。一方面，提供了应用软件与底层硬件接口的隔离，提高了应用软件的兼容性。当底层硬件或协议发生变化时，通过升级中间件可以保持上层的应用软件不需要改动。另一方面，中间件技术封装了大量的底层实现细节，使得上层应用软件的开发者只需要关注自身的逻辑功能即可，降低了应用软件的复杂度。同时，中间件的可复用性也为通用信息处理平台将来的扩展和维护带来了方便。

3.2　驾驶舱信息子系统

3.2.1　主要功能

驾驶舱信息系统（cockpit information system，CIS）是飞机信息系统的子系统。飞机驾驶舱信息系统主要包括驾驶舱信息显示控制和电子飞行包(EFB)等。驾驶舱信息显示控制是信息系统的人机交互窗口,是当今现代化飞机的驾驶舱第二块屏,又称信息屏,通常固定安装在驾驶舱主显示器的两侧;EFB 主要由 EFB 软件/硬件组成,EFB 硬件通常使用带触摸屏的 SMART 商用货架便携式 PAD 作为应用驻留平台。EFB 硬件通过以太网与信息系统路由器连接,实现与信息系统内其他设备的数据通信。

3.2.2　电子飞行包

EFB 是一种辅助飞行员飞行的电子工具,旨在替代当前飞行过程中的纸质文档和纸质流程,实现"无纸化"飞行,从而加快飞行员查找信息的速度,并通过机载无线网络实现与地面运控系统的信息交互,保证 EFB 数据信息的及时更新。

EFB 是一种主要用于驾驶舱或客舱的电子信息管理和显示系统,该系统能显示多种航空信息数据或进行基本的计算。EFB 的功能范围可包括各种数据库和应用程序。EFB 显示控制可以使用多种技术、格式和人机交互方式。EFB 系统通过软件/硬件的集成,实现了飞机驾驶舱信息管理的重大革新,机组能够快速有效地实施手册、航图、飞机性能、导航、飞行计划等各类信息的管理和计算,获取所需飞行辅助信息。未来通过与空地宽带无线通信网络的交联可实现飞机与航空公司运控中心、机场、空管等相关部门的信息实时交互、资源共享,提升运行效率。

3.2.2.1　驾驶舱信息技术发展现状

在 EFB 方面,国外具备从 1 类到 3 类完整的电子飞行包系列产品,并已经在波音和空客的飞机上使用。在波音 777、波音 787 及波音 747-8 机型上推出了一套 3 类的 EFB 软件,该软件包括了起飞和降落性能计算器、文档浏览器、杰普逊(Jeppesen)航图、机场移动地图及电子飞行文件夹(包含航行的所有导航和气象数据);汉莎系统开发的 Lido EFB 已经在汉莎航空的飞机上使用;

CMC、IMS、Teledyne Control 等国外 EFB 厂商也都拥有各具特点的 EFB 产品。

各大飞机制造商和航空设备制造商不断推出具有各种新功能、各种级别的产品。波音公司可以为其所有机型提供不同级别的 EFB 和与之配套的集成信息管理解决方案，各级别的 EFB 具有通用的应用程序和地面信息管理系统。2002 年，荷兰航空公司成为机载 3 级 EFB 的启动客户，于 2003 年在其波音 777 飞机上投入使用；波音 787 更是将 EFB 作为飞机标配。

空客公司从 1997 年开始提供 EFB 系统——无纸化驾驶舱（less paper cockpit，LPC），用电子文档和性能应用程序取代绝大部分纸质文档，现在全球已有超过 100 家航空公司在使用 LPC。在空客 A380 上标配 EFB 的 OIS，不再提供纸质内容。2009 年基于空客 A380 上的 OIS，空客公司发布了用于 1 级平台的命名为 LPC-NG 的 EFB；此后对所有飞机型号，都可使用基于 1 级和 2 级平台的 LPC-NG，并具有和空客 A380 的 3 级平台 OIS 以及未来空客 A350 通用的界面和工具。

2011 年 3 月，美国联邦航空局（Federal Aviation Administration，FAA）批准使用基于苹果 iPad 的 1 级 EFB 替代终端区纸质航图，为 1 级 EFB 的大规模应用铺平了道路。

全球已有 100 多家航空公司在使用 EFB。中国南方航空的波音 777F 机型 3 级 EFB 于 2011 年 9 月获得运行批准，空客 A380 机型 3 级 EFB 于 2011 年 11 月获得临时批准，并进入验证测试。

国外的 EFB 硬件产品生产商主要有 CMC（加拿大）、IMS（美国）、Airbus（欧洲）、GOODRICH（美国）等。国外的 EFB 软件应用生产商主要有 Lufthansa Systems（德国）、Jeppesen（德国、美国）、Teledyne Control（美国）等。

目前国内暂无成熟的国产民机 EFB 相关产品，一些航空公司引进的国外 EFB 产品，不但价格昂贵，而且由于中国民航运行体制与国外有所不同，很难完全满足国内客户的需求，这在很大程度上制约了国内航空公司对 EFB 产品的使用。此外,国外的 EFB 产品不支持中文字符的输入输出,这也同样制约了国内航空公司使用电子类的中文飞行手册文档。

3.2.2.2 民航适航规章

EFB 自 20 世纪 90 年代推出以来,在国际民航业界获得了广泛的认可和应用。为推动和规范 EFB 的应用和发展,各国民航当局也陆续出台了各种规章和指导材料。

FAA 早于 2002 年 7 月正式发布了关于 EFB 审定、适航和运行批准指南的咨询通告(AC 120 - 76),并于 2012 年 6 月 1 日修订并再次发布了 AC 120 - 76B。另外,FAA 在其 Order 8900.1 CHG47 手册第 4 卷 15 章中提供了 EFB 运行批准相关指导材料。美国运输部不定期发布 EFB 业界调查报告,最新一期为 2010 年 9 月发布的"Electronic Flight Bag(EFB):2010 Industry Survey"。欧盟 EASA 前身 JAA 也已于 2004 年 10 月发布了 EFB 批准的指导材料。中国民用航空局(Civil Aviation Administration of China,CAAC)于 2009 年 10 月和 2010 年 12 月分别制定下发了《电子飞行包的适航与运行批准指南》(AC 121 - FS - 2009 - 31)和《电子飞行包的运行批准管理程序》(AP - 121 - FS - 2010 - 04),用以指导航空公司 EFB 的应用和补充审定工作。

3.2.2.3 电子飞行包分类

美国以及其他发达国家的民航局、中国民航局在各自颁布的咨询通告或批准指南中,将 EFB 硬件分为便携式和安装式两大类,将驻留在 EFB 中的软件应用划分为 A 类、B 类和 C 类。

1) EFB 硬件分类

便携式 EFB:可用于飞机运行使用的基于电脑设备的商用产品。一般为便携式电子设备,不安装在飞机上或与安装在飞机上的支架相连接。

安装式 EFB:安装在飞机上,需要飞机认证服务机构许可的设备。可与飞机进行数据交互,需要获得航空器适航审定部门批准。

(1) 便携式 EFB 硬件。便携式 EFB 是便携式商用成品装置,是飞行员飞

图 3-7　EFB 硬件分类

行箱中的物品。便携式 EFB 硬件在所有飞行阶段均可使用；在飞行的关键阶段，只有确保安放妥当才能使用；如果在飞行的关键阶段固定且可读（如膝板），则可用于显示 B 类应用程序；可以与航空器电源相连，对 EFB 电池充电；要求从电源和/或数据源快速断开以不妨碍机组行动；可以与外部公共网络相连接，不具备与飞机数据的连通性，若与飞机数据网络连接，需通过专用的数据接口装置；不需要工具就能拆除；不需要航空器适航审定部门的设计批准。

（2）安装式 EFB 硬件。安装式 EFB 硬件是安装式设备，按照航空电子设备的取证要求开展正向设计与研制工作，按照适航审定部门的相应合格审定规定获得设计批准。

2）EFB 软件分类

（1）A 类应用软件。

A 类应用软件可以在任何硬件类别的 EFB 上装载运行；必须由适航审定部门监察员评估其功能的适用性；无需适航审定部门的设计批准；应在飞行员工作负荷降低的非飞行关键阶段使用；无须获得适航审定批准；与原有纸质材料保持一致；可以在信息系统显示终端上使用。

A 类应用软件包括目前以纸质材料提供的预先确定的数据，应用于飞行员工作负荷较小的地面运行或飞行的非关键阶段。A 类应用软件不需要满足 RTCA/DO-178B《机载系统和设备认证中软件的考虑》。在运营人完成评估（包括飞行机组训练、检查和有效性要求）之后，可使用该应用软件。

A 类载重平衡应用软件提供 AFM、飞行员操作手册（pilot's operating

handbook，POH)或载重平衡手册中的信息。该 A 类应用与其所取代的纸质文件内容保持一致。A 类飞机性能应用软件提供 AFM 或 POH 的现有信息。该 A 类应用与其所取代的纸质文件内容保持一致。

(2) B 类应用软件。

B 类应用软件可以在任何硬件类别的 EFB 上装载运行；必须由适航审定部门监察员评估其功能的适用性；不需要适航审定部门的设计批准；可在所有飞行阶段使用；也可在信息系统显示终端上使用。

B 类载重平衡应用程序是基于适航审定部门批准的 AFM、POH 或载重平衡手册中现有信息的软件应用程序。该软件使用数据管理软件提供数据引进和数学计算，以简化飞机载重平衡计算。该软件必须可以追溯到经批准的已有数据，并在整个飞机运行包线中验证其准确性。B 类载重平衡应用程序可使用计算法计算载重平衡结果，或者可结合使用基本的数学方法与电子数据表，确定载重平衡结果。计算法能够在当前公布的 AFM 数据之外进行插值计算，因此必须验证计算结果的准确性。B 类载重平衡应用程序是针对特定的飞机，以经批准的 AFM 数据为基础。

B 类性能应用程序是基于适航审定部门批准的 AFM、POH 或性能手册中现有信息的软件应用程序。该程序使用数据管理软件提供数据引用和数学计算，以简化飞机性能数据的确定。该软件必须可追溯到经批准的已有数据，并必须对其能否在整个运行包线上精确地确定飞机性能进行验证。B 类飞机性能应用程序可使用计算法计算结果，也可使用电子数据表确定结果。计算法能够在当前公布的 AFM 范围之外进行插值计算，因此必须验证计算结果，确认满足适航审定部门规章的要求。B 类飞机性能应用程序是针对特定的飞机，以经批准的 AFM 数据为基础。

(3) C 类应用软件。

C 类应用需要适航审定部门的设计批准，用在 A 类和 B 类应用中的用户可修订的软件除外。用户可修订软件对 C 类应用没有任何影响(参考 RTCA/

DO-178B 中关于用户可修订程序的描述)。C 类应用的例子包括主要飞行显示。获得适航审定部门设计批准的一种方式是取得中国技术标准规定项目批准书(China technical standard order approval, CTSOA)。另外,A 类和 B 类应用不要求适航审定部门的设计批准。

C 类载重平衡和性能应用程序是适航审定部门批准的特定飞机的应用程序。这些 C 类载重平衡和性能软件应用程序,被批准作为 AFM 或 AFM 补充件的一部分。只要达到软件系统要求,就能在便携式 EFB 中使用 C 类载重平衡和性能应用程序。

3) EFB 硬件的基本形式

根据 EFB 应用环境和硬件等级,一般 EFB 硬件的基本形式可分为:

(1) 坞站式架构,即显示单元、信息处理和通信单元分离。信息处理和通信单元采用标准的机架式设备,安装于设备舱,采用屏蔽线缆与显示单元相连,该类设备具备处理能力强、通信接口多样化的特点,但由于采用分离式的安装,安装复杂,且设备的总重量较重,其架构示意如图 3-8 所示。

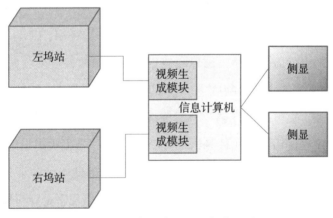

图 3-8 坞站式 EFB 架构示意

(2) 显示单元与接口控制单元分离式架构。EFB 机载硬件部分由显示单元和控制单元组成,架构示意如图 3-9 所示。其中,显示单元由液晶显示器、触摸屏和电池构成(液晶显示器显示主菜单和其他分页面,触摸屏完成简单的功能选择);控制单元主要由中央处理器、内存、大容量存储器和各个电气接口等组成。

图 3-9　显示-控制式 EFB 架构示意

(3) Smart 式显示单元。该类 EFB 硬件平台集成运算、存储、显示、控制、通信功能,并采用电容式触摸屏作为操作外部接口,由触摸屏、显示屏、显示控制板、主控板、外部接口板组成,根据需要还可搭载电池、外部通信天线等可选模块。该类 EFB 集成度较高,重量较轻,该类架构示意如图 3-10 所示。

3.2.3　驾驶舱信息化应用

随着现代航空电子技术和通信技术的飞速发展,EFB 系统通过软件/硬件的集成,实现了飞机驾驶舱信息管理的重大革新,机组能够快速有效地实施手册、航图、飞机性能、导航、飞行计划

图 3-10　Smart 式
EFB 架构示意

等各类信息管理和计算,获取所需飞行辅助信息。未来通过与空地宽带无线通信网络的交联可实现飞机与航空公司运控中心、机场、空管等相关部门的信息

实时交互,资源共享,提升运行效率。

驾驶舱信息化的应用根据不同应用功能主要包括起飞/着陆性能计算模块、载重配平模块、起飞/着陆性能计算是将飞机的基本属性参数、执行飞行的构型选择参数、飞行程序设定参数、机场及跑道相关信息的参数、当前环境参数作为输入参数,调用飞机制造商为用户提供的性能计算程序进行计算,最后算出性能参数,起飞性能计算主要输出参数为最大起飞重量,起飞决断速度(V_1),起飞爬升速度(V_2),抬前轮速度(V_R),最小改平高度,着陆性能计算主要输出参数为跑道入口速度、着陆实际距离、着陆所需距离、着陆重量。

飞机的载重配平是地面保障工作中的重要环节,在实际飞行中必须保证飞机的重心在任一时刻都不能超出允许的范围,装载配平中如果超过重量限制或重心限制可能会危及安全,如可能会造成飞机起飞时飞机擦尾、结构损伤、气动不稳定性、飞机颠覆、旅客上下机不安全、耗油增加、疲劳寿命缩短、损伤跑道等。传统的航空公司在飞机运行过程中,目前一般采用填图画表的方式计算飞机重心和调整片位置,为飞机合理配载提供依据。而基于模型的载重配平计算是根据飞机的舱位布局、重量、指数、油量、业载等数据,计算得到飞机的无油重心位置、飞机的起飞重心位置、飞机的配平调整片位置等数据,并且保证所有重量不超过飞机的最大重量限制,可以帮助飞行员自主高效地完成合理重心计算,同时减少人为出错,提高飞机运行的安全性。

3.2.3.1 起飞/着陆性能计算

1) 性能计算定义

本文描述的飞机性能计算为低速部分的性能计算,包括起飞性能计算和着陆性能计算,起飞性能计算讨论的过程为离跑道 35 ft 前的起飞全过程,分为地面滑跑、抬前轮和拉起到安全高度三个过程。而着陆性能计算是指从高于跑道着陆表面 50 ft 开始下滑进场,接地后减速,直到飞机在跑道上完全停下为止的过程。

(1) 起飞性能计算,内容包括起飞速度和起飞限重。

V_1 是机组决定中断起飞的最大速度,确保飞机不冲出跑道,V_1 不小于临界发动机失效瞬间速度加上飞行员意识到发动机失效并做出反应的时间延迟的速度增量,延迟时间一般取 1 s。此外,V_1 不大于 V_R。在进行中断起飞时,V_1 是"措施"速度。

V_R 是指起飞过程中起始抬前轮,以使飞机在 35 ft 时获得起飞爬升速度(V_2)。起飞时 V_R 不能小于 V_1 或 1.05 倍的空中最小操纵速度(Vmca)。

起飞爬升速度(V_2)是指当飞机在一发失效时达到离地面上空 35 ft 时应达到的最小爬升速度,起飞安全速度不得小于 V_R 加上在飞机达到高于起飞表面 35 ft 高度时所获得的速度的增量。

起飞最大重量是指飞机在起飞时必须能产生大于航空器本身重力的升力,才能使飞机离开地面升空。由于飞机在设计之初所能产生的升力已固定,因此飞机本身的起飞最大重量受到限制,以保障能够正常起飞离地。在实际应用中,最大起飞重量还要受其他因素的限制。

a. 机场高度(气压高度):气压高度变化伴随着空气密度变化,密度变化会使发动机性能和机翼效能发生变化。

b. 气温:气温升高会导致空气密度变小,使得发动机效率降低。

c. 跑道长度:跑道长度会影响飞机离地前的可用加速距离。如果跑道过短,那么飞机有可能没有足够的时间加速到预期起飞速度。

d. 跑道状况:跑道有积雪或凹凸不平就会产生较多阻力,使得飞机加速较缓慢。

e. 障碍:如果机场起落航线上有障碍物,那么最大起飞重量还要受进一步限制,因为必须保证航空器有足够的越障能力。例如,在跑道前方有山丘的情况下,飞机在起飞后必须能够快速爬升以越过山丘。

飞机起飞阶段航迹如图 3-11 所示。

(2) 着陆性能计算,主要研究着陆速度(跑道入口速度)和着陆距离。

a. 着陆速度(landing reference speed,V_{REF})是在距离跑道着陆表面 50 ft

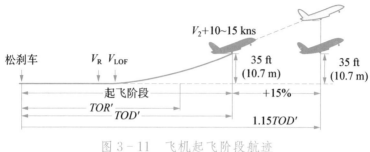

图 3-11 飞机起飞阶段航迹

处的稳定进近速度,根据 CCAR-25 中 25.125 的规定,V_{REF} 不小于飞机失速速度的 1.23 倍。

b. 着陆距离是指从飞机从离跑道 50 ft 高度的点到飞机完全停止那点的水平距离,可将着陆距离 D 分成三段。着陆空中段距离 $Deg1$:飞机从离跑道50 ft 高度直到飞机主轮接地点的水平距离;着陆过渡段距离 $Deg2$:飞机主轮接地到刹车等减速措施全部生效时的水平距离;着陆刹车段距离 $Deg3$:减速措施全部生效直到飞机全停点的距离。$D=Deg1+Deg2+Deg3$,为保证飞机能安全着陆,根据 CCAR 121.195 的规定,干跑道的着陆场长 D_{RD} 为实际着陆距离 D 除以 0.6,而湿跑道的着陆场长 D_{RW} 为干跑道着陆场长的 1.15 倍。

飞机着陆阶段航迹如图 3-12 所示。

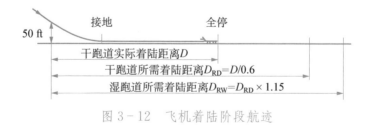

图 3-12 飞机着陆阶段航迹

2) 性能计算软件设计架构

由于航空公司的机型多样化,因此面对不同飞机厂家提供的软件接口也多种多样,这就使得开发性能软件及利用软件做二次开发所花费的人工时太大。

为此，美国航空运输协会（ATA）、国际航空运输协会（international air transport association，IATA）（简称"国际航联"）和几个飞机生产厂家建立了一个飞机性能计算程序标准化（standard computerized airplane performance，SCAP）小组（波音、空客是其中的成员）。SCAP 小组的第一个任务就是把对客户和飞机厂家都很重要的起飞性能程序尽可能地标准化，这种努力的结果产生了一个起飞性能程序接口规范，其中规定了在航空公司客户环境中运行厂家提供的起飞分析软件的接口要求。SCAP 的起飞性能程序接口规范以 ATA/IATA 联合文件的形式公布。

性能计算软件可以将外源信息通过性能软件界面录入数据库，生成中间文件，再调用由飞机制造商提供的性能计算模块，生成计算结果文件，通过对计算结果文件的解析，将最终计算结果直观地显示在性能软件界面上。基于 SCAP 标准计算模块实现性能计算的架构流程如图 3 - 13 所示。

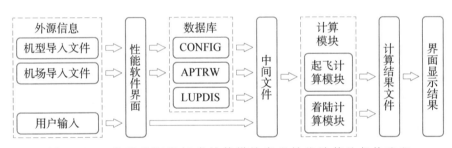

图 3 - 13 基于 SCAP 标准计算模块实现性能计算的架构流程

3）外源信息参数

飞机性能计算输入参数即外源参数，包括飞机基本属性参数、飞行构型选择参数、飞行程序设定参数、机场及跑道相关信息的参数以及当前环境参数等。详细参数分类如下：

（1）飞机基本属性参数。包括飞机型号、发动机型号、额定推力、刹车类型、适航审定标准。

（2）飞机构型选择参数。包括襟翼位置、缝翼选择、空调引气、防冰引气、扰流片工作状态、防滞刹车工作状态、反推工作状态、起飞第一爬升段完成后起落架位置、机身主起落架起飞前位置、辅助动力单元（auxiliary power unit，APU）、推力管理系统、自动刹车、轮胎压力、轮胎外径、轮胎速度、刹车能量选择、刹车能量数值、减速板、刹车状态、松刹车时起飞推力、发动机故障警告系统标识、液压系统工作状态、一发故障的调机飞行、备用发动机吊架、消涡器、N_1/N_2/N_3 转速表工作情况、优化计算中的最小襟翼位置、优化计算中的最大襟翼位置。

（3）飞行程序设定参数。包括 V_1/V_R 范围及 V_1/V_R 选择、改善爬升选取及取值、改善爬升速度增量、屏障高度、净轨迹越障余量、爬升轨迹情况包括是否采用延长的第二爬升段、对正距离、道面状态、若有污染物则污染物的情况、刹车系数、在污染跑道上发动机工作状态、最小改平高度、最大计算重量限制、最大审定重量、减推力水平、起飞推力时间限制、V_2/V_S 的范围选择、重心位置、第二阶段爬升梯度、最小 V_1 限制、最大 V_1 和 V_R 之间的最大差值、起飞航迹区的描述、转弯程序设定的描述、转弯坡度、最小转弯总重、转弯中最大坡度。

（4）机场及跑道相关信息的参数。包括机场代码、机场名、城市名、机场标高、障碍物信息、障碍物高度基准、障碍物距离基准、高度单位、距离单位、跑道号、跑道长度、净空道长度、停止道长度、可用着陆距离、可用起飞距离的坡度、可用加速停止距离的坡度、可用着陆距离的坡度、跑道道面类型。

（5）当前环境参数。包括相对风或绝对风信息、当前温度信息、当地机场当前修正海平面气压高度（query normal height，QNH）值、环境信息单位。

各参数间关系如图 3-14 所示。

3.2.3.2　装载配平

装载配平计算软件综合考虑影响飞机平衡的各种因素，建立装载配平流程，确定飞机业载分布，取得飞机起飞前必需的重量、重心等数值，进而确定飞机的配平调定值。

从目前航空公司的实际需要出发，利用合理的数学模型和先进的计算方法，应用现代计算机和数据库技术，开发飞机装载配平应用软件，从而准确而快

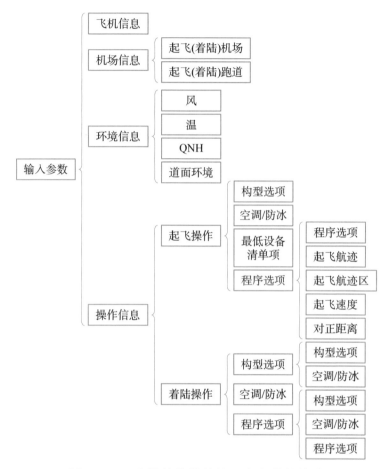

图3-14　飞机性能计算输入各参数间关系

速地计算出每一次航班任务所必需的重心以及配平调整片的位置。可以帮助飞行签派、配载人员快速了解业载装载情况,提高工作效率,降低工作负荷,从而更好地保障航班飞行安全。

每架飞机即使是同一型号,由于客户化客舱布局、机载设备等的些许区别,都会造成飞机重量的各项数据略有不同。即使是同一架飞机,服役年限长短也会造成自身重量发生变化。

(1) 燃油装载。可选择是否使用尾翼油箱装载燃油,同时对应不同的燃油指数曲线,在燃油装载界面上,用户可输入飞机所用燃油的密度及总的加油量,能够人工设置燃油密度和油量的单位,同时针对是否使用尾翼油箱分别给出最大加油量的限制,在用户输入总的加油量和航程油量以前,不能进行旅客和货物的装载。在用户确定总加油量后,飞机会实时动态显示整个加油过程,同时显示每个油箱的加油量,并用不同的颜色加以标记区分,在燃油指数曲线上也会用相应的颜色标记出总加油量,同时给出燃油指数的数值。需要注意的是,加油程序规定先加机翼主油箱,后加中央油箱。

(2) 旅客装载。当进行旅客装载时,随着将旅客安置在不同舱位,对应的指数曲线会相应地左右移动,即重心随旅客位置变化。当重心超出限制边界时,用户应通过合理安排剩余旅客的位置,使飞机重心回到限制包线范围内。如波音 747 - 400C 飞机是双层大型客机,舱位分为 5 部分,每一部分都分别给出了最大容量限制,同时给出大人、小孩、婴儿的估算重量。软件应提供输入界面,供用户根据实际情况修改该部分数值。

(3) 货物装载。货物装载界面应包括货、行李和邮件的装载,共有 5 个舱位,每个舱位的最大载量限制应进行限制,同时应给出联合舱位限制,其指数曲线随货物装载位置不同而动态变化。

(4) 基本使用重量和指数修正。当飞行机组和配餐与标准配置不同时,软件应能够对基本使用重量和基本使用指数进行修正,根据累计的重量和指数变化量进行修正后,得到干使用重量和干使用指数。

(5) 重心计算。重心计算的力学原理是合力矩定理:一个力系的合力对任一点的力矩等于各分力对同一点的力矩之和。在已知飞机空使用重量、旅客重量和座位分布、货物重量和舱位分布以及起飞油量的基础上,可以计算得到飞机的重心。

飞机重心往往以气动平均弦长的百分比来表示,其计算公式为

$$\%MAC = \frac{BA - L_1}{MAC} \times 100 \qquad (5-1)$$

其中，BA 为机翼后缘距离 0 站位的距离，L_1 为机翼前缘距离 0 站位的距离，MAC 为气动平均弦长，单位为英尺（ft）。

（6）重心结果的表示。以重心在飞机重心包线内位置的可视化图形界面展示，并且提供当前飞机在起飞重量下，重心前限、重心后限和最优重心（重心前限和后限的中点）位置，供飞行员可能的重心优化操作（见图 3-15）。

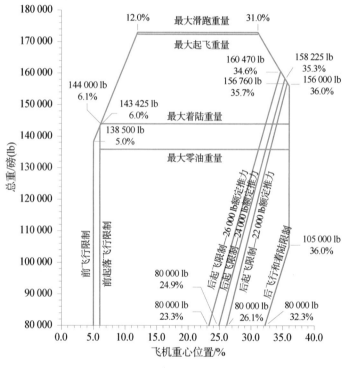

图 3-15　某型飞机的重心包线

（7）重量安全检查。

在载重配平过程中，各种重量和重量的分布需要保证不会超过飞机结构或运行所限制的最大重量。各种重量安全检查如下：

a. TOW≤MTOW。

b. LW≤MLW。

c. ZFW≤MZFW。

d. MTOW＝MIN{MZFW＋TOFW，MTOW，MLW＋TFW}。

e. 允许业载＝允许最大起飞重量－实际起飞重量，欠载＝允许业载－实际业载，最后一分钟重量变化≤欠载。

f. 每个货舱分配的货物重量≤每个货舱允许的最大重量。

g. 每个客舱分配的旅客人数≤每个客舱允许的最大人数。

h. 无油重心在重心包线范围。

i. 起飞重心在重心包线范围。

3.2.3.3 电子航图

电子航图实现对导航数据的可视化浏览与分析，提供相应的专业航图查询定位功能和对航图的操作功能（如航图的缩小、放大、平移、刷新、视图的切换、图层的显示控制和投影系的转换等），最后还提供航图数据（导航数据、公司航线数据和底图数据）的解析功能和更新功能，其架构如图3－16所示。

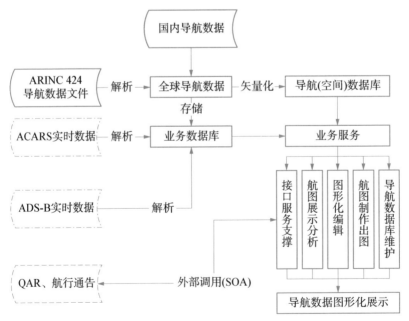

图3－16 电子航图架构

在电子航图中,ARINC 导航数据为主要数据源,它的解析和存储对后续的建设起到至关重要的作用。导航数据符合 ARINC 424 规范,对导航数据库的规范给予简单的说明:

ARINC 424 规范格式统一采用 132 位纯文本记录对各种导航数据库元素进行编码,从 1 到 132 每若干字节定义某航空要素的某一特定属性。若 1 条 132 位字节的记录不能完全定义某航空要素,可使用多条 132 位字节的记录来定义(多条记录间有接续标记)。对不同的航空要素有不同的定义格式,具体可分为下列几种常见格式:机场、跑道、终端区程序(进场、离场、进近)、导航台、航路点、航路、航路等待、停机位等。下面将介绍这几种格式中最常用也最复杂的一种——终端区程序编码格式。终端区程序分为进场、离场和进近 3 种程序,但定义它们的 ARINC 424 格式是一致的。

如图 3 - 17 所示,4 行 132 位字节记录定义的是北京首都机场离场程序 KM51D 的 ARINC 424 格式编码数据。所示 4 行编码的含义如下:

```
行 1: SEEUP ZBAAZBDKM51D 2RW01 010              CI        3590 ＋ 007600 9850
行 2: SEEUP ZBAAZBDKM51D 2RW01 020HUR ZBD 1     CF HUR ZB 0350 ＋ 08860
行 3: SEEUP ZBAAZBDKM51D 2RW01 030KM32 ZBPC1 L  CF HUR ZB 2780 B 1380008860
行 4: SEEUP ZBAAZBDKM51D 2RW01 040KMNB ZBDB1    TF        ＋ 13800
```

图 3 - 17　导航数据库的规范

第 1 位字节“S”表示该记录标准格式。

第 2～4 位字节“EEU”表示该程序所处的地理分区代码(如中国属于“EEU”区)。

第 5 位字节“P”表示主章节号。

第 6 位字节是空白间隔符。

第 7～10 位字节“ZBAA”表示机场 4 字码。

第 11、12 位字节“ZB”表示机场所在情报区。

第 13 位字节“D”表示副章节号。

第 14～19 位字节“KM51D”为程序识别号。

第 20 位字节"2"表示航路类型。

第 21～25 位字节"RW01"为过渡标识。

第 27～29 位字节为航段序号,表示该行记录表示的航段在离场航路 KM51D 中的顺序号。

第 30～34 位字节"HUR、KM32、KMNB"等为定位点名称。

第 35～36 位字节表示定位点所属情报区。

第 37～38 位字节为定位点章节号(用于匹配定位点)。

第 39 位字节"1"续行标志表示若有接续行,该行是第几行。

第 44 位字节"L"表示该航段为逆时针转弯,"R"表示该航段为顺时针 转弯。

第 48～49 位字节"CI、CF、TF"等表示该航段的轨迹类型,下文将对此详 细介绍。

第 51～54 位字节"HUR"表示为该航段提供引导信号的导航台。

第 55～56 位字节表示引导台所属情报区。

第 63～66 位字节表示引导台方位。

第 67～70 位字节表示距引导台距离。

第 71～74 位字节"3590、0350、2780"等表示该航段方位,包含 1 位小数。

第 83 位字节"+"为高度描述符。

第 85～89 位字节"13800"为英尺高度上限。

第 90～94 位字节"08860"为英尺高度下限。

第 100～102 位字节为速度限制。

第 103～106 位字节为航段仰角。

其余没有提到的字位可根据具体的要求增加选用。

3.2.3.4　图形气象

1)气象报文解析

(1)可以解析使用文本气象报——航空例行天气报告(meteorological

aviation routine weather，METAR）（SA 报文，包括整点报和半点报）的报文解析，报文的格式必须符合《中华人民共和国民用航空行业标准　民用航空气象第 1 部分：观测和报告（MH/T 4016.1 - 2007）》和《中华人民共和国民用航空行业标准　民用航空气象第 6 部分：电码（MH/T 4016.6 - 2007）》的标准，如 METAR YUDO 221630Z 24015KMH 0600 R12/1000U FG DZ SCT010 OVC020 17/16 QNH1018 BECMG TL1700 0800 FG BECMG AT1800 9999 NSW。

（2）可以解析使用文本气象报——航空特选天气报告（aviation selected special weather report，SPECI）（SP 报文）的报文解析，报文的格式必须符合《中华人民共和国民用航空行业标准　民用航空气象第 1 部分：观测和报告（MH/T 4016.1 - 2007）》和《中华人民共和国民用航空行业标准　民用航空气象第 6 部分：电码（MH/T 4016.6 - 2007）》的标准，如 SPECI YUDO 151115Z 05025G37KT 1200NE 6000S＋TSRA BKN005CB 25/22 QNH1008 TEMPO TL1200 0600 BECMG AT1200 9999 NSW NSC。

（3）可以解析使用文本气象报——终端区域气象预报（terminal area forecast，TAF）（包括 FC/FT 报）的预报解析，报文的格式必须符合《中华人民共和国民用航空行业标准　民用航空气象第 2 部分：预报（MH/T 4016.2 - 2007）》和《中华人民共和国民用航空行业标准　民用航空气象第 6 部分：电码（MH/T 4016.6 - 2007）》的标准，如 TAF YUDO 160000Z 160624 13018KMH 9000 BKN020 BECMG 0608 SCT015CB BKN020 TEMPO 0812 17025G40KMH 1000 TSRA SCT010CB BKN020 FM1230 15015KMH 9999 BKN020 BKN100。

2）气象信息管理

（1）可以解析使用文本气象报——各种气象报文（包括 SA、SP、FC、FT 报文）的原始格式与解析后格式的存储。

（2）可以解析使用文本气象报——各种气象报文（包括 SA、SP、FC、FT

报文)的文本格式导出。

（3）支持雷达/云图的图片格式存储。

（4）支持气象数据的基本管理，并提供相应的管理界面，包括指定/批量删除、查询、批量备份/转存。

（5）支持气象报文解析数据与雷达/云图的数据获取接口，支持多种获取条件，如时间、气象对象、气象类型等。

本模块有如下功能：

（1）航路/航线数据解析。支持航路/航线转换为航路点序列方式的解析。

（2）航路/航线数据管理。支持航路/航线标准格式存储，提供航路/航线属性设定；支持航路/航线数据的基本管理手段，并提供相应的管理界面，包括可见性设定、删除、修改、查询、备份；提供航路/航线数据获取接口，支持多种获取条件；支持航路/航线标准数据源的导入/导出/更新。

（3）机场信息管理。支持国内民用机场基础信息，包括中英文名、四字码、地理信息；支持机场信息的基础维护功能，包括查询、修改、导入。

（4）飞行计划数据处理与维护模块。支持飞行计划报文的解析；支持飞行计划报文的基础维护功能，包括查询、修改、导入。

3.2.3.5 飞行日志

飞行日志即飞行记录本，用于飞行人员记录在飞机飞行过程中发生的所有故障和不正常情况。每次飞行前，技术维修人员将对飞行记录本上的故障进行处理，然后由维修放行人员签署放行。

飞行日志提供以下信息：

（1）本次航班的基本信息：包括公司名称、飞机尾号、航班号、日期、飞行机组人员姓名、起飞/降落的时间、地点，数据内容从网络获取。

（2）飞行前或飞行中对确认运行安全性所必需的信息。

（3）燃油、滑油添加量和每次飞行前、后可用油量。数据内容从网络获取或由飞行人员录入。

（4）是否有保留项目。软件数据库统计结果。

（5）故障报告。由飞行人员录入，软件建立故障数据库，用户界面以条目选择方式提供，可引导飞行人员将故障定位至具体的 ATA 章节号与故障代码。

（6）维修工作记录信息。

（7）对应于"故障报告"栏的"处理措施和签字"栏，由技术维修人员录入。

（8）完成维修工作后的电子签名。

（9）适航放行批准的电子签名。

3.3　维护信息子系统

3.3.1　主要功能

维护信息子系统的功能借助机载信息服务平台和网络互联的特点，拓展传统的维护功能，支持网络化的维护作业，提高维护作业效率和维护信息推送的精准度，增强维护分析的深度和广度，形成覆盖有线和无线的一体化维护网络。民机维护信息子系统的顶层功能如下：

（1）飞机状态监控，实现飞机监控数据的自动化网络传输。

（2）中央维护，实现维护日志、故障信息、故障报告的自动化网络传输。

（3）数据加载和构型管理，实现供应商、航空公司和操作人员多层数字签名与加密，确保传输数据的正确性和完整性。

（4）浏览维护和工程电子文档，实现与中央维护功能的对接，以及通过信息网络快速便捷地更新。

（5）电子日志，实现对日志的编辑、签名、传递、确认等操作流程的电子化。

（6）虚拟快速存取记录器（quick access recorder，QAR）和驾驶舱话音快取记录器(quick access cockpit voice recorder，QACVR)，替代传统的硬件设备，实现记录数据的自动化网络传输。

（7）机载在线测试终端，替代传统的自动测试装置（automatic test equipment，ATE)和PMAT设备上的维护功能，实现AFDX、ARINC 429和以太网总线数据的实时监控，按照界面控制文件（interface control document，ICD)定义解析工程值。

（8）机载部件寿命维护信息管理，实现地面健康趋势监控结果推送飞机，辅助维护人员实施维护行为。

（9）支持网络化维护作业的功能，提高作业效率和信息推送的精准度，增强维护分析的深度和广度，形成覆盖有线和无线的一体化维护网络。

3.3.2　维护信息驻留平台

维护信息驻留平台指为整个信息系统和维护信息等提供通用化的信息处理平台，包括高性能、大容量、灵活可扩展的计算模块。此外，为低安全机载网络提供基于以太网的网络路由和交换功能，并且为机载信息系统驻留网络安保功能，保证机载需要免受外部开放网络的影响。主要用户包括全机的机载系统和机载通信网络。

1）文件导入导出服务

（1）文件导出：通过无线或有线方式将下列数据导出到地面的维护支持系统。

a. 从机载维护系统发送的维护数据文件，包括QAR、飞行数据记录器（flight data recorder，FDR)。

b. 从通信系统获取驾驶舱话音记录音频数据，如驾驶舱话音记录器（cockpit voice recorder，CVR)。

c. 信息系统生成的下传文件，包括实时监控与健康管理数据、信息系统维护数据、电子日志、维修记录等。

（2）文件导入：通过有线和无线方式将下列数据导入机载系统。

a. EFB 的航图更新数据。

b. EFB 的机场图的更新数据。

c. EFB 的图形气象的更新数据。

d. EFB 的性能库的更新数据。

e. 第三方应用的更新数据。

2）数据加载功能

提供对以下机载系统（但不限于）支持 ARINC 615A-3 协议和符合 ARINC 665-3 协议的外场可加载程序的机载系统设备进行数据加载的功能：

（1）航电 IMA。

（2）机载维护系统。

（3）信息系统。

（4）客舱系统。

（5）空气管理系统。

（6）飞行管理系统。

（7）显示系统。

（8）飞行记录系统。

（9）通信系统。

（10）无线电导航系统。

（11）大气数据系统。

（12）惯性导航系统。

（13）飞行控制系统。

（14）高升力系统。

（15）动力系统。

（16）电源系统。

（17）辅助动力系统。

（18）防火系统。

（19）燃油惰化系统。

（20）液压系统。

（21）起落架。

（22）刹车系统。

（23）空气管理系统。

（24）短舱防冰系统。

（25）结冰探测。

（26）风挡加温系统。

（27）机组氧气系统。

（28）电源系统。

（29）照明系统。

（30）舱门信号。

（31）水废水系统。

（32）机载维护系统。

（33）客舱系统。

（34）旅客氧气系统。

（35）风挡除雨系统。

3）综合用户身份认证功能

对用户访问进行身份认证请求，进行身份审查，并根据审查结果提供相应服务。可存储、管理和软件加载配置用户身份与权限信息，包括飞机机组的角色登录、维护人员的权限分配、客舱乘务组的角色登录等。

4）综合维护管理服务功能

对低安全等级系统，如机载维护系统、信息系统、客舱系统、记录系统，产生符合 ARINC 624 协议的自检测、故障和构型信息，生成统一格式的信息系统详细维护信息和 LRU 级维护信息（包括构型信息，如 LRU 的软件/硬件的部件号），并进行存储、记录，支持构型记录和报告功能，并可向机载维护系统发送 LRU 级或 LRM 级的维护信息。另外，向显示告警系统发送状态告警信息。

3.3.3　维护信息的应用设计

将机载维护系统融合在信息系统的通用信息服务平台之中，即将机载维护的应用驻留到维护信息的服务器上，如图 3 - 18 所示。

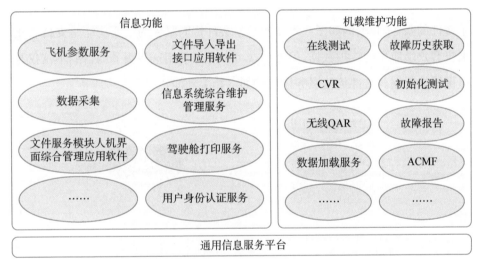

图 3 - 18　维护信息的应用设计示意图

维护信息系统为机载维护系统应用提供所需要的参数、故障、文件等数据以及命令、状态等消息，机载维护功能的应用软件利用信息系统平台和功能软件与地面数据网络交互信息，并将处理的结果和生成的报文等信息通过信息系统的有线与无线网络传输至地面系统或维护人员，实现其维护功能，形成机载系统的综合化和集成化。以下是各个主要应用的设计。

3.3.3.1　中央维护计算功能设计

中央维护计算功能设计提供以下主要功能：飞行阶段和航段计算，故障处

理,故障存储,故障显示,报告生成,启动测试接口和控制,机载构型管理功能
(onboard configuration management，OCMF)。

除了上述传统功能外,中央维护计算功能还支持使用这些可单独装载的数据库,定义某些内部中央维护计算功能如何运行：可装载诊断信息,航空公司可修改信息,选择选项软件,机载发动机平衡系统,输入监控,接近传感器校准,其他特殊功能。

3.3.3.2 文件传输服务设计

1）简介

文件传输服务应用软件应设计成能为民机机载系统应用软件提供多种基于文件的服务,其示例如图 3-19 所示。文件传输服务的主要功能是支持收集来自客户端应用的维护数据,但客户端可以选择使用这些服务的目的不仅仅是提供维护数据。文件传输服务还支持如下相关功能：

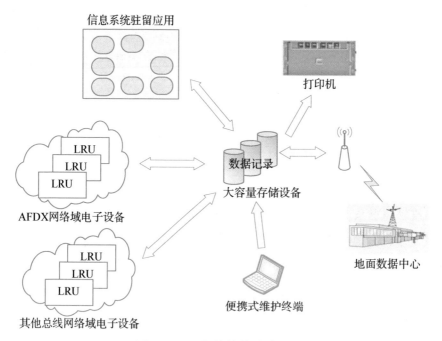

图 3-19　文件传输服务示例

（1）文件传输服务硬盘的日志文件。

（2）转发文件到驾驶舱打印机。

（3）使用 IP 从飞机上转发一个指令到地面来启用空地接口服务（宏蜂窝和卫星宽带）。

（4）提供文件、可装载飞机软部件的客户端访问，同时通过客户端使用 IP 将指令转发给飞机，以启用空地接口服务。

将文件记录到文件传输服务存储器上，使得不需要在客户端应用软件 LRU 上安装额外的存储容量就能够将数据存档。客户端应用软件先登录文件传输服务模块，然后才能使用宽带下行链路或 IEEE 802.11 下行链路（机场具备此项条件）发送文件到地面上的服务器。如果客户端应用程序对于某一个已经记录的文件不再采取进一步的操作，则该文件被删除之前在文件传输服务模块中会存储 135 天之久。在此期间维修人员都有机会使用维护笔记本，手动下载该文件，以及将文件通过便携式维护终端传输到地面服务器上。

文件传输服务还允许应用程序在驾驶舱打印机上打印数据。这使飞行员在飞行过程中能打印飞行管理或中央维护功能报告。维修人员可以在飞机上打印配置报告或历史故障报告。文件传输服务唯一支持的打印机是驾驶舱打印机，文件传输服务不支持打印到客舱打印机。

如果客户端应用软件需要自动发送应用程序数据到地面系统，避免依赖手动过程，他们可以使用文件传输服务将文件发送到地面。此服务在飞行过程中使用宽带连接、在地面使用机场的无线网络传输下行数据。当客户端文件等待被传输到地面时，它们会被存储成类似记录的文件，一旦传输完成后将被删除。客户端应用程序可选择将文件记录在文件服务模块上，然后下载记录文件完成后不从文件服务模块上删除该文件。

地面服务器和应用软件可以使用文件传输服务将数据文件发送到机载应用软件。当该文件可用时，文件传输服务将通知客户端应用软件。

文件传输服务系统设计时考虑到了通用的数据。应用软件希望使用文件传输服务时不应限于特定数据类型。应该由客户端应用程序开发人员确定：第一，他们是否希望使用文件传输服务提供的任何特色功能；第二，他们想如何使用文件传输服务。文件传输服务的需求将由开发人员希望使用什么文件传输服务功能所决定。

2）系统说明

文件传输服务从飞机各种客户端系统接收文件，然后将这些文件转发到预期的设备，如打印机、文件服务模块上的机组信息系统服务大容量存储设备，或传输到相关功能以便下行传输到地面。文件传输服务对于驻留的应用软件和公共系统驻留的航电应用软件（如维护系统）是可用的。文件传输服务允许飞机客户端系统通过公共协议使用机组信息系统外设（如打印机和机组信息系统服务大容量存储设备），而不需要为每一个外设来执行冗余的通信方法。

图 3-20 描述了文件服务模块上的文件传输服务的数据流架构。图中显

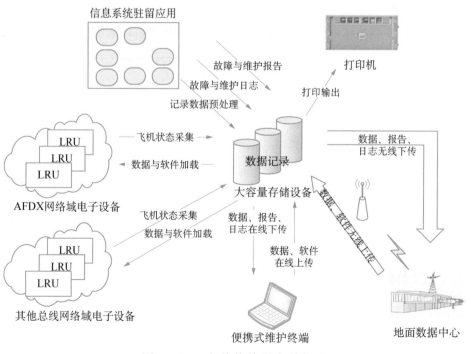

图 3-20　文件传输服务数据流

示文件传输服务将数据文件根据文件打印命令转发到打印服务模块、根据文件记录指令转发到大容量存储设备、或根据文件下载指令转发到机载软件电子分发，传输到维护笔记本电脑或其他选定为目标的地面设备。

文件传输服务包括 3 个主要子功能：文件记录服务，打印队列管理服务，下载管理服务。

3）文件记录

大容量存储设备实际上是一个安装在每个文件服务模块上的坚固耐用的硬盘，支持使用文件传输服务协议提供文件记录服务。作为文件记录服务的一部分，硬盘的预定部分将被分配给每架飞机的客户端系统，用于记录数据和信息，该客户端系统独有的数据和信息包括机载维护系统报告、发动机健康管理报告、LRU 故障历史文件，以及可装载飞机软部件配置文件。文件记录服务被设计成严格地只提供数据和信息的存储，并且它限制了客户端系统的只写权限。限制只写权限可防止可能损坏的数据和/或信息重新进入客户端系统。

经过授权可以访问大容量存储设备的机载系统数量有限。这些系统大多驻留在航电核心系统中，包括飞行管理功能、通信管理功能、中央维护计算功能和飞机状态监控功能。该服务可用于机载维护系统的任何成员系统，从采集成员系统的设备故障到大容量存储设备。不管文件类型或文件传输的源-目的地是怎样，相对目标系统，每个源客户端系统应使用正确统一的文件格式。

4）打印队列管理

通过文件传输服务接收来自各种机载系统的文件，打印队列管理服务提供了接收、管理和打印的功能。被授权通过机组信息系统服务访问驾驶舱打印机的机载系统数量是有限的。打印作业是文本文件或图形文件。

驾驶舱打印机也可以在自己的本地操作系统（即本地打印驱动程序）中嵌入相关功能，连接到内部网络域直接接收机载系统的打印作业。来自内部网络域设备的打印作业主要是图形文件，使用行业标准图形语言（如 postscript）。选择直接打印到打印机的机载系统包括维修笔记本设备（有线和无线两个版本)和 EFB 系统等。

5) 下载管理

相比传统文件下载,下载管理与管理连接内部网络域、外部网络域与各种空地接口的服务相结合,下载管理服务使用 Gatelink(通过 TWLU)和其他空地通信链路(如 SBB),提供接收、管理和下载机载系统文件到地面系统的功能。下载的文件是通过文件传输服务,从机载客户端系统接收来的,经授权使用下载服务的机载系统数量是有限的。基于 ARINC 827 文件传输通过使用机载软件电子分发功能打包文件来确保安全。

如果客户端提交一个下载到文件传输服务无法及时完成,则文件传输服务会对下载任务进行排队,直到文件传输服务能够处理它。文件传输服务可排队管理来自所有客户端的下载任务,最大数量为 5 000;当达到该限制或下载队列已满,任何进一步尝试交给文件传输服务的下载任务都将被拒绝,同时文件传输服务将返回到发出请求的客户端,并显示"已接收最大作业-文件传输服务处理能力已用完,不能接受任何更多的下载作业"的信息。

机组信息系统服务(机组信息系统服务)下载管理允许机载软件电子分发(机上软件电子分发)功能,启动从飞机到地面的下载会话,以确定是否存在要传输到任何可装载飞机软部件库(loadable software airplane part library,LSAPL)。在所有情况下,都是机上发起与地面的通信,机上不侦听或响应任何外部的地面系统发起的任何方式的指令。

(1) 文件传输服务接口。文件传输服务的应用程序被设计成类似服务器一般的运行,使用 IP 多播和简单文件传输协议(trivial file transfer protocol,TFTP)与文件传输服务客户端交互。文件传输服务客户端使用 TFTP 读取和写入文件,同时文件传输服务服务器使用 IP 多播数据包通知文件传输服务客户端。文件传输服务服务器与文件传输服务客户端之间传递的所有消息都使用可扩展标记语言(extensible markup language,XML)。

为了降低系统的复杂性,文件传输服务应用软件只能作为 TFTP 服务器,同时文件传输服务客户端只能作为 TFTP 客户端。为了满足文件传输服务客户端的需求，文件传输服务应用软件创建了 6 个 TFTP 服务器，每个服务器使用不同的标准端口（well known port，WKP）。图 3-21 显示了 6 个 TFTP 服务器及每个服务器使用的端口。

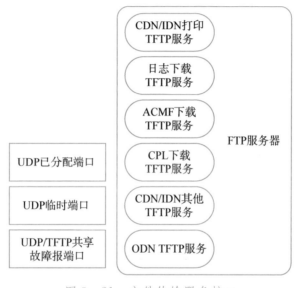

图 3-21　文件传输服务接口

（2）文件传输服务协议。使用文件传输服务传输或接收文件的应用程序时将使用文件传输服务协议（文件传输服务）。当文件传输服务客户端需要文件传输服务的应用程序相关的服务时，就会生成和发送一个 XML 请求文件，描述需要处理的业务。客户端应用程序等待来自文件传输服务服务器的状态消息，说明该请求已被接受，然后继续将文件传输到文件传输服务服务器或从文件传输服务服务器接收文件。其基本序列如图 3-22 所示。

（3）数据路由。如图 3-23 所示，LSAPL 代理服务器为航空公司服务器、供应商服务器以及飞机之间提供数据路由。由于数据在系统之间发送，将被打包成 XML 形式的文件，其中包含要传送的数据和路由标签。LSAPL 代理服务器使用路由标签来确定数据在哪里终止。

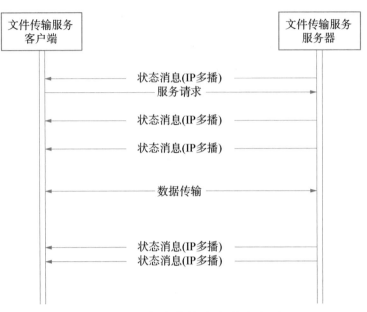

图 3－22　文件传输服务基本序列

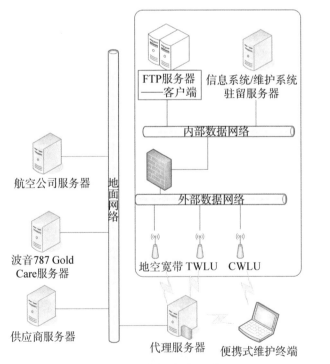

图 3－23　数据路由示意图

通过软件电子分发和路由标签,航空公司能够为通过下行链路从飞机接收到的数据设置默认目的地。关键路由标签跟踪包含在下行链路的数据源系统及数据类型。附加路由标签是一个消息标识(identification,ID),用于跟踪对上行链路指令和可选地址段的响应,将数据和路由通过一个特定的 LSAPL 代理服务器路由链接起来。

(4)上行链路。当从机上软件电子分发接收到上行命令,文件传输服务器将记录文件到驾驶舱信息系统之管理系统(cockpit information system-management system,CIS-MS)文件服务模块客户端的存储介质上。如果客户端存储介质没有足够的空间来存储新的文件,或者文件名称与存储介质中已有文件重名,则上行命令执行将失败,机上软件电子分发会向地面报告相关的错误(如当文件名已经存在时提示"文件传输服务文件名重复")。一旦该文件被成功地记录到文件服务模块大容量存储设备,该文件将被保存 60 mins,给客户端应用程序一定的时间提交读取请求。直到该文件被读取和/或删除前,此文件将占有客户端的存储空间和文件名。请注意,从最初收到软件电子分发文件上传命令及机上软件电子分发/文件传输服务接收到文件,到客户端最终成功从文件传输服务存储空间中读取到文件,文件名一直保留着,因此应包括实际文件上传到机上的时间,理所当然的是上传大文件本身就需要较长时间。如果一个文件在被客户端读取前被文件传输服务删除,那么机上软件电子分发将向地面报告"超时"的信息,具体信息是"文件传输服务超时"。

如果一个发送到文件传输服务客户端的上行任务当前不可用(可能是因为客户端断电),则该上行任务将在文件传输服务内排队,直到客户端能够处理它。文件传输服务可排队管理的来自所有客户端的上行任务最大数量为 32;当达到上限值或上行任务队列已满,任何进一步尝试上行到不可用(或任何其他)文件传输服务客户端的请求将被飞机拒绝,同时机上软件电子分发会向地面报告"没有足够的资源"的信息,具体信息是"达到文件传输服务的上行链路最大总数"。由于每个软件电子分发文件上行命令(如飞机程序可加载软件

(loadable software aircraft program，LSAP))需要两个命令上行链路,因此软件电子分发下行和删除命令只需要一个命令上行链路(见"软件电子分发命令"的详细信息)。应该在准备上传文件到机载系统之前,确认目标系统的可用性。

一个上行的文件通常都会有相关联的数据类型和消息 ID,这些信息是通过文件传输服务状态把信息传递给客户端应用程序。数据类型会显示文件包含了什么类型的数据(LSAP,命令等)。消息 ID 是用来跟踪通信线程,当客户端应用程序用一个下行链路响应一个上行链路时,它们将使用相同的消息 ID。例如,如果客户端应用程序接收到请求客户端下传一个配置报告的上行命令,消息 ID 为 100,客户端在下行配置报告中包括了一个值为 100 的消息 ID。

当上行链路发送到飞机,航空公司将使用软件电子分发协议从 LSAP 配置库地面工具将数据发送到一个软件电子分发服务器。然后软件电子分发服务器将使用满足超文本传输协议项安全的专有协议与机上软件电子分发通信。机上软件电子分发使用一个内部的 API 与文件传输服务通信,文件传输服务使用文件传输服务与客户端应用程序通信。图 3-24 为上行链路和相关协议。

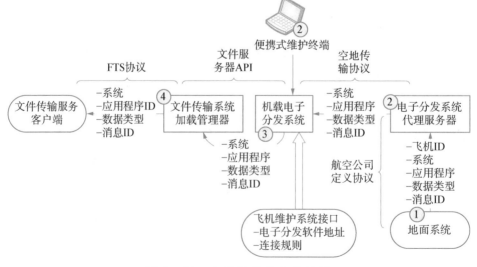

图 3-24　上行链路和相关协议

（5）命令请求。对于某些文件传输服务客户端应用程序，LSAPL 代理服务器将上行请求发送到机上文件传输服务客户端，执行以下功能：

a. 下载特定文件。

b. 生成并下载配置构型报告。

c. 从大容量存储设备上删除一个指定的 LSAP 或文件。

d. 当发送软件电子分发命令时，通常会包含一个值为"软件电子分发COMMAND"的数据类型。

（6）客户端数据库。每个客户端应用程序将在 CIS - MS 文件服务模块大容量存储设备上有一个数据库。数据库的大小是由客户端应用程序开发者输入诊断模型开发工具（diagnostic model development tool，DMDT）的信息确定的。客户端数据存储下列文件：

a. CIS - MS 文件服务模块的记录文件。

b. 从上行链路接收到的日志文件。

c. 发送到打印机的文件。

d. 发送到地面的文件。

当一个客户端提交作业时，使用的数据库由客户端的应用程序 ID 来确定。如果客户端应用程序尝试使用未注册到 DMDT 的该客户端的应用程序 ID，则作业将执行失败。客服端应用程序的开发者愿意维护为不同用途而设置的不同的数据库，是允许设置多个数据库的。多个数据库的可能用途可以是一个用于下行链路，另一个用于上行链路，或者一个用于一种类型的数据，另一个用于其他不同类型的数据。客户端应用程序开发者如何为他们的客户端应用程序建立数据库结构，必须根据自己的需要来确定。

如果客户端不包括保留策略或者设置不删除新的作业提交信息的保留策略，客户端的数据库就没有足够的空间来存储新文件，那么相关作业请求将被拒绝。为了避免这种情况的出现，客户端应用程序可以选择让文件传输服务服务器在需要的时候删除文件，确保有足够的空间来存储新文件。允许文件传输服务服务器删除文件的两个保留策略是删除最旧的和删除大部分过时的。

客户端应用程序只允许读取在请求中包含的应用程序 ID 相关联的数据库文件。如果客户端没有在 DMDT 中与某个应用程序 ID 关联,那么客户端使用该 ID 试图读取文件的请求将会被拒绝。

(7) 作业提交。当客户端应用程序请求文件传输服务服务器的服务时,它将创建一个作业提交消息并发送到文件传输服务服务器。此消息是一个 XML 文件,指出客户端请求哪些服务。当客户端应用程序生成 XML 文件后,使用 TFTP 编写操作将文件发送到文件传输服务服务器。

文件传输服务客户端将使用作业提交消息执行以下操作:

a. 请求一个新的作业操作(打印、记录、下载、读取)。

b. 取消工作中的下载或者打印作业。

c. 请求工作中的下载或者打印作业的状态。

d. 请求删除一个先前记录的文件。

(8) 文件传输服务状态。文件传输服务服务器使用 IP 多播发送一个周期性的文件传输服务状态信息。该消息是一个 XML 文件,被包含在多播数据包的信息体内,包括设备状态、作业状态和上行链路消息。由于航空无线电公司 ARINC 664 Part 7 的限制,公共数据网络(common data network,CDN)使用开关,所以状态消息被限制为 1 471 个字节。当状态消息的大小达到此上限时,作业状态优先于上行链路消息发送。

消息中的设备状态部分包括文件传输服务,驾驶舱打印机,Gatelink 和卫星宽带的状态。客户端在发送作业请求到文件传输服务服务器之前,检查目标设备的状态或者使用足够的等待时间。文件传输服务服务器允许设备在没有准备好以及等待时间不够时,发送作业提交请求到设备,这项工作在文件传输服务客户端发送文件后及文件传输服务传输文件到目的地之前,可能会超时。

文件传输服务服务器将尝试在下一个可用的状态信息中包括每一项作业的状态变化。但是文件传输服务状态消息有大小限制,这可能会阻碍服务器在单个消息里面列出每一项作业的状态变化。文件传输服务服务器将在两个消息里包含所有作业状态通知。额外的作业状态变化将只包含在一个消息里面。当一个作业完成后，文件传输服务服务器将在作业不再运行后，使用一个消息包含作业状态。当一个运行中的作业在上一个消息后没有变化时，其状态将不会被包含在状态消息中。

上行链路消息是文件传输服务状态消息的最后一个元素，用于通知客户端文件已经收到。如果状态信息有空间，那么客户端指示将被保持在状态消息中，直到文件被文件传输服务客户端检索到。一旦客户端应用程序接收到一个状态信息，表明上行链路可用，那么需要发送一个作业提交信息，要求在 2s 内读取该文件。

（9）客户端数据文件。

文件传输服务服务器对于存储在 CIS - MS 文件服务模块或者通过下行或上行链路发送的文件的格式没有任何限制。发送到驾驶舱打印机的文件必须与打印机文档格式一致，否则打印机将拒绝它。

3.3.3.3　机载数据加载设计

1）简介

机载数据加载功能负责为机载飞机成员系统实现软件数据加载提供集中访问点。机载数据加载功能提供了一个用户界面，允许维护操作员指定加载的目标系统和被加载的软件部件。然后机载数据加载功能与加载的目标系统通信，采用已有的加载协议将数据文件传输到加载的目标系统。

2）系统说明

当安装一个双冗余 CIS/MS 系统及为许多 LRU 提供软件部件加载时，机载数据加载功能（机载数据加载功能）运行在主 CIS - MS 文件服务模块上。当主 CIS - MS 文件服务模块运行失败时，机载数据加载功能将运行在作为热备份的 CIS - MS 文件服务模块上。

机载数据加载功能与传统数据加载相比，可加载数据的 LRU 不依赖于数据加载系统或互连总线的完整性,以确保他们能实现有效的数据加载。LRU负责允许只在适当的时候加载数据,然后在编程写入内存后验证数据的完整性。

机载数据加载功能被航空公司机械师们通过以下方式访问和控制:

(1)一个物理连接维修笔记本,插入驾驶舱的以太网端口或者前置电子舱(EE-bay)以太网端口或者后置电子舱以太网端口。

(2)一个无线维修笔记本,通过可选的CWLU接入航电网络。

(3)EFB显示设备。

维修人员可以从菜单列出的许多的可加载软件部件(LSP)中选择,这些LSP被维护系统存储于CIS-MS文件服务模块中的硬盘驱动器上。维护系统最多可同时支持4个独立的LRU装载会话。由于系统架构和网络的限制条件,对于可以平行加载的LRU会有一些限制。

机载数据加载功能支持的可加载LRU包括:

(1)基于ARINC 664 Part 7的LRU可直接或间接地连接到公共数据网络(CDN)。

(2)基于ARINC 429的LRU可连接到公共核心系统远程数据收集器(remote data concentrator,RDC)。

(3)基于受控局域网(controlled area network,CAN)的LRU可连接到公共核心系统的RDC。

(4)基于以太网的LRU可连接到以太网网络,如独立数据网(内部网络域)和开放数据网(外部网络域)。

支持的加载协议包括:ARINC 615A-2,ARINC 615-3,ARINC 615-4。

驾驶舱顶部面板包含一个开关用来控制数据加载系统和各种可现场加载软件的LRU。LRU使用禁止开关输入飞机的LRU,使用其他输入(如机轮重量),确保LRU(或相关的系统)在确认安全之前不响应数据加载请求。当开关处于关闭位置,或者飞机没有降落时,将不会提供数据加载功能。

当满足下列条件时,机载数据加载功能将开启:

（1）可维护开关打在"DATA LOAD ENABLED"位置及飞机在地面上。

（2）还需要注意的是，基于系统运行方面的考虑，目标 LRU 可能有附加的禁止激活逻辑。

加载 LRU 时，会使用循环冗余码校验（cyclic redundancy check，CRC）方法对所有加载的软件进行校验，以确保数据的完整性。

需要注意的是，下面的系统有它们自己的数据加载功能，这不包含在本节的描述中。

（1）核心网络包括除了 CIS - MS 文件服务模块以外的其他组件等，如控制服务器模块（controller server module，CSM），EGM 和 NIM。

（2）客舱服务系统（cabin service system，CSS）

（3）机载娱乐系统（IFES）。

（4）EFB。该系统可以使用机载数据加载功能加载，或者如果 EFB 使用分配数据管理（distributed data management，DDM）方法直接加载 EFB 相关部件，可以利用自身的加载接口来进行加载。

3.3.3.4　机上软件电子分发设计

1）简介

机上软件电子分发设计的功能是方便操作者能够以电子方式在地面系统与飞机之间传输软件、应用程序和数据。不同于传统的分发，不会使用介质如软盘或光盘将软件加载到飞机上。除了通过 TWLU 或卫星宽带（可用时）以无线方式传输数据，也支持使用物理连接或者无线连接，传输存储在维护笔记本硬盘上的数据。

2）系统说明

软件电子分发系统集成了地面和机上的相关元素，使用打包和基于公钥构架（public key infrastructure，PKI）的数据签名技术，管理地面和机上软件部件的传输和安全。软件电子分发系统同时提供航空公司之间的软件部件的传输。所有软件电子分发的数据传输（包括与飞机之间的软件部件、数据交互）使用打包技术来完成,包括软件部件及相关的签名、一个描述了打包内容的 XML 打包清单以及其他需要的支持文件,这些文件全部按照工业标准压缩格式(如 RFC 1950 - 1952)打包在一起。软件电子分发打包技术尽可能地遵循 ARINC 827。软件部件广泛包括了 LSAP 和其他提供给飞机的数据文件。

机上软件电子分发系统功能为软件电子分发系统提供了机载接口和功能实现。机上软件电子分发功能被纳入那些安装在每个 CIS - MS 文件服务器模块中的软件里面。机上软件电子分发的主要职能包括为软件电子分发运营管理地空通信,处理在飞机上接收到的软件电子分发打包文件,并准备飞机数据,使用软件电子分发将数据下行传输到地面。具体功能包括:

(1)通过有线或无线方式与航空公司基于地面的软件电子分发服务器或维修笔记本电脑进行连接。

(2)根据机组信息系统服务客户化信息构型设置中具体的可用性和性能,通过选择恰当的通信链路,与 CIS - MS 共同管理地空通信。

(3)验证和拆分自地面接收到的软件电子分发打包文件,验证 LSAP,然后将 LSAP 存储到 CIS - MS 上,或者将打包文件发送给其他机载目标系统。

(4)在使用机载数据加载功能进行数据加载之前,再次验证 LSAP 数字签名来检查签名是否有效。

(5)为数据下行传输到地面进行打包和签名。

(6)通过终端系统之间的信号交换显示对空地数据处理的状态。

(7)其活动日志进行维护以便检索;与安全相关的事件必须被记录下来(无论是在飞机还是地面),根据 FAA 规章该记录必须在事件发生后保持至少 90 日。

多种方法可用于软件和数据的分发。装有软件维护工具(software maintenance tool, SMT)的维护笔记本可以插入驾驶舱以太网端口、前置电子舱以太网端口或后置电子舱以太网端口,也可以通过可选 CWLU 进行无线连接,与飞机上的机上软件电子分发发起数据处理。从机上软件电子分发到软件电子分发代理服务器的无线连接,在地面也可以使用 Gatelink(通过 TWLU),在空中可以使用卫星宽带(可用时)。这是飞机操作的一项原则,即地面设备(除维修笔记本)本身不能建立与飞机机上软件电子分发的通信;相反,机上软件电子分发搜索地面可用链接,当可用时建立链接。图 3-25 显示了一个典型的软件电子分发航空公司地面系统。

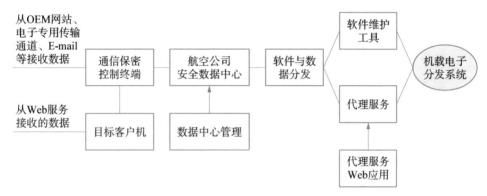

图 3-25   典型的软件电子分发航空公司地面系统

机上软件电子分发与机载数据加载功能是异步操作的。LSAP 或其他数据,不管在地面还是空中(如果卫星宽带可用),都可根据作业需要上传至飞机。飞机通过机上软件电子分发在机上收到的 LSAP 或其他数据,要么缓存在 CIS-MS 文件服务模块的大容量存储设备上,用于后续的数据加载,要么在原始软件电子分发打包文件中使用文件传输服务(文件传输服务),被传输到其他机载系统,如 CSS 和 IFES(根据包含在地面软件电子分发上行链路中的路由指令)。无论怎样,上传 LSAP 以及在机上缓存 LSAP 的处理都不会改变飞机的运行。只有当维护人员成功地将 LSAP 数据加载到目标系统的 LRU(通过单独的数据加载过程和工具)上时,飞机的运行才会被更改(并且这种更改的正确性必须通过第三方、决定性的单独飞机构型检查验证)。

在发送软件电子分发打包文件到其他机载系统的情况下,接收系统将自行拆分被发送的数据。

3.3.3.5　电子文档功能设计

1）简介

将飞机飞行、操作以及机载设备维护相关的各类电子文档统一储存在信息系统服务器中，飞行员和地面维护人员可通过信息系统的显示终端和 PMAT 设备来对文档进行查阅。

与目前在役型号的飞机相比，本书所述的电子文档功能可以通过与中央维护功能对接，飞行员可通过超链接快速地跳转到文档中关于故障信息和非正常状态的描述部分。帮助机组快速应对突发状况，提高维护人员的排故效率。

电子文档功能主要包括：

（1）提供文档清单界面，可通过文档类型和文档格式进行分类筛选。

（2）支持 XML、HTML、PDF、DOC 等格式文档的显示。

（3）提供强大的搜索功能，除了可支持文档名称、内容关键字等常规搜索功能，还应支持跨文档的深度内容搜索。

（4）提供标题、关键内容的超链接，为机组和维护人员文档内和跨文档的快速查阅提供便利。

（5）可自动获取当前飞机故障信息，并提供相关文档内容的快速入口。

（6）提供文档内容的打印功能。

（7）提供界面放大、缩小以及内容复制功能。

（8）提供电子书签功能。

（9）提供内容标注功能。

（10）提供文档适用构型、版本等基本信息。

2）文档的更新

所有的电子文档均存放在信息系统服务器中，当需进行文档更新时，维护人员可通过 PMAT 设备或地面服务器无线接入等方式将更新文档上传至服务器，再通过加载工具覆盖旧版文档即可。

3.3.3.6 电子日志功能设计

1）简介

通过电子日志功能,飞行员可轻松地记录下每次飞行的基本信息以及飞行中出现的故障信息,便于地面维护人员对飞机故障状态进行维护和追踪。与目前在役型号的飞机相比,电子日志功能设计支持飞行员通过飞机通信寻址和报告系统(aircraft communication addressing and reporting system,ACARS)或空地宽带链路等方式将日志下传,为着陆后的快速响应和维修提供便利。

2）工作流程

对于大多数影响不大的故障,飞行员记录的电子日志无须下传,在进行正常的记录和电子签署后,交由地面维护人员处理即可。但对于需要提前通知地面的电子日志,在完成签署后将直接发送给地面系统。其工作流程如图 3-26 所示。

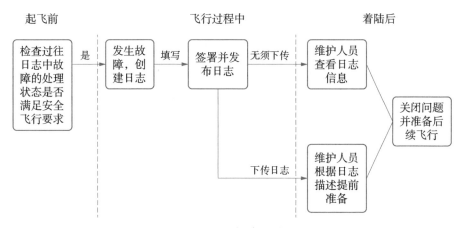

图 3-26　电子日志功能的工作流程

3）功能描述

电子日志功能应包括:

(1)提供电子日志清单界面,可以为每条日志的时间信息和处理状态,并提供日志筛选和删除等管理功能。

（2）提供日志的创建、内容确认、签署、存储和处理功能。

（3）根据用户的身份类型（机组或维护人员）提供不同的功能权限。

（4）提供日志打印功能。

（5）提供日志下传功能，支持飞行中或着陆后的日志下传。

（6）提供航班信息及飞机状态信息的自动获取功能，便于简化日志的创建。

（7）提供故障信息到电子文档的查阅链接。

3.3.3.7　飞机状态监控功能设计

1）简介

飞机状态监控功能（aircraft condition monitor function，ACMF）用于记录、处理、存储飞机系统数据并生成报告。由 ACMF 生成的报告随后被地面分析程序用来监控发动机、燃油、APU 等传统需要监视的系统，ACMF 与传统功能相比，可以通过 ARINC 664 总线采集更为丰富和大量的系统数据，用于检测包括航电、飞控、液压、电气、起落架等其他机载系统和飞机的整体性能，还包括趋势分析和预测。

通过使用航空公司可修改信息的数据文件来控制 ACMF 功能的可修改项。与飞机一并提供的 ACMF 客户化信息标准基线提供一组标准客户化参数定制服务。操作者可以使用地面软件工具来构建客户化信息，或授权第三方为他们进行开发。他们也可以选择使用标准基线客户化信息。

ACMF 的基线客户化信息提供报告的记录标准（触发），报告内容以及外围设备布局，同时提供连续参数记录编辑器。

维护控制与显示的界面和菜单布局同样是通过客户化信息指定。

2）系统说明

ACMF 的基线客户化信息的标准分为如下主要部分：

（1）报告。

（2）连续参数记录（continuous parameter log，CPL）。

（3）显示界面和菜单。

（4）可修改常量。

（5）客户化参数数据库（customization parameter database，CPDB）。

（6）ACMF 报告数据收集的预定义时间周期，包括逻辑触发器激活、手动输入激活、上行命令激活。

ACMF 的基线客户化信息计划包括如下报告：

（1）发动机状态监测（engine condition monitoring，ECM）。

（2）APU 监测。

（3）环境控制系统（environmental control system，ECS）监测。

（4）飞机性能模块（aircraft performance module，APM）监测。

（5）其他故障预测。

（6）刹车。

（7）液压。

3.3.3.8　飞机健康管理设计

1）简介

飞机健康管理（AHM）是一个新兴地对飞机整个状态和周期寿命进行监控和管理的功能与系统，属于一个全球性的自动维护决策支持系统，如波音飞机用户可以通过安全访问 MyBoeingFleet.com，无须额外的硬件服务器或软件许可证采购。AHM 使用飞机数据提供增强型的故障传输，排除和历史维修信息，以减少飞行中断，提高故障隔离率，并提高维护效率。AHM 集成了对飞机数据的远程采集、监控和分析，以确定飞机及其组件的当前和未来的维护需求。

2）系统说明

AHM 收集和处理从机载中央维护计算机功能（CMCF）下传的飞机故障指示。CMCF 提供可用于确定是否有可能影响后续航班调度条件的信息，以及为快速故障隔离提供一个链接到故障隔离手册（fault isolation manual，FIM）的进入点。AHM 整合、过滤、优先 CMCF 信息，用于在维护计划中优化决策支持和使用,AHM 系统数据逻辑图如图 3-27 所示。

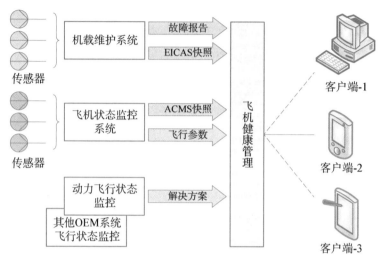

图 3-27　AHM 系统数据逻辑图

AHM 参数和趋势模块结合了基于飞机记录参数数据分析的决策支持信息,将通过安装 ACMF 收集选定飞机系统的参数数据。使用地面飞机系统模型,AHM 将评估所收集的参数数据,提供系统运转退化或失败和参数超限的相关警报。

此外,AHM 整合了电子记录本(electronic logbook,ELB),使用优先级、文档链接和修复效果等信息,加强飞行员报告(pilot report,PIREP)和客舱机组报告。

机载系统功能

(1) 数据采集功能需求。机上信息系统具备集中数据采集功能,具备能够采取飞机如下数据的能力:

a. 系统在总线上传输的所有数据。

b. 系统所有传感器采集的数据的参数值。

c. 系统的组件级、LRU 级、系统级 BIT 数据(包括每次 BIT 结果、BIT 摘要)。

d. 机载维护系统(onboard maintenance system，OMS)输出的故障信息、状态参数信息。

e. EICAS 生成的警告信息。

f. EFB 中的飞行日志功能、客舱记录本功能记录的故障信息。

g. 飞机各系统的构型信息、OMS 生成的构型报告信息。

(2) 数据处理功能需求。机载系统应用采集到的数据，进行简单的逻辑判断或数值计算，进行处理、分析，形成健康信息报告，进行健康事件监控。主要的处理应用能力包括：

a. 具备飞机参数逻辑处理能力，能在参数发生超限、参数满足相应逻辑方程式、探测到飞机系统异常事件等情况下，触发健康信息报告。

b. 能对飞机各系统的软件/硬件构型信息进行处理，在构型发生变更时（如硬件部件拆换、软件部件更新等），能自动发送构型信息报告。在接收到地面系统构型信息请求时，能发送构型信息报告。

(3) 数据存储功能需求。机载系统提供对处理过的数据或原始数据的机上存储记录功能，将数据存储到机载大容量数据存储装置中。

(4) 数据传输功能需求。机载系统具备如下两个方面的数据传输功能：

a. 在飞行过程中，将特定的数据、信息或报告实时发送至地面系统。

b. 飞机在地面时，通过无线网络或者有线连接，将数据传送至地面系统。

(5) 配置文档解析与加载功能需求。机载系统具备如下三个方面的配置文档解析与加载功能。

a. 数据采集配置解析与加载：机载运行软件可以根据用户配置的数据采集配置文件，进行采集功能的配置与扩展，解析的内容包括采集参数选择和采集周期配置等。

b. 数据存储与运算配置解析与加载：机载系统软件具有数据存储与运算逻辑的用户配置与扩展功能，运行软件可以根据配置文件的不同，更改机载软件的参数存储类型、存储周期、存储条件等内容，解析并加载处理的判定条件和阈值范围、分析处理规则、分析处理条件等。

c. 数据传输配置解析与加载：运行软件在飞机飞行过程中，可以根据用户配置文件的配置内容，解析出数据传输的参数类型、传输周期、传输链路、传输条件等。

地面系统功能

地面系统主要包含如下几方面的子系统。

（1）地面运行系统：实现实时监控和故障诊断应用功能，为原始设备制造商（original equipment manufacture，OEM）和航空公司提供信息服务。

（2）运行系统扩展配置功能系统：用于实现地面运行系统的配置扩展功能，是预防与健康管理系统（prognostic and health management system，PHMS）具备灵活扩展能力、保持持续生命力的重要支撑。

（3）应用支撑系统：实现为上层业务系统提供基础的软件服务，提供系统中所涉及的基础功能的实现。

（4）数据收发与处理子系统：数据收发与处理主要接收飞机飞行中实时下传的空地链路数据，以及航后 QAR 数据等。一方面实时解析和存储，另一方面传输至系统各业务模块调用。同时，该系统还通过空地链路实现对命令的配置和编码上传。其功能逻辑如图 3-28 所示。

系统需要实时接收空地链路下传的报文，并根据报文的具体格式定义进行解码，然后将解码后的数据存储在数据库中，报文源文件则保存在文档服务器中。

数据收发与处理子系统主要包括报文编解码、报文分发、报文拍发以及航后数据处理等功能。

数据收发与处理系统功能由如下几个模块组成。

a. 报文类型定义：报文类型用来定义特定航空公司各机型的报文类别，报文解码器根据此数据找到匹配的报文模板，进而解码报文。报文类别包括 OUT，OFF，ONN，INN，Return to Gate 等。

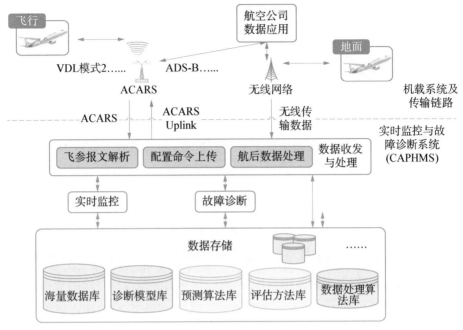

图 3 - 28　数据收发与处理系统功能逻辑

b. 报文模板：根据航空公司的业务需要，空地链路报文格式可能会发生变化，所以系统需要具有自定义报文格式的功能，并能将这种自定义格式自动通知报文解码器以使其正确解码。

c. 报文解码：报文解码功能实时准确地接收空地链路下传的报文数据，并根据报文类型和模板对其进行正确解码，准确获取报文信息，驱动实时监控功能各子程序的应用。

d. 报文派发管理：机组通过空地链路下传服务请求后，系统可以自动回复相关的报文，系统用户也可以通过该模块向机组进行报文发送。在上传报文时，系统可通过上行报文模板自动组织用户输入的内容并发送给目标飞机。

e. 报文分发：报文分发针对解码后的报文进行归类处理，从报文模板中提取不同格式和类型的信息数据，根据数据类型的设定分发给不同的数据库，以便不同功能模块调用此报文数据。

f. 航后数据处理：航后数据处理模块主要通过地面无线局域网实现 QAR 等航后数据的及时接收，实现飞参工程值的译码，并实时存储和处理。

（5）实时监控子系统：航空公司需要实时掌握执飞飞机的运行状态，及时了解飞机的故障及超限情况，以便提前做好维修准备，保障航班的安全、准点运行。该功能实时获取飞机的各类 ACARS 报文数据（系统将预留扩展源数据接口，在未来出现新类型的实时源数据时进行扩展，如其高频数据链（VHF data link，VDL）模式 2 数据、空地宽带源数据），并将解码后的数据以友好、直接的形式展示给监控或维护人员。这将有效地帮助维护人员及时、准确地掌握飞机的技术状态，获取相关故障信息并及时做出维修决策。

实时监控通过处理来自空地数据链的实时数据，获得每架飞机的信息，实现实时航行动态监控、实时故障监控、实时飞机状态参数监控等应用功能。

实时监控系统主要包括实时航行动态监控、实时故障监控、事件监控、实时参数监控等功能。系统一方面实时解析空地链路下行的航行动态数据，对飞机的航行动态进行实时解析并监控飞机飞行状态；另一方面，将下传的实时故障信息进行解析，并实时显示转入下一步综合处理。此外，系统还对重要超限信息、参数快照信息进行处理和显示，并可上传命令数据，实现与机上系统的"对话"。

a. 故障诊断子系统方案。故障诊断分系统根据故障现象，通过一定的算法逻辑，综合应用维修类手册、维修历史案例等信息，实现对飞机故障的快速诊断，并给出合适的排故方案。

对于飞机各个分系统，提供一个针对其特定故障模式的诊断算法和模型的扩展平台，允许从外部以算法组件的形式加入 PHMS 中，满足部分分系统、设备和关键部件的特殊诊断需求。

因为故障诊断方式主要有两种方式：基于 FIM 的故障诊断和基于维修案例的故障诊断，所以交互式的出版物系统和维修案例数据是故障诊断必不可少的。此外，为了帮助维护和放行人员快速做出维修及放行决策，系统需要根据

MEL 自动给出是否允许放行的提示。为此,MEL 的管理也是本模块的重要功能之一。

　　b. 航后数据监控子系统方案。航后数据监控子系统是实时监控与故障诊断系统的扩展数据监控接口应用,当航空公司的机务维护人员对超限或是故障进行处理的过程需要分析某些参数及全航段信息,用以辅助进行故障诊断时,可使用航后数据监控接口。该接口为用户提供定制好的数据接收模板,一方面,由用户按照既定的模板提供相关参数的航后数据;另一方面,由 OEM 驻航空公司现场代表等人员,定期将航后数据导入 PHMS,利用这类数据进行监控应用。该子系统通过对航后数据进行比对和分析,可以辅助用户进行故障诊断,及时发现事故隐患和危险状况,提出预防事故的措施,预防可避免的航空事故。

　　c. 运行系统扩展配置方案。运行系统扩展配置作为运行系统的扩展补充,是运行系统的扩展性基础支持,实现对系统基础信息配置、监控参数配置、故障诊断知识配置、知识挖掘与自学习等方面的扩展配置,从而为系统的运行提供灵活的扩展接口,通过用户定制的方式方便、快捷地开展扩展配置工作。

3.3.3.9　虚拟 QAR 和 QACVR 设计

　　采用数字化的文件存储技术,将 QAR 和 QACVR 数字化,并将数据存储在维护系统的服务平台中的特定区域。

　　QAR 与 QACVR 的数据均采用符合一定格式的分段文件的方式进行连续的存放,并用时间戳进行标识,文件的大小可以根据需要,由 OEM 甚至是航空公司的维护人员进行灵活设置。

　　与传统相比,由于 QAR 与 QACVR 数据存储为一个个的小文件,因此分段的数据文件利于通过地空无线通信网络进行数据的传输,支持实现自动化的数据维护。地面系统可以实时或飞机降落地面后接收 QAR 和 QACVR 数据,可以根据时间戳解压与重组文件,解读 QAR 工程值和重现 CVR 的模拟音频。

　　由于 QAR 和 QACVR 在机上已经是数字音频,因此在机载维护的平台上即可实现对舱音进行音频处理,包括整体或局部音量放大,噪声消减,特征声音的频谱分析,时间同步处理等。可以减少不需要的音频的存储,从而增加有效音频信息的记录长度。

虚拟 QAR 和 QACVR 相比较传统的设备而言,取消了传统的 QAR 硬件载体,并且支持自动下载和传输,方便维护人员的无线下载,不再需要人员手动下载。

3.3.3.10 机载系统的在线测试和维护设计

机载系统的在线测试和维护是一项最新出现应用于机上维护的新技术,典型的应用机型为波音 737MAX。该技术在机上网络中嵌入测试设备和应用,实现在线的检测和分析,替代传统的 ATE 和 PMAT 设备上的维护功能,从而支持维护人员在飞机过站时进行在线维护,生成全机机载系统的测试报告,进而提高了故障的定位隔离速度,提高了维护效率。

(1)机载网络。采用高性能的机载网络系统,如 ARINC 664 总线网络,包含高速的大数据采集设备和高性能的信息服务器。该系统将提供一整套新的能力,包括先进的数据收集能力、预载飞机软件的机上存储能力以及实时数据处理能力。系统将充分利用可用的、与地面系统之间的安全通信链接,以支持包括来自地面维护系统的远程软件传输或飞机健康管理系统和电子记录本的分析能力等航空公司运营项目。并可以在飞行中向地面提供关于飞机系统的实时数据。以上设计的目的是让航空公司更容易地做出关于维修更加及时的运营决策。

(2)驾驶舱中内置的测试设备。采用更加集成化的内置测试设备系统,在信息系统或维护系统中驻留在线测试的应用,从而可以让维护人员更加方便地获得维修信息。而当前飞机的一些故障信息需要维护人员下到飞机的前电子舱中才能获得,这需要更多的时间。在新一代的民机中,维修人员可以直接在驾驶舱中获得这些信息,使用内置的测试设备自动生成检测报告,同时针对故障或非正常状态的设备进行分步检测,可以使他们更快地了解签派限制原因并开展维修行动。

3.3.3.11　机载部件寿命维护信息管理设计

从寿命控制的角度,可将民机分为飞机机体和机载设备两部分,其中民机机载设备是对民机飞行过程中的各种信息和指令进行监控、传送、处理和显示设备的总称。预测机载设备的寿命以降低维修成本是很重要的,准确地预测出机载设备,是实现高效的基于状态维修(condition based maintenance,CBM)、降低民机生命周期成本的关键。

机载部件的寿命维护信息管理就是监控和管理某部件或子系统完成其功能的状态,并确定剩余寿命和正常工作时间。

维护信息服务相比以往技术,可以通过实时状态监测实时了解和掌握机载设备的状态,提早发现故障及其原因;同时利用监测数据进行寿命预测,可提高预测概率,还可用于相似部件或系统的寿命预测参考。

不同类型机载设备的寿命特性不同,并且它们的工作环境千差万别,因此寿命预测的方法也有很大差异。根据构成和工作特征的不同,可将民机机载设备分类,根据设备类别建立模型,基于失效模型、统计分析、状态外推、状态相似性分析等方法归纳管理寿命维护信息,辅助维护人员实施维护行为。

3.4　视频监视子系统

3.4.1　视频监视子系统的发展

随着国民经济、信息技术、网络技术的迅速发展,视频监视系统在各行业的应用日渐广泛,视频监视系统已经不是单单在通信、交通、安全等行业应用,它还逐步向航空航天领域发展,成为军民飞机使用和维护中不可或缺的先进配套设备。

随着计算机、网络及图像处理、传输技术的飞速发展,视频监视技术也有了长足的发展。社会治安状况日趋复杂,公共安全问题不断凸显,城市犯罪突出,犯罪手段不断更新、升级等,这些都迫切要求加快发展以主动预防为主的视频监控系统。

自"9.11"恐怖袭击事件发生后,全球航空运输的安全性受到空前的挑战。近年来,全球恐怖主义行为增多,劫机事件频频被报道,均为各国政府的航空机构及航空公司敲响了警钟,也让人们意识到民用航空中反恐工作的重要性。为加强飞机安全保障,安装先进的监视系统十分有必要,这不仅能为飞行员和机组人员提供及时的机内和机外安全信息,而且还能将视频图像实时传输到地面,保证监控人员全方面掌握飞行情况。

根据民航局的要求,民用客机应具有驾驶舱门监视功能,并满足监视范围内无死角的条件,即所有客机的驾驶舱门外应布置有监视摄像头,并能将摄像头采集到的视频信息传达给驾驶舱内的飞行员,确保飞行员能清楚地了解到驾驶舱门外的情况,避免恐怖分子冲入并控制飞机的驾驶舱。

机内和机外视频监视系统在近几年快速发展,目前已经在民机行业中得到了大量的运用,国外各先进机载设备公司陆续研制出满足高性能要求的视频监视系统,如英国 AD Aerospace 公司,英国 Meggitt 公司,德国 Kappa 公司,新加坡古德里奇公司等。其用途也不仅仅局限于对驾驶舱门的监视,其他常见的运用还包括客舱、货舱的监视,辅助飞机滑行的监视以及为旅客采集机外风景等,这些运用都已得到航空公司的广泛认同。为了满足航空业的发展趋势,许多航空设备生产厂商也相继推出了各式各样的专门为民机设计的摄像头,这些摄像头不但具有优异的性能,同时也能满足机载设备环境试验的要求。

在国外市场上,主要推出的是数字控制的模拟视频监视和数字视频监视两类产品。前者技术发展已经非常成熟,性能稳定,并在实际工程应用中得到了广泛应用。后者是新近崛起的以计算机技术及图像视频压缩为核心的新型视频监视系统,该系统因解决了模拟系统部分弊端而迅速崛起,但仍需进一步完善和发展。目前,视频监视系统正处在数控模拟系统与数字系统混合使用并逐步向数字系统过渡的阶段。

3.4.2 国内外研究现状

国内的视频监视主要是在民用安防领域,而飞机视频监视系统技术研究领域尚属起步阶段,尚未有此类产品装机使用。但是基于现代民机安全与安防的要求以及与世界航空产业接轨的紧迫性,开展视频监视系统相关技术的研究十分必要。目前国内已在机载设备以及地面服务系统方面取得了一定的研究成果。随着网络技术、数字图像处理技术的不断发展,以及各方面的重视和投入,开展此项研究的基础条件已经具备。以大力发展大型客机为契机,国内正在进行其相关技术的开发及产品研制。

2002 年维京大西洋公司成为与古德里奇公司就在飞机上安装视频监视系统达成协议的第一家跨大西洋公司,除了在现有的和新的空客 A340 上安装这种系统之外,维京大西洋公司还将在其整个波音 747 - 400 飞机上安装该系统。由古德里奇公司研制的这个系统将对座舱门入口和前面厨房区域进行视频监视。该系统由彩色显示器、集成视频计算机、视频摄像机和系统控制器组成,视频摄像机内部的一个红外光源使得系统在能见度为 0 的条件下进行视频监视。通过使用该系统,飞机上还可以再增加 16 个视频与音频输入和另外 4 个视频输出的 ARINC 600 型视频计算机。另外,这个系统还可以对客舱进行监视。

3.4.3 主要功能

视频监视系统根据安装区域的不同,实现的功能也不尽相同。其常见功能如下。

3.4.3.1 驾驶舱门监视功能

驾驶舱门监视包括驾驶舱门区域监视和登机门区域监视,是通过安装在驾驶舱门外及其周围的机载摄像头,将视频信息传输到显示终端,监控驾驶舱门外的情况,用来帮助飞行机组识别请求进入驾驶舱的人员身份,帮助飞机的机组人员在飞机飞行过程中发现可疑行为或潜在威胁,在驾驶舱门必须打开时提供额外的安全保障。

驾驶舱门监视通过安装在驾驶舱门附件及其周围的数个摄像头和安装在设备舱的视频服务器共同完成,确保监视区域覆盖驾驶舱门后与旅客第一排座椅前之间的区域,监视区域内不能有死角。该摄像头一般都配置红外照明装置,以确保在低照度的条件下也可识别进入监控区域的人员。

驾驶舱门监视系统符合运输类飞机的适航标准 CCAR - 25,FAR - 25 或 ED - 123 中的规定,视频性能达到如下要求:

(1) 可以发现距离舱门 8 ft 的人,包括发现该人身后的人,如图 3 - 29 所示。

(2) 可以识别出距离舱门 2 ft 的人的样子,如图 3 - 30 所示。

图 3 - 29　距离舱门 8 ft 效果图

图 3 - 30　距离舱门 2 ft 效果图

3.4.3.2　客舱监视功能

客舱区域监视摄像头通常安装在顶部的内饰板上,可通过摄像头将客舱中的情况实时反馈给视频服务器,并将视频图像传输给驾驶舱内的显示终端。在遇到劫机或影响飞机安全的人员纷争时,能让飞行员及时清楚地了解客舱中的情况。

3.4.3.3　货舱监视功能

货舱区域监视通过安装在飞机货舱内的摄像头监控货舱的情况,并通过视频服务器实时传输图像给驾驶舱。通常只有飞机在地面时才开始工作,该项功能可有效避免旅客行李被盗或丢失的情况,防止外来人员未经允许藏入货舱等安全隐患的发生。

根据 CCAR-25 中 25.855 要求,货舱的天花板和侧壁的衬垫必须满足该标准中附录 F 第Ⅲ部分规定的抗火焰烧穿性试验的要求。而货舱摄像头正是安装在飞机货舱的天花板上,摄像头部件主要材料为铝合金,难以满足抗火焰烧穿性试验的要求。货舱摄像头防火罩作为货舱摄像头的附件,安装在摄像头背后,用于防止货舱内的火焰烧穿摄像头传播到货舱外。

3.4.3.4　机外监视功能

机外监视系统包括滑行辅助监控和下视景监控,滑行辅助监控可通过安装在飞机垂尾上的摄像头采集视频信息反馈给飞行员,从而帮助飞行员在飞机滑行时校准飞机在跑道上的位置,避免飞机与周围障碍物发生碰撞。滑行辅助监控效果如图 3-31 所示。下视景监控通过安装在机腹外侧的摄像头,将飞机下侧的视频图像传到驾驶舱和客舱中,旅客可通过 IFES 的椅背显示器等设备欣赏到机外的风景。

图 3-31　滑行辅助监控效果

机外监视摄像头的视窗按照空气动力学要求设计,能够利用飞机飞行气流带走表面的小水滴,使其不会在外部监控器表面积留。并且可通过内部加热装置进行加热,达到除雾除冰的效果。

3.4.4 视频监视系统架构

视频监视系统的架构与大多数民用视频监视系统类似,主要由若干个摄像头、服务器和多个显示终端组成。根据不同主制造商的设计,设备功能的分工也各有不同,如视频数据的编码功能、视频数据的存储功能、视频数据分发功能以及摄像头的供电功能等可以集成设计在服务器上,也可以集成在摄像头上。

另外根据不同的机型,视频监视系统在驾驶舱的显示功能也可被集成在不同的显示器里。在波音 787 和国产飞机上,摄像头采集到的监视视频显示在飞行员侧前方的 EFB 中。在空客 A380 上,视频数据的显示则是由主飞行显示器(primary flight display,PFD)和系统显示器共同完成,其中 PFD 显示机外摄像头传回的画面,而 SD 则可显示机内机外所有摄像头所采集的画面。在新舟 700 飞机中,视频图像主要显示在多功能显示器(multi-function display,MFD)中,若选装电子飞行包则可选择在 EFB 上进行显示。

根据驾驶舱信息系统架构设计和设备安全等级的不同,视频数据传输到显示终端的途径也不同,可直接将视频图像发送到显示终端,也可通过信息系统中的安全路由器发送视频信息。常见视频监视系统架构如图 3-32 所示。

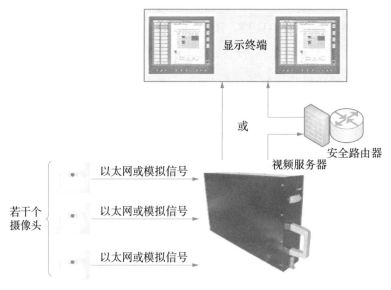

图 3-32　视频监视系统架构

目前国内支线飞机已成功安装驾驶舱门视频监视系统,并顺利随机取证。而国产大型飞机和涡桨支线飞机也将配备视频监视系统。这几种机型的视频监视系统架构组成如下。

3.4.4.1　支线飞机驾驶舱门监视系统

支线飞机驾驶舱门监视系统由 3 个模拟摄像单元,1 个视频转换装置,1 个显示器和 1 个控制面板组成。

摄像单元拍摄、采集驾驶舱门外视频图像信号;视频转换单元包含 4 个模拟图像输入接口与摄像单元相连,采集摄像头图像信号,2 个模拟图像输出接口将采集到的图像输出到显示器上显示。视频转换单元为摄像单元提供28VDC 电源。显示器显示视频转换装置输出的视频图像,供飞行员查看。控制面板用于控制系统的开启/关闭,视频转换装置输出摄像单元图像的切换和显示器亮度和对比度的调节。

3.4.4.2　国产大型飞机视频监视系统(包括驾驶舱门监视系统)

国产大型飞机驾驶舱门监视系统和视频监视系统将通过 2 个视频服务单元与国产大型飞机信息系统路由器交联。

驾驶舱门监视系统由 3 个内部单色 IP 摄像头和一个视频服务单元组成,安装在驾驶舱门外及其周围。

视频监视系统包括客舱监视、货舱监视和下视景监视。客舱监视系统由5 个内部单色 IP 摄像头和 1 个视频服务单元组成,并安装在飞机客舱内。货舱监视系统由 8 个内部单色 IP 摄像头组成,安装在飞机货舱内。机外摄像头由 1 个外部彩色 IP 摄像头组成,安装在飞机机腹下,前起落架后。外部摄像头将通过视频服务单元与 IFES 交联。

3.4.4.3　涡桨支线飞机驾驶舱门视频监视系统

涡桨支线飞机驾驶舱门视频监视系统由 2 个模拟摄像头和 1 个视频转换单元组成,摄像头为单色摄像头,主要负责驾驶舱门外视频图像信号的采集和拍摄,可以在任何可用的灯光,包括低亮度环境情况下,识别任何靠近驾驶舱门或登机门的人。

视频转换单元支持 4 路模拟视频信号输入,可以转换和记录摄像头拍摄到的图像,可根据指令向多功能显示终端或者电子飞行包中发送监控的视频图像,并通过 ARINC 429 接口给中央维护系统提供自检信息。

3.4.5　视频监视系统设备简述

与普通民用的视频监视系统设备不同,航空用的视频监视系统设备必须满足 CCAR‑25 或 FAR‑25 飞机适航取证程序中的要求,每一个设备必须根据其安装使用的环境来完成 RTCA DO‑160 机载设备环境测试程序中规定的环境试验,如温度、震动、电磁兼容试验等,安装在机外的摄像头还需通过直接闪电效应试验。另外,与其他机载设备相同,视频监视系统设备也要求有很高的可靠性,通常这些设备的平均故障间隔时间(MTBF)都要求在 10 000 h 以上。只有达到了这些要求,才能算是一个合格的航空用的视频监视系统设备。视频监视系统设备通常随飞机进行取证,并提供民航局所需的取证支持材料。

视频监视系统主要技术通常包括摄像机环境适应性技术,高速高分辨率视频采集技术,数字化视频图像处理技术,MPEG4 视频格式记录、回放和分析能力,以太网控制视频转换和传输方法,视频监视系统维护自检,环境试验测试方法,取证流程和取证技术。主要关键技术如下:

(1) 摄像机环境适应性技术。机内视频监视系统需要满足全天候(白天与夜间)监视的需求。因此,在不同光照条件下(特别是在夜间环境下),摄像头都能够采集到高质量的图像。研究内置红外照明装置的摄像头,使其具有较高的照明灵敏度,可以在低亮度环境下实现对周围的监视。对于较大的镜头视角范围,可以扩大单个摄像头的监视范围,尽量减小视频监视死角范围。

机外摄像头可在任何环境条件下工作,一般的摄像头在淋雨或高低温突变的情况下,容易在镜头前产生雾气或镜头结冰的情况,在飞机的机外摄像头上采用内置加热装置的技术,并将摄像头前面设计成特殊的曲线以避免湿气、结冰问题。摄像头的容器完全密封,内部用干燥氮净化,以避免内在玻璃的"薄雾"。

（2）视频编解码技术。飞机安全视频监视系统有机内监视点和机外监视点,但是图像信息经过数字化后,其数据量将是海量的,从存储的角度来看,硬件的发展满足不了海量的存储需求;从传输的角度来看,未经压缩的图像传输需要极高的成本,而且速度非常慢。因此,压缩编码技术对现代化社会的发展起着不可忽视的作用。目前,视频流传输中的编解码标准有国际电联的 H.261、H.263、H.264、M-JPEG 和 MPEG 系列等。在这些标准下,研究能够在不影响图像质量的情况下,减小数字视频文件大小的编码方式,降低网络带宽和存储空间的占用。

3.4.5.1　视频服务器

视频服务器是视频监视系统的核心部件,采集摄像头拍摄到的视频图像,对视频进行图像处理和分发,最终将指定的视频图像传输到显示终端,实现对飞机各区域的监控。

视频服务器的主要技术指标包括电源、通信方式、存储、维护自检等。

视频服务器外形通常采用 ARINC 600 标准机箱设计,通过标准托架安装在设备舱内。根据不同主制造商的设计,视频服务器可实现的功能也各不相同。如视频数据的编码功能、视频数据的存储功能、视频数据分发功能以及摄像头的供电功能。

视频服务器通常可存储至少 30 h 的视频,实现回看和点播功能,为机组人员进行调查分析提供充足数据。

3.4.5.2　视频监视摄像头

视频监视摄像头包括机内摄像头和机外摄像头,摄像头主要技术指标包括传感器、分辨率、敏感度、视角、电源、视频输出、红外照明等。相比机内摄像头,机外摄像头在设计时应充分考虑密封性和除冰防雾的能力。外部摄像头视窗按照空气动力学要求设计,能够利用飞机飞行气流带走表面的小水滴,而不会在外部监控器表面积留。外部摄像头视窗可通过其内部的加热装置进行加热，达到防雾、除冰的功能。

视频监视摄像头可在最低 0.01 lux 环境亮度下工作，这低于国际自动机工程师学会(society of automotive engineers，SAE)中规定的飞机驾驶舱夜间环境亮度 1.0 lux 的指标。红外照明装置是集成在每个摄像头上的，这使得摄像头可以在非常低的环境亮度下工作，且至少物体被后面的环境光线照亮时能分辨轮廓。

视频监视摄像头通过选择不同的镜头实现不同的视角范围，通常视角范围为 90°～130°。通过选择摄像头的视角和数量，以及合理安排摄像头的安装位置，可将监控的覆盖范围达到最大化，避免出现监控盲区。

3.4.6　视频监视系统市场展望

民机视频监视系统技术目前的应用还只局限于每架飞机自身，随着系统设计的成熟和空地网络的发展，势必将形成空地一体化的视频监视系统。届时，依靠信息的快速传递，飞行的安全保障将得到更有力的支持。

另外，在军用飞机中也推广使用视频监视系统，记录在机舱内采集到的视频信号，包括机舱环境和飞行员在空中的飞行和操作。整个系统能够真实、直观地反映飞行员在空中的情况，并通过地面回放设备，再现飞行过程。可以为评估飞行员在空中的操作技术、作战效果以及意外事故进行调查分析提供充足依据。同时，地面指挥部对作战效果分析判断和训练任务完成情况评判有了很好的依据。因此，该系统也将成为现代作战飞机上必不可少的重要设备。

3.5　小结

民机信息系统包含数个子系统。本章主要描述了通用信息处理平台、驾驶舱信息系统、维护信息系统和视频监视系统。对于各个子系统,每小节均做了详细描述:通用信息处理平台的架构和特点;驾驶舱信息系统的主要功能、软件/硬件平台和上层应用;维护信息系统的主要功能、驻留的服务平台以及应用的设计;视频监视系统的发展、功能和系统架构。

民机信息系统通过在其信息处理平台中使用 Hypervisor、LRC 和中间件等技术,以及提供丰富的基础服务软件,打造了一个面向非安全关键功能的机载信息服务平台。在满足安全性和实时性等要求的前提下,从整体上提高了资源的使用效率、降低了研发成本,实现了民机的经济性目标,增强了民机的市场竞争力。

民机信息系统通过在其驾驶舱信息交互中使用触控、投屏、SMART 显示、信息融合等技术,提供灵活的人机交互,实现飞行员与航空公司、空域管理、机场管理等之间的任务信息便捷交互。

民机信息系统除了利用飞机本体的传感器外,还可以通过空地无线网络实时接收地面融合的探测信息为飞行员所用,这就大大地拓展了飞行员的信息感知视野。另外,可以把飞机上的状态信息传输至地面,为飞机的实时监控、飞行分析、维修分析、健康监控等提供数据来源。同时,还可以为飞行信息化增加新型的传感器,如摄像头、滑行防撞探测、航路气象探测等,从而进一步丰富民机信息系统的能力。

4

民机客舱系统

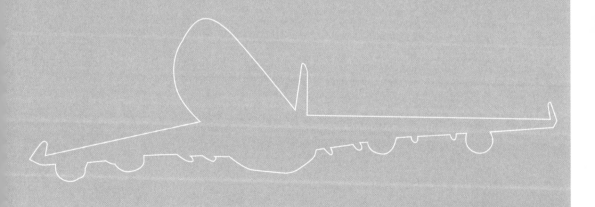

4.1　概述

大型客机的客舱系统主要由客舱核心系统、机载娱乐系统(IFES)以及外部通信系统 3 部分组成,主要提供旅客广播、客舱内话、旅客呼叫以及综合化的客舱管理功能,为旅客提供多样的娱乐和通信服务。客舱系统设备数量庞大,集成度高,交联关系复杂。对外采用模拟音频线、以太网、ARINC 429 数据总线与航电核心网络、通信系统、照明系统、信息系统以及客舱内设等其他飞机系统进行交联;客舱系统内部主要采用以太网、RS 485 数据总线实现系统内部设备之间的交联。

4.1.1　客舱核心系统

客舱核心系统作为客舱系统的重要组成部分,由客舱广播/内话子系统和客舱管理子系统组成,能够提供旅客广播、客舱内话、呼叫、客舱综合管理控制、自检维护等功能,起到了支持客舱系统主干网络的作用。一方面,客舱核心系统通过一个多端口以太网交换机搭建与 IFES、外部通信系统、信息系统、照明系统、通信系统、客舱内饰之间的网络接口,同时客舱核心系统还通过 ARINC 429 数据总线以及多根离散硬线接入航电核心网络,从而获取其他飞机系统如舱门监视系统、水/废水系统、综合空气管理系统的数据,并转发给其他客舱系统设备。另一方面,为直接接入客舱系统主干网络的设备提供网络配置以及管理功能。此外,客舱核心系统作为主要的人机接口界面,能够向机组和维护人员提供图形用户界面(graphic user interface,GUI)。

4.1.2　机载娱乐系统

IFES 能够给旅客提供音视频服务以及个性化休闲服务,如提供安全通告、音视频点播、游戏、外景监视显示、通过飞行地图了解飞行线路等。目前使用较为广泛的 IFES 大致有 3 种,第一种是全舱吊装式娱乐音频点播(audio on demand, AOD),即安装收放式吊装显示器,一般 3 排及以上座椅安装一个,左右对称分布。当飞机在地面或者进入巡航状态时,乘务员通过操作 GUI 为旅客播放存储在头端设备中的视频资源,同时可以借助座椅端的耳机插孔接收播放视频的音频信号。第二种是全舱椅背式显示器音视频点播(audio video on demand,AVOD)及旅客电源。在客舱每个座椅上安装一个触摸屏,旅客可以通过椅背上的触摸屏进行游戏、浏览互联网、点播自己需要播放的音乐/视频,甚至还可以加载飞行信息界面,通过该界面显示飞机已飞行公里及小时数、动态位置、到达目的地时间等。座椅设备还集成了电源插座,可以为旅客手持式电子设备提供固定的交流电源输出。第三种是混舱式娱乐系统,商务舱安装椅背式娱乐 AVOD 及旅客电源,经济舱安装吊装式娱乐 AOD。上述 3 种系统都采用了"服务器-旅客端"的架构,通过以太网相互交联,实现数据的分配与转发。

4.1.3 外部通信系统

外部通信系统提供旅客在飞机巡航阶段使用便携式设备与地面公众通信网络进行通信及无线上网的功能。通过采用机载移动通信及宽带无线接入技术,在飞机客舱内设置微基站及无线接入点与旅客的手机或电子设备进行通信,通过卫星通信或宏蜂窝等中继链路将信号发送到地面上,并最终接入公网。

外部通信系统主要由两部分组成,一部分是机载接入部分,该部分负责接入客舱内旅客的便携式电子设备所发出的通信信号,并对通信信号进行路由和控制;另一部分是卫星通信单元,该部分负责通过卫星通信将机载接入部分的信号中继到地面,并且将地面站的信号通过卫星通信中继,从而实现机上旅客便携式电子设备和地面通信网络之间的双向通信。一类广泛使用的卫星通信中继链路以 Aeromobile、OnAir 和 PanasonicAvionics 公司为代表,主要是 L

波段、Ka/Ku 波段卫星通信进行中继。Inmarsat 卫星通信是目前使用最广泛的 L 波段卫星通信。自 1982 年第一代星投入运营以来,陆续开通了第二、第三、第四代星。最新的第四代星提供快速宽带(swift broadband, SBB)业务,最高带宽 432 kbps,可支持标准 IP 业务、流媒体 IP 业务、普通语音业务、综合业务数字网(integrated services digital network, ISDN)业务、短信业务和语音邮箱业务。另一类广泛使用的卫星通信中继链路是 Ku 波段卫星通信。国际上 Ku 波段卫星通信资源相当丰富,使用者租用一个转发器甚至是一条虚拟链路即可实现通信,Ku 波段卫星通信最高带宽可达 4 Mbps。Ka 波段卫星通信是目前发展最快的一种卫星通信链路,包括 Inmarsat、中星十六采用 Ka 波段。目前 Ka 波段卫星通信最高能提供百兆带宽。

4.2　民机客舱系统发展历史和重要价值

民机客舱系统通过基于 ARINC 664P2 为基础的机载以太网为核心互联总线,将客舱核心系统(cabin core system, CCS)、IFES、ECS 等系统进行互联,通过 CCS 提供与飞机核心航电等高安全要求的航电系统进行数据获取与参数设置或状态上报。为保证系统安全,CCS 与核心航电、CNS 的交互主要通过 ARINC 429 或离散量、模拟音频硬线进行通信。利用 CCS,空乘人员可以控制飞机上的所有客舱子系统,包括 IFES、旅客外部通信系统、盥洗系统、加热/冷却系统,以及照明系统等。

4.2.1　设备布局

早期的客舱系统只提供广播,属于公用设备,内容单一枯燥,对旅客而言没有太大的吸引力;乘务员没有集成化的客舱管理终端,操作复杂,工作效率低。主要是从头顶(head-end)共用设备发展成个人化座椅(seat-end)设备。而个人化座椅设备中包括椅背(seatback)和扶手(seatarm)设备。从共用到个人化是方便旅客的一大改进,机上线路也从布线分配发展到数字化局域网(digital local area network,DLAN)。随着信息技术的发展,越来越多的电子化技术被客舱系统所采纳,旨在最大范围地降低乘务员的操作负担,提高服务质量,同时也为旅客提供更加轻松、舒适的客舱环境。

4.2.2 功能扩展

客舱系统从许多方面扩展了功能,一是从收音机、电视发展成 AVOD、直播电视,并从一般视听设备发展到具有游戏等在内的空中娱乐系统;二是从单纯话音的空中电话到增加传真、电子邮件等数据传输,并从窄带低速数据扩展到因特网连接的宽带高速数据。因而能在机上实现各种 e-服务,如互联网浏览、网上商务、网上采购、网上订票、阅读新闻、城市信息、气象信息、目的地信息、信用卡验证结算等。

4.2.3 数据存取和更新方法的变化

数据存取从可移动媒体磁带磁盘等重放改变为存储节目随机访问。

数据更新从起飞前装载到间隔性定时更新,以至连续实时更新,在信息传输上的发展可分为 3 个阶段。

(1)较为原始的方法:客舱服务器数据(包括所有影视节目内容)预存服务,在每次起飞前装载数据,此称为客舱信息全封闭形式。

(2)一种过渡的方法:机上内联网服务方式,旅客信息(电子邮件)缓存等待收发,加上客舱服务器数据间隔地更新。这是为了节省空地通信链路占用时间,优化有效管理数据传输,客舱服务器将数据缓存、分批打包、送出,在规定间隔内按分包组发方式发送。在双向通信链路上也可以按适当间隔进行数据接收,包括电子邮件接收、客舱服务器数据更新和补充。这种方式属于内联网间隔性互连,或称罐装式因特网(canned Internet)或缓存式因特网(cached

Internet)。

（3）实时通信的方法：机上因特网服务，即连续的因特网连接，可以取得实时信息。这种方式必须有宽带高速空地通信链路的支持。

4.3　客户对民机客舱系统的需求

民机客舱是旅客与飞机最直接、最主要的交互界面和实现飞机营运的主要功能区域，其布局在很大程度上反映了飞机的技术水平和整体形象。面向市场的先进客舱布局必须在满足适航标准、飞机成本和交付进度为客户所接受的前提下，最大程度地满足不同客户多种多样的营运要求，最大程度地改善乘坐品质和舒适性。传统的客舱布局设计方法已无法满足这些要求，模块化的客舱布局设计将成为未来支线飞机客舱布局设计的主要发展趋势。

4.3.1　人性化

4.3.1.1　更宽敞的客舱

客舱是旅客空中旅行中唯一的活动空间，以往的民机在客舱的尺寸设计中，基于技术和经济性约束，一般趋向人类工程学提供的正常人数据和规范的较低标准。而现在，这种状态正在被打破，设计者根据人的身体特征、动作特征、感觉特征，对空间尺寸进行逐步改进，更加宽敞的客舱使乘坐更加舒适、宜人。

民航班机，其本身较为窄小的座椅宽度使越来越多的旅客不选择中间座位，于是在支线及小干线这类单通道飞机的改型设计及新机设计中，采用了二加二的座位布局。在大型及超大型干线飞机的经济舱座位布局中提供了更加舒适的并排8座(2-4-2)布局或者9座(3-3-3)布局两种客舱布置形式。在公务舱内，一排4座或6座的基本布局中，增大了两侧行李舱的容积，使之最大能够容纳 8 个标准拉杆箱,从而取消了客舱的头顶行李舱,使头部空间更加宽敞。

旅客座椅的总体宽度、舱顶高度是客舱设计舒适性的重要表征参数。其中,椅盆宽度取决于客舱的总体宽度、过道宽度以及扶手与舱壁间的距离。在通常的设计标准中,民航班机经济舱的座椅宽度约为 44 cm,公务舱约为 50 cm。而舱顶高度则取决于飞机总体参数指标的设定,在一般的单通道飞机中,舱顶高度在 1.88 m 左右。

如空客公司在设计其改进型超宽体系列飞机时,客舱设计综合了许多创新的特点。其经济舱设计为两种布局,一种是 9 座的具有更高运营效率的布局,座椅宽度达到了 44.5 cm;另一种是一排 8 座的加宽座椅远程舒适性布局,座椅宽度达到了 48.9 cm,是迄今为止最宽的,能够与空客 A380 飞机的乘坐舒适性相媲美。

4.3.1.2 更舒适的整体环境

目前,在许多新型客机的设计中,都越来越多地考虑了整体环境带给旅客的飞行体验,这样的细节研究体现在很多环节中。如超宽体系列飞机将其客舱压强始终保持在 1 800 m 或以下;客舱湿度保持在 20% 的水平;采用先进感应式空气循环系统,利用舱顶壁板和侧壁气流出口,根据旅客工作或休息时不同状态的体温变化,自动增加或者减少送风量,既保证了舒适的空气环境,又能节省能源。

传统客舱里照明系统一般采用白色荧光管照明,不仅功能有限,而且色调单一。在新设计中,采用了发光二极管和荧光管混合照明技术,引进了完全一体化和自由编程的发光二极管照明和投射系统,不仅灯光亮度可以自由调节,而且可以用不同色彩的光组合成不同的照明氛围,给旅客带来全新的空间视觉享受。

在新型客机中,对座椅设计采用了全新材料,使其更加轻巧、舒适,同时还配备了具有音乐播放功能的小靠枕,帮助旅客入眠。具有荧光功能的座位标号和各种指示、标志,使旅客在黑暗中也能快速找到自己的座位。在舷窗的设计中,加大了尺寸,是所有民机中最大的,并且取消了传统的塑料遮光板,采用了新型电子变色舷窗,这种变色舷窗使邻窗旅客能用控制器随意调节舷窗的颜色,使之从全透明到全黑变化,即使外面的光射进来也不会产生舷光。此外,即使舷窗完全变暗,旅客仍然能透过深色舷窗欣赏外面的景致,而不会打扰其他旅客。波音公司在宣传这款产品时也打出了"科技使旅途不再疲劳"的广告语,彰显其卓越的舒适性设计特色。

4.3.2　综合化

在飞行旅途中,旅客希望能够在等待之外有更多的服务选择。因此,各大航空制造商纷纷引入先进的通信、信息服务设施来满足旅客这种日益强烈的需求。在客舱通信和信息功能方面,各公司都纷纷引进全球移动数据服务、IP电话语音系统、互联网页面浏览系统、电子邮件名录、笔记本电脑在线游戏和各种手提通信设备;在娱乐方面将安装音响、录像和游戏设备,并且所有这些复杂的客舱管理系统的功能性模块都采用了隐蔽设计,尽量少占用客舱有限的空间。公务机设计中,根据客户的办公需求,可以为旅客提供无线网络服务和移动电话服务,发送邮件、网上冲浪,在休息区和休闲区内,旅客可以通过液晶大屏幕电视观看自己喜欢的电视节目和体育比赛。空客 A350 飞机上还可以设有空中免税店(SKYMALL),旅客可以在这里通过网络选择和订购免税商品,地面的配送中心在收到订单信息后,将会根据旅客要求把货物送到家里或者指定地点。

4.3.3　个性化

由于现代社会高度信息化,且文化交往日益加强,社会的个性和特征极易颠覆,因此在这种背景下,设计更追求个性突出、富有创意的艺术风格。这一特性在公务飞机客舱空间的内装饰设计中表现得尤为突出,法国达索飞机公司的猎鹰系列公务机客舱中典雅、高贵的紫色、浅金、银灰,蔓草、暗菱文、方格的图案布置都让空间散发着法兰西民族特有的浪漫气质。加拿大庞巴迪飞机公司的各系列公务机,客舱设计则运用了大量的木纹材料,座椅、地毯、舱壁板等材料的色彩从浅黄、藤黄到深棕,大量直线条装饰都显露着温暖、简洁和稳定,这无疑也代表了该公司的个性和风格。

4.3.4 模块化设计

当前,大多数新机设计中,客舱设计都采用标准化模式,根据旅客人数变化可在较短时间内对客舱进行重新布局,从而使航空公司可以按照特殊季节运力增长的需求和不断变化的市场需求更加灵活便捷地改变客舱布局,包括可以为客户利用客舱的不盈利空间提供适应现代化环境的机组休息舱。

模块化设计是在对一定范围内的不同功能或相同功能不同性能、不同规格的产品进行功能分析的基础上,划分并设计出一系列功能模块,通过模块的选择和组合构成不同顾客定制的产品,以满足市场的不同需求。通过产品结构、设计过程的重组,以大规模生产的成本实现了用户化产品的批量化生产及大规模生产条件下的个性化,使产品在品种与成本、性能之间找到最佳平衡点。

模块化设计要依次按三个阶段进行:

(1)系统分析阶段,包括市场、用户需求分析,产品系列构型拟定。

(2)系统应用阶段,包括模块化产品设计。

(3)详细设计阶段,包括模块选择、模块综合、模块系统设计。

模块是模块化产品或系统的基本单元。模块识别或模块形成是一个复杂、影响因素众多、多目标的综合优化过程。产品本身、客观制造环境、当前技术水平和市场需求等影响因素以及模块化实施目标都影响着具体的模块化方法。在这个过程中,相关性分析是模块识别的常用方法,即对产品基本组成单元进行定性或定量的相关性分析与计算,对这些基本单元进行聚类,形成模块。相关性分析一般可以分为两类:以功能单元为主,或以结构单元为主进行相关分析。以功能相关分析为主进行模块划分的方法是将产品的总功能分解为一系列子功能,并按照一定的相关性影响因素进行聚类分析,从子功能之间的功能相关、装配相关、信息相关和空间相关的角度对功能进行分类划分。将模型中各个子功能与产品中传递的能量流、物流和信号流相关联,并以客户需求程度为衡量尺度,建立需求、功能数据库,并将功能与需求的关系定量化,由此作为模块划分与模块发展的主要依据。结构是功能的载体,功能的聚类最终还要映射为一定的结构体。因此,也可以直接针对结构单元进行相关性分析,这时研究重点应放在产品结构布局和结构部件的组成及其之间的连接方式上。如考虑到产品结构在生命周期(设计、制造、装配、回收性和升级等)过程中的影响因素,通过相关分析把这些因素关联到结构单元上,利用算法把结构单元聚集成模块,通过在部件、模块、分系统和系统 4 个层次上分析产品模块化的可能性及其相应的接口约束,研究生产中企业协作关系对于模块化的影响。

客舱布置的主要工作包括:旅客座椅的布置,厨房、卫生间、衣帽间、乘务员的数量及位置的确定,舱门、应急出口类型、数量及位置的确定。可以看出,对一个机身剖面构型基本确定的飞机而言,可以有多种客舱内部布置方案,其布置内容包括客舱座椅、舱段隔板、厨房、卫生间、衣帽间和行李架等,而舱门、应急出口、地板等与机身结构息息相关的项目则具有唯一性。

客舱布局模块化设计方法的基本思想是根据对市场的调研分析,找出潜在客户的实质性需求,以拥有合理设计参数的客舱作为基本平台,将厨房、盥洗室、衣帽间、储藏室、乘务员座椅作为功能模块,在可能的、合理的安装区域进行设计综合,通过统一定义模块的外部尺寸和界面(包括功能界面和物理界面,如空气管理系统界面、水/污水处理系统界面、各种配线插座等),使得不同功能不同布置的模块可以在基本平台相关的特定区域实现安装和互换,由"基本平台＋各个区域功能模块的组合＋客户选择的客座数量和排列方式"构成客舱布局成套的解决方案,而不是相互独立的若干个案。由于排列组合的多样性,每个用户完全可以按照自己的营运特点,选择相应的功能模块进行组合,定制自己的客舱布局方案，实现相应的功能。这种方法的优点对客户而言是自主选择空间大大增加，对制造商而言是可以用有限的成本实现丰富多彩的客舱布局，即使出于客户需求或技术进步，需要增加新模块，模块与外部系统的界面和几何尺寸已预先定义，飞机制造商只需关注模块本身的设计，从而节省了设计成本和所需周期，基本平台和功能模块能够平行研制生产，甚至可以先完成机体，再设计模块，然后安装。同类模块还可以很方便地互换，这样不仅可以缩短制造周期，降低制造和日常维修费用，而且用户还可以随着技术进步换装新模块，以最小的成本实现功能或技术水平的升级。

模块化布局设计的目的是从客舱及内部设施布置的角度，实现最低成本和最高个性化定制水平的统一，实现客户和制造商的双赢。其核心思想是以尽量和尽快满足客户需要为出发点，在对用户需求进行市场调查和预测的基础上，通过客舱功能和结构分析，精心设计出多种模块，将其组合构成对应于不同功能的不同配置，满足客户群体的不同定制要求，解决市场需求与设计制造商周期、成本之间的矛盾。其原则是力求以少量模块组成尽可能多的布局方案，并在满足适航要求的基础上使客舱布局的成本低廉、互换性高、人机工效好、乘坐品质优良，拥有极佳的可扩展性，这就要求模块的规格和结构尽量简单、规范，模块间的联系尽可能简化。

4.4　民机客舱系统的典型架构及主要特点

4.4.1　民机客舱系统的架构

4.4.1.1　一体化客舱系统架构

一体化客舱系统包括客舱核心系统(CCS)、IFES 和客舱通信系统 3 个子系统。民机客舱系统通过数据总线实现 3 个子系统的互联。

1) CCS

  CCS用来操作、控制、监控和测试各种客舱功能,依据飞机构型和CCS软件,由CCS对功能进行管理。基本的CCS管理的客舱功能包括旅客广播(passenger address,PA),机组和客舱内话,机务内话,呼叫系统,点亮的旅客标记,普通照明等。

  如图4-1所示,典型CCS包含的主要部件有:CCS指令器,区域电子单元(director electronic unit,DEU)(目前有两种类型的DEU:A类型和B类型),前乘务员面板(forward attendant panel,FAP),编程和测试面板(program test panel,PTP),附加乘务员面板(additional attendant panel,AAP),乘务员指示面板(attendant indication panel,AIP)和区域呼叫面板等。并以CCS指令器为核心系统构建客舱系统,一般安装2个或3个,一台处于主用,其他处于热备份。指令器通过数据总线分别与A类型DEU、B类型DEU相连,将相应的指令和信息传输给相关客舱设备;FAP、PTP及其他系统直接与指令器相连来操作、指示和控制CCS功能。

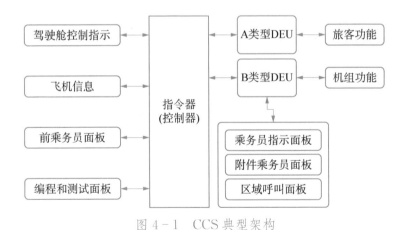

图4-1 CCS典型架构

  CCS指令器是客舱系统的核心控制组件。每个CCS指令器均从其他的机载系统和客舱系统的其他组件中接收输入。从CCS指令器输入、输出的数据既可以直接连接到CCS指令器本身,也可以事先通过DEU转发。

  A类型DEU在指令器和客舱相关系统之间起媒介作用,每个A类型

DEU 由起作用的指令器控制。CCS 与 A 类型 DEU 连接的设备为客舱扬声器,照明组件,点亮的旅客标记旅客,呼叫和旅客灯信号。

B 类型 DEU 在指令器和客舱相关系统之间起媒介作用,每个 B 类型 DEU 由起作用的指令器控制。B 类型 DEU 连接到乘务员站和安全设备。CCS 与 B 类型 DEU 连接的设备为乘务员话筒,乘务员指示面板,区域呼叫面板,信息符号,应急电源组件(emergency power supply unit,EPSU),乘务员操作面板,紧急滑梯瓶压力传感器,紧急撤离控制和指示器等。

不同类型的输入信号(模拟、数字、离散)均由 CCS 转换为低电平数字信号。对于飞机构型改变或者 CCS 功能升级的情况,仅要求改变 CCS 内部的软件程序。有两个航线可更换模块(LRM)用于实现这些改变。如果要升级 CCS 软件程序,可使用机载可更换模块(on board replaceable module,OBRM),其安装在 CCS 指令器前部。如果要修改飞机构型或改变系统特性,则使用第二个存储模块,即客舱分配模块(cabin assignment module,CAM),安装在 PTP 中来实现。

对于客舱系统功能的控制集中位于乘务员面板上。乘务员手持电话用于内话通信和旅客广播通告。一个与之关联的 AIP 用于旅客广播/内话的拨通和客舱呼叫信息的指示。AIP 还用于显示 CCS 警告信息。在区域呼叫面板(area call panel,ACP)上不同颜色的灯,可以提供可见的 CCS 远程信息指示。

2) IFES

IFES 结构是基于模块化的概念而进行设计的,它给各个不同设备供应商提供了一个接入各种娱乐系统的统一平台。如图 4 - 2 所示,IFES 支持用户的灵活订制和适应性配置,该系统以客舱局域网为基础构建,系统主要包含机载娱乐中心(in flight entertainment center,IFEC)、机载娱乐控制面板和座椅娱乐设备 3 部分。

IFEC 包含了 IFES 的绝大部分始端/终端电子设备。IFEC 是音频、视数据和交互功能的信息源头。IFEC 控制和监视整个 IFES 的运行状态并且与客舱网络

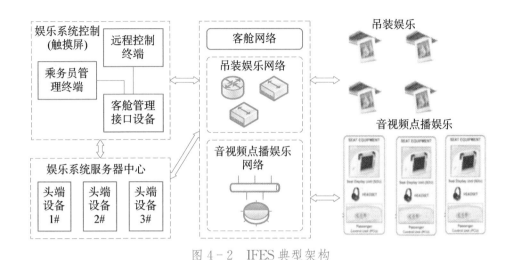

图 4 - 2 IFES 典型架构

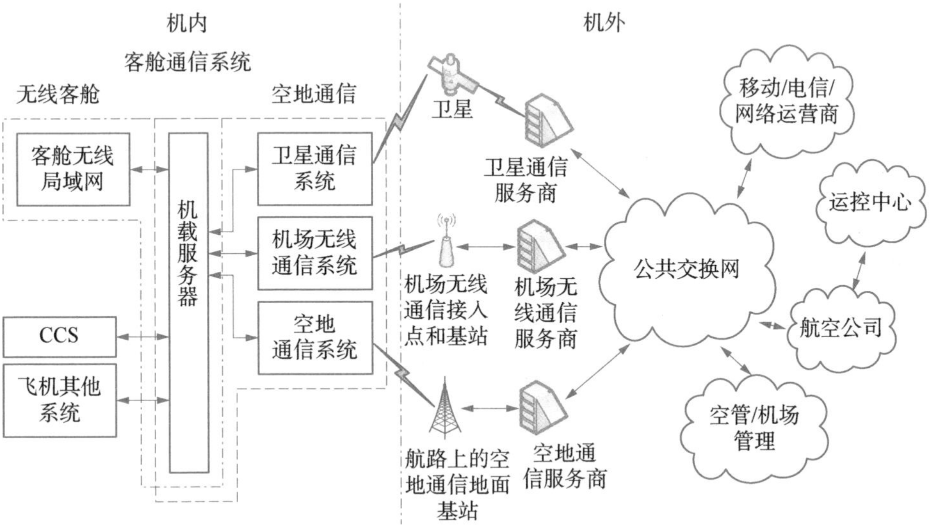

图 4 - 3 客舱通信系统架构

和其他相关机载系统交互。IFE 控制面板供乘务人员和航线维护人员使用。旅客座椅设备包括座椅显示、耳机和旅客控制组件,用于旅客娱乐控制和显示。

3) 客舱通信系统

如图 4 - 3 所示,客舱通信系统主要包含无线客舱系统和空地通信系统两个部分,由机载服务器、无线接入点、卫星通信设备及天线、空地(air to ground，ATG）宽带通信端机及天线、机场无线通信单元（airport wireless communication unit，AWCU）及机场无线通信天线（airport wireless commumication antenna，AWCA)组成。其中,机载服务器一方面作为无线客舱系统的媒体文件服务器和客舱服务及娱乐管理服务器,另一方面作为空地通信系统的通信管理服务器,实现无线客舱系统和空地通信系统的路由选择和网络管理功能。

(1) 无线客舱。无线客舱,也称客舱 WiFi 系统,是系统的一部分。外部通信系统包括舱内及舱外链路,ATG、L/Ka 卫星通信等外部链路实现的是空地通信功能,而真正面对旅客则是舱内链路,即无线客舱系统。不管采用哪种舱外链路提供客舱互联网,网络信号到达客舱以后,都必须通过无线客舱系统送达旅客和乘务员的便携终端上。另外,在舱外链路暂时不可用或无法实施时,仅依靠无线客舱系统也能向旅客提供有限的娱乐服务,此种方式也是当前许多条件受限的航空公司的选择。所以,无线客舱系统犹如电信界的最后一公里,其性能和稳定性至关重要。

无线客舱系统通常主要由机载服务器、无线接入点和客舱管理终端组成,各部分功能如下:

a. 机载服务器,包含路由转发/控制和客舱服务及娱乐提供两部分功能,其中客舱服务及娱乐功能可根据构型的不同而选配。

b. 无线接入点无线应用协议（wireless application protocol，WAP),包含无线/有线转换和用户鉴权管理等功能。

c. 客舱管理终端（cabin management terminal，CMT),实现对系统的状态监控、控制和维护功能。

(2) 空地通信系统。空地通信系统主要提供飞机与地面之间的数据传输服务,支持空地之间的各种数据通信应用。无线客舱系统和空地通信系统之间通过机载服务器进行管理和连接。当前空地数据传输技术主要由如下 3 种实现方式。

a. 基于卫星通信(satellite communications，SATCOM)的空地通信系统，包含卫星通信设备及天线。其优点为覆盖范围大,陆地和海洋上空飞行都适用;缺点为传输速率相对较低,时延大,成本较高。

b. 基于 ATG 宽带通信空地的空地通信系统,包含空地宽带通信设备及天线。其优点为传输速率较高,时延较小,成本较低;缺点为覆盖范围有限,仅限于陆地 ATG 基站有效覆盖范围。

c. 基于机场无线通信(如 WiFi、3G/4G/5G 等)的通信系统,包含机场无线通信设备及天线。其优点为传输速率高,时延小,成本较低;缺点为覆盖范围小,仅限于机场无线局域网和基站有效覆盖范围。

4.4.1.2　分立式客舱系统架构

如图 4-4 所示,客舱系统架构采用分立式设计。该系统以旅客广播组件为核心,通过离散信号连接驾驶舱设备、乘务员面板、旅客服务组件、厕所信号指示和扬声器等设备构建,进而实现旅客播放通知、机组乘务员内话和水指示等功能。

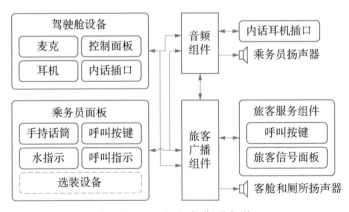

图 4-4　分立式典型架构

4.4.2　民机客舱系统的主要特点

通过客舱系统典型架构地介绍,进一步总结两种客舱系统的主要特点。

（1）一体化客舱系统的主要特点：采用模块化设计，易扩展，根据客舱布局和功能要求可选装所需的组件，也可以依据需求选装指令器、A 类型 DEU、B 类型 DEU 等组件的数量。以数据总线构建网络系统用于数据交互，早期飞机以 ARINC 429 总线构建通信网络，新型飞机以以太网总线构建通信网络。系统集成度和综合化程度高，系统既可以实现客舱照明、警告信息、水系统等管理，也可以重新定制客舱配置信息。

（2）分立式客舱系统的主要特点是：采用分立式设计，组件间交联度低，系统集成度和综合化程度低，易于维修。

4.5 客舱核心系统

4.5.1 客舱核心系统的几种典型架构

4.5.1.1 一体化客舱核心系统

1）一体化客舱系统组成

CCS 的架构以模块化方式进行设计，这意味着可以根据客舱的布局和功能要求选装适当的组件。CCS 是基于指令器（控制器）、总线和网络的概念构建的，如图 4-5 所示。

（1）CCS 指令器（directors）。CCS 指令器在系统中承担的正是控制器的角色。出于备份冗余考虑，CCS 有 2 个或 3 个相同的指令器，它们是客舱系统的核心。一个指令器处于工作状态，其余处于热备份状态。工作状态的指令器对旅客和机组人员的相关功能以及客舱支持系统进行控制、操作和监控。为此，工作状态的指令器通过机载 CCS 网络或者直接同另外的指令器进行数据交换。此外，指令器还与驾驶舱的一些控制、显示功能以及专用客舱控制面板相交联，使得机组人员和乘务人员能够有效互动。指令器也被连接到一些机载系统来使一些 CCS 功能能够自动启动。

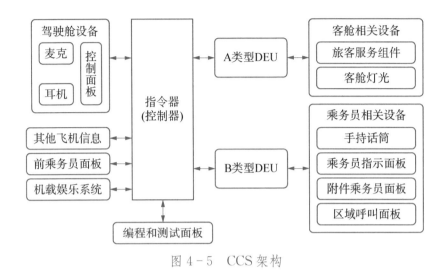

图 4-5 CCS 架构

（2）前乘务员面板（FAP）。FAP 使得客舱和维护人员可以控制和监控各个客舱支持系统以及旅客和机组人员的相关功能。各个乘务员面板和附加乘务员面板之间通过菊花链连接。

（3）A 类型 DEU。工作状态的指令器与旅客相关功能之间的交互通过 A 类型 DEU 来进行。CCS 利用每个 A 类型 DEU 来管理客舱旅客照明和所有旅客服务单元（passenger service unit，PSU）的功能（包括个人灯光照明、提醒标志和扬声器）。

（4）B 类型 DEU。工作状态的指令器与乘务人员的相关功能的交互通过 B 类型 DEU 来进行。CCS 利用每个 B 类型 DEU 来管理区域呼叫面板（ACP），乘务员指示面板（AIP）和可选的附加乘务员面板（AAP）。

（5）乘务人员相关设备。ACP 被用作远程呼叫指示设备，用于告知乘务员下列区域的呼叫：旅客呼叫、内话呼叫、探测到洗手间烟雾和紧急撤离信号。它们主要分布在客舱过道上方的天花板上。

AIP 显示源于 PA，内话和旅客的拨号以及通话信息。它们也可以显示一些附加的客舱系统信息。

选装的 AAP 用于乘务员管理某些客舱支持系统和特定区域内旅客的相

关功能。选装的 AAP 和 AIP 位置靠近乘务员服务站。每个乘务员服务站都有一个用于 PA 和内话通信的手提话筒。

（6）驾驶舱设备。驾驶舱设备为耳机、麦克和控制面板（如无线电管理面板）等相关设备，用于 PA 和内话系统。

（7）客舱设备。客舱设备利用 B 类型 DEU 实现客舱灯光和旅客服务组件。客舱灯光包括入口区域照明，厕所照明，乘务员照明，客舱通用照明和阅读照明。旅客服务组件提供旅客信号指示和乘务员呼叫服务。

（8）编程和测试面板。编程和测试面板使乘务员和其他人能够测试 CCS 和重新编制 CCS 属性数据和客舱配置信息。

（9）其他飞机信息。接收其他的计算机信息，如起落架收放组件、客舱压力控制器、飞行警告计算机、襟翼缝翼控制计算机等。

（10）供电。在一般情况下，指令器、A 类型 DEU、B 类型 DEU 和前服务面板都由直流汇流条（28 VDC）供电。当飞机机载电源系统启动后，CCS 自动上电。

2）一体化客舱核心系统功能实现

（1）PA 系统，如图 4 - 6 所示。PA 系统可以将来自驾驶舱、乘务工作站、预录通知和音乐（prerecorded announcement and music，PRAM）以及 IFES 的音频信息分配到指定的客舱扬声器和旅客耳机（如果安装有 IFES 的话）。

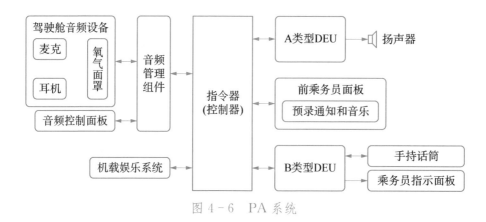

图 4 - 6　PA 系统

机组人员和乘务人员通过手持话机发布旅客广播公告。机组人员也可以通过发声器件(话筒、麦克风、氧气面罩),并选择驾驶舱 ACP 上的 PA 系统按键来发布 PA 通知。

当机组人员发布 PA 时,音频信号直接从手提话筒或由以上设备通过音频管理组件传送到指令器。指令器把音频信号发送到 A 类型 DEU,A 类型 DEU 控制客舱扬声器发送信号用于广播。

当乘务人员发布 PA 时,乘务员手提话筒的 PA 通告的音频信号通过 B 类型 DEU 发送到指令器,指令器把音频信号发送到 A 类型 DEU,A 类型 DEU 控制客舱扬声器发送信号用于广播。

当某一 PA 功能执行时,会在 AIP 上显示,同时操控 IFES 的音频、视频选择功能。

(2) 客舱/机组内话。客舱内话系统用于客舱乘务员之间的通信,以及驾驶舱和客舱之间的通信。

在驾驶舱,通信是通过驾驶舱手提话筒或者驾驶舱呼叫面板和音频装置(话筒,麦克风和氧气面罩)实现的。音频信号直接从手提话筒或由以上设备通过音频管理组件传送到指令器。指令器是指把音频信号通过 B 类型 DEU 发

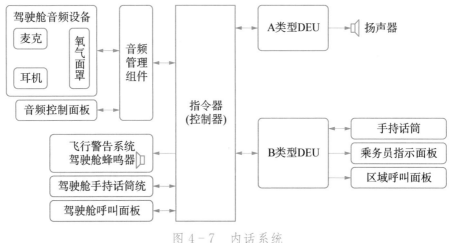

图 4-7 内话系统

送到相应服务员站位的手提话筒。

客舱发起的通话通过位于各个乘务员工作站中的手提话筒来进行。内话通信使用客舱手提话筒,通过 B 类型 DEU 把音频信号传送到指令器。通话时,在手提话筒键盘上选择按压键。指令器把音频信号通过 B 类型 DEU 发送到相应服务员站位的手提话筒。

当发起呼叫时,会有视觉(AIP、ACP)和语音的提示(驾驶舱扬声器和客舱扬声器)。

(3) 旅客呼叫。旅客呼叫系统控制激活并点亮指示灯,通过按下座位上方以及厕所内的旅客呼叫按键起动,也可以由旅客服务组件 PSU 起动。

如图 4-8 所示,由旅客服务组件 PSU 起动的旅客呼叫通过 A 类型 DEU 向 CCS 指令器发送信号,指令器通过 A 类型 DEU 发送信号,相应指示灯点亮。

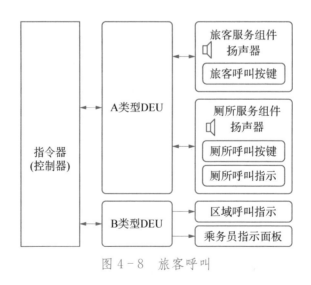

图 4-8　旅客呼叫

如果旅客呼叫是由洗手间起动的,那么这个信号通过 A 类型 DEU 发送到 CCS 指令器,指令器向 A 类型 DEU 发信号,相应指示灯点亮。

当有旅客呼叫时,ACP 上指示灯点亮,AIP 上显示相应信息。

（4）客舱照明。客舱照明系统控制不同区域的照明。所有的照明设备都连接到 CCS 的输出。还有一些照明设备，通过乘务员面板上的相应按钮可以分别控制不同区域照明系统的亮度。根据设置（如舱门关闭后处于自动开状态、夜航等）照明系统可以自动或手动调节亮度。

如图 4-9 所示，FAP 上的设置信号直接发送到 CCS 指令器，而 AAP 上的设置信号通过 B 类型 DEU 发送到 CCS 指令器。指令器通过上层数据总线发送控制信号到 A 类型 DEU，A 类型 DEU 通过镇流器、灯光标准适配器以及厕所灯光适配器来调节照明系统点亮。与 A 类型 DEU 连接的灯包括通用照明、聚光灯、乘务员工作灯、厕所灯、厨房灯、阅读灯等，而与 B 类型 DEU 连接的灯包括应急灯和厕所被占用指示灯。

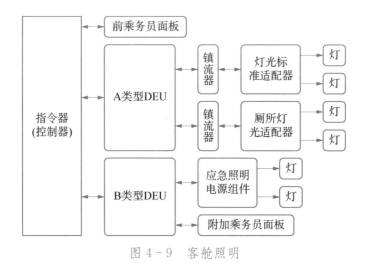

图 4-9　客舱照明

（5）勤务内话。当飞机在地面时，勤务内话系统用于驾驶舱与地面服务站以及客舱之间的语音通信，同时在驾驶舱和客舱给出系统状态的相应指示。

位于驾驶舱头顶板上的"勤务内话"按键可以手动操控接通勤务内话系统。在客舱，勤务内话通信通过客舱中的手提话筒进行。

（6）旅客信号灯。旅客灯信号系统控制"禁止吸烟"（no smoking，NS），"系好安全带"（fasten seat belts，FSB），"回到座位"（return to service，RTS）

和"退出"(EXIT)的指示。所有指示的控制开关均位于驾驶舱,但是这些可以自动进行(如客舱失压情况下)。

(7) 水指示。饮用水系统的操作和指示是前乘务员面板通过与系统相接口的真空系统控制完成的。在前乘务员面板的水和废物页面可以预选水箱液位,如 100%、50%、75% 或 25%。

4.5.1.2 分立式客舱系统的核心系统

1) 分立式客舱核心系统组成

如图 4-10 所示,客舱核心系统架构采用分立式设计。该系统以旅客广播组件为核心,通过离散信号连接驾驶舱设备、乘务员面板、旅客服务组件、厕所信号指示和扬声器等设备的构建,进而实现旅客播放通知、机组乘务员内话和水指示等功能。

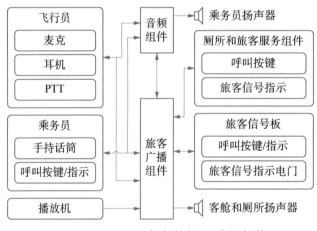

图 4-10　分立式客舱核心系统架构

(1) 音频组件。音频组件的主要功能是混合从话筒来的音频,放大音频信号,并向手持电话听筒、头戴耳机和扬声器发送音频。

(2) 旅客广播组件。旅客广播组件的主要功能是设置音频信号的优先权,放大音频信号,向飞机扬声器和系统发送音频信号。它与飞机驾驶舱设备、乘务员面板、旅客服务组件、客舱和厕所扬声器及音频组件等设备都有交联,是分立式客舱系统架构的核心组件。

（3）驾驶舱设备。驾驶舱设备包括麦克、耳机、控制面板和内话插口。麦克包括手持话筒、氧气面罩麦克、头戴式麦克等,可实现旅客广播和机组内话通话。耳机包含氧气面罩耳机和头戴式耳机。控制面板包括音频控制面板和旅客信号面板,音频控制面板包括按压通话（push to talk，PTT）开关和内话开关,旅客信号面板包括乘务员呼叫、地面呼叫和旅客信号指示操作（禁止吸烟和记好安全带）开关以及内话呼叫指示。内话插口用于勤务内话系统通话。

（4）旅客服务组件。旅客服务组件包括呼叫按键和旅客信号面板。

呼叫按键为呼叫乘务员按键,当旅客呼叫乘务员时按下该按键,在乘务员面板上会有对应位置指示。

旅客信号面板包括禁止吸烟和记好安全带指示灯,当驾驶舱对应操作按键置位时,指示灯提示;同时也有旅客广播使用指示灯,当旅客广播播放时,该灯给出提示。

（5）乘务员面板。乘务员面板包括手持话筒、呼叫按键、呼叫指示、水指示及选装设备。

手持话筒用于实现机组内话和旅客广播。呼叫按键主要是实现机组间内话呼叫。

乘务员呼叫指示用于显示来自驾驶舱、乘务员、旅客等位置的呼叫。

水指示系统利用柱状图显示饮用水和污水水位以及“厕所失效”按键状态。当污水箱满时,通过“厕所失效”按键来显示厕所是不可用状态。

选装设备。根据客户需要可以判断温度控制与烟雾探测显示内容是否显示。

（6）供电。系统采用 28 V 直流供电。

2）分立式客舱核心系统功能实现

（1）旅客广播系统。旅客广播系统为客舱旅客以及驾驶舱提供机组广播通知、谐音提示等音频信息。如图 4 - 11 所示，系统由音频组件、旅客信号面板、乘务员手持话筒、机组麦克、客舱和厕所喇叭组成。

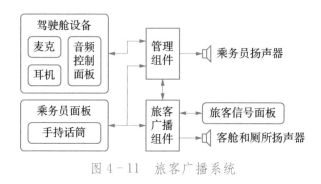

图 4 - 11　旅客广播系统

音频组件的音频输入信号包括飞行员话音、乘务员话音、IFES 等，通过设置输入音频信号的优先权，并将具有优先权的音频输入信号进行放大，并输出至客舱与厕所喇叭。当机组人员将"禁止吸烟""系好安全带"按键设置在开(ON)位置或者按压"呼叫乘务员"按键时，旅客广播放大器输出谐音信号至客舱与厕所喇叭。

驾驶舱的旅客信号面板具有呼叫乘务员指示灯显示以及打开禁止吸烟、记好安全带、乘务员呼叫、地面呼叫按键的功能。当旅客广播播放通知时，旅客广播灯给出提示。

乘务员使用手持话筒对客舱进行广播通知，飞行员使用旅客广播手持话筒、氧气面罩麦克、头戴式麦克等对旅客进行广播。

(2) 机组/客舱内话系统。机组/客舱内话系统提供飞行员呼叫乘务员、乘务员呼叫飞行员、乘务员呼叫乘务员的功能，并给出音频与灯光提示，如图 4 - 12 所示。乘务员手持话筒用于乘务员呼叫驾驶舱和其他乘务员。

乘务员控制面板拥有手持话筒逻辑控制卡，控制各手持话筒呼叫电源，并根据呼叫逻辑输出控制乘务员呼叫灯的显示，给出离散信号至旅客广播系统以产生高/低谐音。

乘务员呼叫灯显示来自驾驶舱、乘务员、旅客等位置的呼叫。

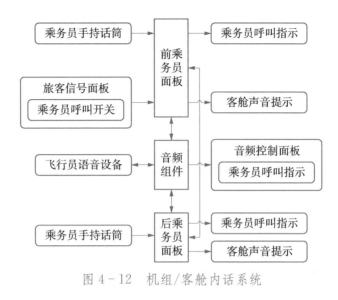

图 4-12　机组/客舱内话系统

位于驾驶舱音频控制面板的呼叫按键用于飞行员呼叫乘务员。

音频组件接收来自乘务员的呼叫信号,输出离散信号控制驾驶舱控制面板上的呼叫指示。

(3) 勤务内话系统。地面机组用勤务内话系统与机组人员或相互之间进行通话。勤务内话系统插孔遍布飞机各个不同的位置,如图 4-13 所示。

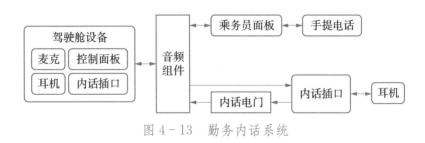

图 4-13　勤务内话系统

飞行机组从音频控制面板上选择勤务内话功能。飞行内话话筒向音频组件发送音频。飞行内话的头戴耳机和扬声器从音频组件获得音频。

飞行机组也可用手提电话听筒在勤务内话系统中通话。内话插孔连接到系统上无需音频控制面板控制。乘务员使用手提电话听筒连接到系统上。乘务员面板把手提电话听筒与音频组件相连。

地面机组话筒通过勤务内话开关连接到系统上。必须打开勤务内话开关才能从服务位的插孔上操作系统。耳机从音频组件获得音频。

4.5.2　客舱核心系统管理组成及设计

客舱核心系统(CCS)根据功能与分工的需要,分解为 3 个子系统:客舱管理系统(cabin management system,CMS)、客舱管理接口系统(cabin management interface system,CMIS)和客舱广播内话系统(passenger address and communication interphone system,PACIS)。

CMS 提供客舱管理终端图形用户界面,完成 CCS 管理配置,客舱管理协议解析及控制逻辑处理,系统综合维护和系统加载功能。

CMIS 完成客舱服务接口以及 CCS 与外部系统接口管理。

PACIS 完成旅客广播,客舱内话以及谐音功能。

CMIS 与 CMS 通过以太网交联,为 CMS 提供系统外部接口,乘客服务的接口与 PACIS 的接口。其架构如图 4-14 所示。

4.5.2.1　客舱管理子系统

1) CMS 功能描述

乘务员管理子系统主要完成如下功能。

(1) 通过 CMT 实现客舱综合管理控制功能具体为:客舱灯光控制及状态显示,旅客呼叫管理,水/废水系统状态监控,舱门信号系统状态显示,综合空气管理系统监控,IFES 的控制(选装了 IFES 的适用),外部通信系统的控制(选装了 ECS 的适用)。

(2) 通过对配置数据库的解析实现对客舱系统部件的管理配置。

(3) 对来自客舱接口单元(cabin interface unit,CIU)的数据进行协议解析,并完成逻辑处理。

(4) 依托 CIU 硬件平台,收集相关系统信息并组包发送到 CMT,同时对来

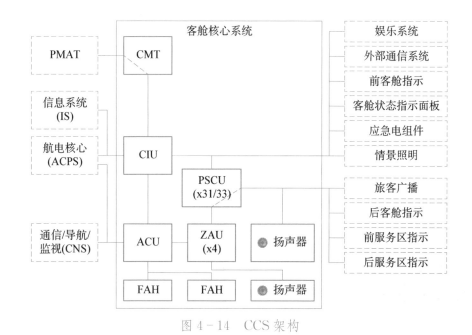

图 4-14　CCS 架构

自 CMT 的控制信息进行解析并通过 CIU 接口实现对相应部件的控制。

（5）根据系统工作模式的不同,对 CIU 内置网络交换机进行配置。

（6）通过 CMT 和 CIU 的密切配合,完成 CCS 的维护管理,并将维护信息发送到信息系统(information system,IS)。

（7）通过 CMT 与便携式维护存取终端（PMAT）的配合,完成 CCS 各 LRU 的系统软件加载或配置文件加载,以及旅客娱乐数据的加载,同时还可以对乘务员操作日志等历史数据进行下载。

2) CMS 架构描述

根据对 CMS 的功能和 CCS 对外系统的交联接口的分析,得到 CMS 架构。CMS 架构框图如图 4-15 所示。

该子系统主要由 CMT 和若干系统软件组成,其中主要软件驻留于 CMT,另外部分软件驻留于客舱接口单元(CIU)。

CMS 的主要设备 CMT 通过一条以太网与 CIU 接口,从 CIU 获取所要显示的信息和要处理的数据,也通过该接口将乘务员的操作控制命令方式发到

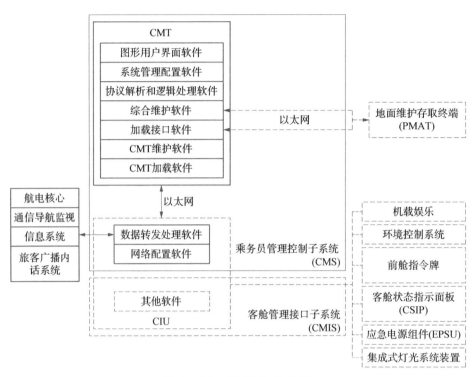

图 4-15 CMS 架构框图

CIU,再将其解析分发到相应的单元。CCS 的配置数据、维护信息也是通过这个接口传送的。

CMT 是以触摸式彩色液晶显示屏为主要部件的计算机终端,为乘务员对整个客舱信息系统的监视和控制提供了丰富的图形、菜单显示和触摸式控件。

CMT 还通过另一条以太网与 PMAT 接口,进行数据的加载和历史记录的下载。

4.5.2.2 客舱管理接口子系统

1) CMIS 功能描述

CMIS 的主要功能如下:

(1) 客舱接口单元控制功能。

a. 当驾驶舱正常呼叫客舱时,点亮客舱状态指示面板(cabin status

indicator panel，CSIP)的"驾驶舱正常呼叫"指示灯。

b. 当驾驶舱紧急呼叫客舱时,点亮 CSIP 的"驾驶舱紧急呼叫"指示灯。

c. 当乘务员呼叫乘务员时,点亮 CSIP 的"乘务员呼叫乘务员"指示灯。

d. 当旅客服务单元(PSU)旅客呼叫时,点亮 CSIP 的"单 PSU 旅客呼叫"指示灯。

e. 当盥洗室服务单元(LSU)旅客呼叫时,点亮 CSIP 的"LSU 旅客呼叫"指示灯。

f. 获取航电核心(core avionics，CA)系统的 NS 信号、FSB 信号。

g. 根据 NS 和 FSB 信号状态控制前主指示牌指示灯状态。

h. 接收、处理并存储 CMT 的网络工作参数设置,包括端口转发、VLAN、多播组、包转发过滤配置。

i. 向 CMT 报告网络工作状态。

(2) 旅客服务单元控制功能。

a. 响应 PSU/LSU 的旅客呼叫控制。

b. 对 PSU 的"旅客阅读灯/背景灯带"进行控制。

c. 对 PSU 的"旅客呼叫指示灯/背景灯带"进行控制。

d. 根据 NS 和 FSB 信号状态控制前、后服务区照明指示牌指示灯状态。

e. 根据 NS 和 FSB 信号状态控制后客舱主照明指示牌指示灯状态。

f. 根据 NS 信号状态控制盥洗室指示牌指示灯状态。

g. 根据 FSB 信号状态控制盥洗室"返回座位"指示灯状态。

h. 同时控制两个 PSU,对连接的两个 PSU 的控制功能应相互独立。

i. 基于菊花链架构的以太网进行连接。

j. 通过 CIU 向 CMT 报告网络配置信息。

k. 响应 CMT 网络配置命令,并能使网络配置参数。

l. 存储网络配置参数。

(3) 软件驻留能力。

a. 提供系统数据转发处理软件的运行环境。

b. 提供系统网络配置软件的运行环境。

（4）网络交换功能。

a. 完成 CMT 与 IFE 以太网数据交换。

b. 完成 CMT 与 ECS 以太网数据交换。

c. 完成 CMT 与音频控制单元（audio control unit，ACU）以太网数据交换。

d. 完成 CMT 与 ILSD 以太网数据交换。

e. 完成 CMT 与旅客服务控制单元（passenger service control unit，PSCU）以太网数据交换。

f. 完成 CMT 与 IS 以太网数据交换。

g. 完成 ACU 与 IFE 以太网数据交换。

h. 实现 CIU 与 PSCU 以太网数据交换。

i. 实现 CIU 与 CMT 以太网数据交换。

j. 实现 CIU 与 ACU 以太网数据交换。

（5）综合数据采集和发送的物理层功能。

a. 完成离散信号的采集和发送的物理层功能。

b. 完成 ARINC 429 信号的采集和发送的物理层功能。

（6）自检测功能。实现 LRU 级的自检测功能。

（7）加载功能。实现 LRU 级的数据加载功能。

2）CMIS 架构描述

CMIS 由 CIU 和数量众多的 PSCU 组成。

CMIS 架构框图如图 4-15 所示，即 CMS 架构框图。该子系统主要由 CIU 和若干 PSCU 构成，其中驻留于 CIU 的有多个系统软件，除划归乘务员管理控制子系统的 2 个系统软件之外，另外 2 部分，如客舱接口单元维护软件和客舱接口单元加载软件属于客舱接口管理子系统。该子系统还包含了数量众多的 PSCU(图中只示意了 4 个),每个 PSCU 含有 4 个软件,分别是 PSCU 接口管理控制软件、PSCU 网络配置软件、PSCU 维护软件和 PSCU 加载软件。

4.5.2.3　客舱广播内话子系统

1) PACIS 功能描述

PACIS 主要完成针对旅客的广播和空乘人员之间的内话功能,其中客舱广播功能需要:

(1) 为飞行员和乘务员提供旅客广播功能。

(2) 为 IFES 提供的音乐和预录节目提供音频解码、放大和扬声器驱动功能。

(3) 为不同来源的客舱广播音频进行优先级处理,按预定优先级播放优先级高的音频。

(4) 在飞行员或乘务员进行客舱广播时为其提供侧音。

(5) 根据飞行阶段的不同自动调节客舱广播增益。

(6) 当乘务员进行客舱内话和广播时,自动静音其站位的扬声器。

(7) 当乘客呼叫,或机组成员呼叫,或"禁止吸烟"和"系好安全带"信号发生改变时,产生谐音提示音。

客舱内话的功能需要:

(1) 提供乘务员与乘务员之间的呼叫和通话功能。

(2) 提供飞行员与乘务员之间的正常呼叫和正常通话功能。

(3) 提供飞行员与乘务员之间的应急呼叫和应急通话功能。

2) PACIS 架构描述

PACIS 由安装于飞机电子舱的 ACU、分布于客舱前-中-后区域的客舱区域音频单元(zone address unit,ZAU)、客舱前-后舱及紧急出口的客舱乘务员送受话器(flight attendant handset,FAH),以及分布于全舱的客舱扬声器组成。PACIS 子系统是客机进行飞行任务时的必装系统,以实现飞行员-乘务员、乘务员-乘务员之间的语音通信;飞行员、乘务员在飞行的各个阶段对旅客进行安全规范要求、注意事项广播、紧急情况告警和提示、旅客呼叫、乘务员提示、各类紧急情况下的乘务员协作工作联系的客舱话音任务系统。

　　PACIS架构如图4-16所示,该子系统主要由ACU和ZAU构成,此外还包括乘务员使用的送受话器。ACU主要负责音频信号和呼叫信号的处理与转发,根据需要产生谐音信号,并直接与客舱前部服务站对应的FAH接口;ZAU主要负责驱动所管辖区域内的客舱扬声器和乘务员服务站位扬声器,其中每个ZAU最多可以驱动10个扬声器,并可以和1个FAH接口。ACU和ZAU都能将模拟音频信号转换为数字音频信号,便于通过以太网传输;同时也能将来自以太网的数字音频信号转换成模拟音频信号,便于通过模拟接口发送和驱动扬声器、送受话器。

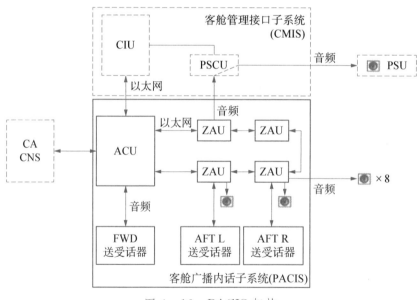

图4-16　PACIS架构

　　PACIS的4个ZAU采用以太网级联方式进行连接和信息传输。ACU将需要广播的音频信息通过以太网发送到4个ZAU,ZAU再驱动各自接口的扬声器和送受话器发声。

4.6 机载娱乐系统

4.6.1 概述

机载娱乐系统(IFES)是指航空旅行中在机舱内为旅客提供任何可能的娱乐实现手段,这是民用航空飞机客舱系统的重要组成部分,其性能是旅客判断航空公司服务质量好坏的重要标准之一,世界各航空公司为此花费了巨额资金进行 IFE 设备的采购、修理、维护及升级等。传统的 IFES 主要为旅客提供 IFE 服务,具备电影/娱乐/游戏等传统功能,其重点是娱乐功能。传统的 IEFS 除了有限的广告收入外,无法为航空公司直接创造效益。随着航空电子技术、消费类电子技术、通信技术及电子商务的飞速发展,IFES 已经开始逐渐演变成 IFE-C(其中 C 指通信(communication)或互联(connectivity)),甚至出现了 IFE-C(其中 C 指商务(commerce))的趋势。这将彻底改变航空公司 IFES 单纯投入的历史,使之变为航空公司增加边际收益的一个亮点。可以说,IFES 的娱乐功能正在不断弱化,取而代之的是正在成为给旅客提供全方位信息服务的机载个人信息平台,也为航空公司及有关服务产业创造价值提供了平台,机上互联网环境的突破性发展为该类应用创造了无限的遐想空间。

4.6.2 主要功能

IFES 与客舱核心系统(CCS)及客舱通信系统紧密交联,主要实现客舱通告、娱乐服务及其他扩展功能。IFES 有如下功能:命令菜单,可下载的游戏,在线影院,在线广播,互动式移动地图,集成电话,网络接入,网页浏览,笔记本电脑电源,PA 操控,视频通告,广播音乐,紧急通告和卫星电视等。图 4-17 为 IFE 效果图。

典型 IFES 架构是基于模块化的概念进行设计的,它给各个不同设备供应

提供丰富多彩的音/视频
点播节目

图 4-17 IFE 效果图

商提供了一个接入各种娱乐系统的统一平台。支持用户的灵活订制和适应性配置，该系统主要由三部分组成：IFEC、IFE 控制面板和客舱局域网。

4.6.3 机载娱乐系统的几种典型架构

IFES 能够给旅客提供音视频服务以及个性化休闲服务，如提供安全通告、音视频点播、游戏、外景监视显示、通过飞行地图了解飞行线路等。目前使用较为广泛的 IFES 大致有三种。第一种是全舱吊装式娱乐 AOD，即安装固定式吊装显示器，若干排座椅安装一个，左右对称分布。当飞机在地面或者进入巡航状态时，乘务员通过操作 GUI 为旅客播放存储在头端设备中的视频资源，同时可以借助座椅端的耳机插孔接收播放视频的音频信号。第二种是全舱椅背式显示器 AVOD 及旅客电源。在客舱每个座椅上安装一个触摸屏，旅客可以通过椅背上的触摸屏进行游戏、浏览互联网、点播自己需要播放的音乐/视频，甚至还可以加载飞行信息界面，通过该界面显示飞机已飞行公里及小时数、动态位置、到达目的地时间等。座椅设备还集成了电源插座，可以为旅客手持式电子设备提供固定的交流电源输出。第三种是商务舱椅背式娱乐 AVOD 及旅客电源，经济舱吊装式娱乐 AOD。上述三种系统都采用了服务器-旅客端的架构，通过以太网相互交联，实现数据的分配与转发。

4.6.4 吊装机载娱乐系统组成及设计

吊装 IFES 包括头顶显示设备,示意如图 4-18 所示。头顶显示设备是从头端服务器接收数据,电源和控制信号。将数字据解码到模拟显示的屏幕上。头顶显示设备遍及整个客舱,可以安装在墙上或天花板上。显示设备从娱乐电源系统二次配电得到电力。

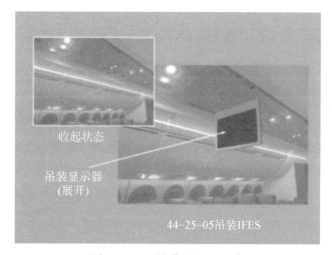

图 4-18 吊装 IFES 示意

4.6.5 音/视频点播机载娱乐系统组成及设计

4.6.5.1 旅客遥控器

旅客遥控器(passenger control handset,PCH)提供了一个 IFES 界面,包括媒体的选择、音量调节、游戏控制、旅客服务系统的选项。

由旅客通过 IFE 做出选择,然后指令到达客舱服务系统控制器(cabin service system controller,CSSC)。CSSC 将信号发送到相应的旅客服务系统组件。该遥控器与座椅显示设备或区域终止器之间有接口。

4.6.5.2 娱乐控制面板

娱乐控制面板(机组终端)是航空公司人员和 IFES 之间的主要接口,显示控制和 IFES 操作的菜单。娱乐控制面板是一个可触摸的液晶屏用户界面,示意如图 4-20 所示。

控制面板有这些之前面板的接口：用于维修的 RJ45，专为手机音频的耳机接口，插键盘的通用串行总线(universal serial bus, USB)端口等。控制面板与飞机接口设备之间也有接口。

娱乐控制面板通常安装在视频控制站，数量和位置由航空公司确定。娱乐控制面板从远程动电力分配单元(remote power distribution unit, RPDU)获得 115 V 交流电，娱乐控制面板在 EX2 系统中被称为机组终端。

4.6.6　旅客电源系统组成及设计

旅客电源系统是机载娱乐系统的一部分，主要借助机载娱乐系统的座椅电源，通过逆变器向旅客提供 115 V 60 Hz 的民用电源。旅客电源系统可以通过客舱管理终端对其进行管理，并监控其运营状态。机载娱乐系统电源页面及全部接通如图 4-19 和图 4-20 所示。

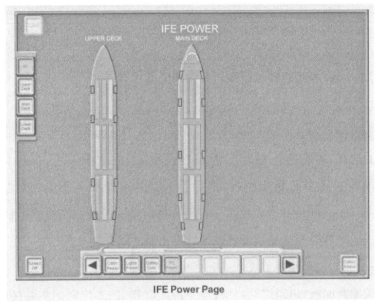

图 4-19　机载娱乐系统电源页面

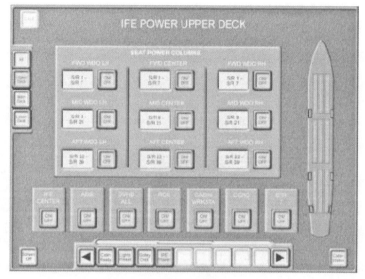

图 4 - 20　机载娱乐系统电源全部接通

4.6.6.1　座椅间布线

从区域分配盒(area distribution box,ADB)得到的 IFE 数据流和从 RPDU 得到的电源通过每个座椅列前面的支架到达每一个座位设备。其中,数据到座椅电子箱(seat electronic box,SEB)一列,电力到座椅电源模块(seat power module,SPM)一列。

座椅的线路通过椅导轨覆盖,内置的连接在座椅腿上。座椅间布线示意图如图 4 - 21 和图 4 - 22 所示。

有 3 种线路会被安装,分别为 IFE、IFE 数据线和应急照明。

4.6.6.2　座椅电源模块

SPM 通过客舱来提供交流和直流电到座椅设备。

SPM 通过地板上断开的支架从 RPDU 获得 115 V 中频交流电。

SPM 发送 115 V 交流电到电源插座模块(power outlet module,POM)和

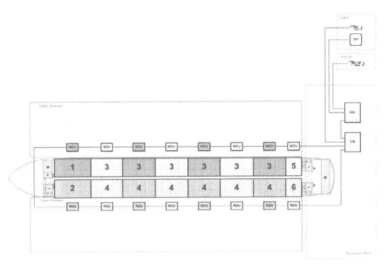

图 4 - 21   座椅间布线示意图 1

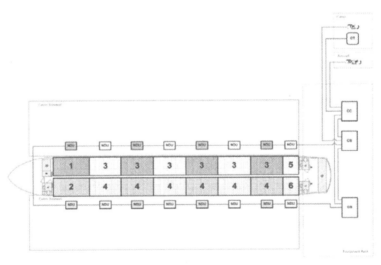

图 4 - 22   座椅间布线示意图 2

电动座椅控制器(如果安装有的话)。

SPM 把 115 V 交流电变换为直流电然后通到座椅电子箱。

此外,IFES 也可以给空调下达关闭命令,而这个命令所需的软件在 CCS

中。如果舱顶温度超过 150 F,那么一个信号就会发送到电力系统来降低舱内照明亮度,另一个信号就会发送到电力系统来降低舱内照明亮度到最小值,并关闭 IFES。

如果座椅模块通电,则电源插座模块上的一个指示灯会显示。

4.6.6.3 座椅电子箱

SEB 将网络数据分发给每个旅客,安装示意图如图 4-23 所示。

SEB 从内置座椅控制器得到数据并分配到飞机接口组件,此数据包括娱乐选项、阅读灯和旅客呼叫请求、故障信息。

SEB 从区域分配箱接收数字媒体和控制数据,并将其发送到旅客座位的显示设备。

SEB 与以下组件之间有接口:区域分配箱或前一个 SEB、下一个 SEB、座椅显示设备、SPM。

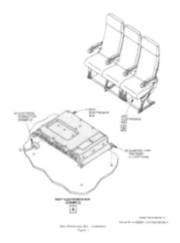

图 4-23 SEB 安装示意图

4.7 客舱通信系统

客舱通信系统架构如图 4-3 所示,系统主要包含无线客舱系统和空地通信系统两个部分。无线客舱系统是旅客移动终端的空地数据通信的舱内链路,而空地通信系统是通过卫星通信或 ATG 技术实现空地数据通信的舱外链路。

4.7.1 无线客舱系统

无线客舱系统主要为旅客提供客舱移动通信、无线接入、空地互联等服务,客舱旅客的个人电脑、平板电脑等移动终端可以通过客舱无线接入点,经由空地通信系统(卫星通信、空地通信等)与其他机外用户互通互联,实现双向数据通信功能。

4.7.1.1 舱内无线数据接入组成及设计

1) 主要功能

舱内无线数据系统主要功能如下:

(1) 客舱无线网络访问功能。通过机上的无线访问点,旅客自带的个人终端设备可实现机载娱乐系统服务器的内容点播;典型单通道飞机系统具有支持200个旅客同时流畅观看视频的能力,每个旅客分配到的带宽不低于 1 Mbps。

(2) 空地互联功能。通过空地通信系统(如卫通、ATG)为旅客提供空地互联功能,如浏览网页、微信、收发邮件等互联网应用。

(3) 音视频点播功能。通过客舱无线网络,提供给旅客音乐选择、音乐播放及播放音乐控制的功能以及高清、超高清的视频点播功能。

(4) 游戏。通过客舱无线网络,实现机上游戏功能。

(5) 移动地图。通过客舱无线网络,获取飞机信息数据。通过旅客智能终端上的应用,提供 3D 移动地图给旅客查看。

(6) 其他交互式应用。通过客舱无线网络,提供面向旅客的交互式应用功能,包含机上社交、问卷调查、购物、电子书籍和杂志阅读、在线支付、乘务员服务呼叫功能。

(7) 客舱服务管理。通过客舱无线网络,为乘务员提供客舱通信系统的监控和管理操作以及本地服务的管理和监控。

(8) 支持客舱广播功能。当客舱广播功能启动时,系统应具备暂停所有旅客应用的功能。

(9) 航空公司相关业务。集成并提供航空公司相关的业务,如机票预计、改签、值机服务、会员服务、航班动态等。

(10) 定向推送功能。系统应支持机上公告及定向推送功能。

(11) 系统管理和维护。对系统功能进行管理和控制,可通过无线、有线网等多种接入方式进行系统状态监控、维护和管理。

（12）服务器内容更新。借助空地通信系统，通过设置在地面的内容管理中心，实现机载服务器的内容、应用更新以及乘务员管理终端的旅客信息的上传。

2）系统架构

IFEC 为旅客提供使用个人便携式电子设（portable electronic device，PED）接入机载娱乐系统服务器的功能，旅客可以使用系统提供的电子商务功能、通过无线网络访问服务器中存储的信息、影片、音乐、游戏等资源。

本书按照客舱管理的完备性及服务器内容的更新方式给出建议的两种系统架构：基本型和扩展型。分别阐述如下。

（1）基本型系统架构。客舱 WiFi 基本型系统架构如图 4-24 所示。

图 4-24　客舱 WiFi 基本型系统架构

客舱 WiFi 基本型系统架构主要由客舱服务器、WAP 及开关组件等组成，每个设备的主要功能如下所述。

a. 客舱服务器：客舱服务器为通用服务器，可配置为媒体服务器完成音视频点播、影片音乐等多媒体存储、应用程序交互、服务器内容更新等功能。

b. WAP：WAP 为无线接入点，为客舱提供无线访问点。

c. 开关组件：使用开关组件实现客舱服务器电源开关及 WAP 开关的控制，待飞机到达一定高度后，由乘务员手动启动客舱无线局域网电源开关及射频开关。

（2）扩展型系统架构。图 4 - 25 所示为客舱 WiFi 扩展型系统架构，主要由客舱服务器、WAP、CMT 及 AWCU 等组成，每个设备的主要功能如下所述。

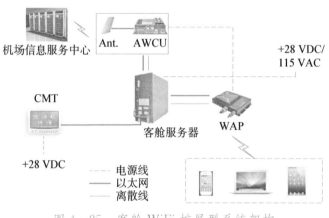

图 4 - 25　客舱 WiFi 扩展型系统架构

a. 客舱服务器：同基本型系统架构。

b. WAP：同基本型系统架构。

c. 客舱管理终端（CMT）。

d. AWCU 及天线：实现服务器内容的自动加载。利用机场无线通信系统（wireless airport communication system，WACS）进行内容更新，当飞机落地后通过 WiFi、3G/4G/5G 等手段自动接入机场网络，进而内容自动更新。

对于 CMT 有如下几方面的功能。

a. 扩充客舱核心系统（CCS）客舱管理终端（CMT）功能，使用 CMT 实现 Server 电源开关及 WAP 开关的控制，待飞机到达一定高度后，由乘务员通过人机交互界面启动客舱无线局域网电源开关及射频开关；或在 CMT 中接入高度信号，实现开关的自动控制。

b. CMT 同时实现客舱核心系统的控制，如客舱照明系统控制、温度控制、水废水状态监控、旅客阅读灯控制、盥洗室盐雾探测及指示、旅客广播及音量控制等。

c. 客舱无线局域网状态监控,如 Server 接口状态监控、WAP 射频开关状态查询、系统重置等。

4.7.1.2　舱内无线语音接入组成及设计

舱内无线语音接入是使旅客与旅客之间或者旅客与地面人员之间实现相互之间拨打电话。机载基站仅是地面 GSM 蜂窝网络在飞机客舱内的延伸,而机载基站与地面的基站控制器(base station transceiver,BTS)之间的所有通信数据由网络服务器单元、空地通信设备(卫星通信或 ATG)和地面网关组成的通信链路负责传输,机上部分系统组成如图 4 - 26 所示。

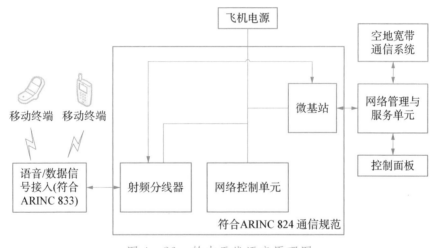

图 4 - 26　舱内无线语音原理图

4.7.2　空地通信系统

目前,民机实现空地通信主要有两种技术:一种是卫星通信,另一种是空地蜂窝通信。卫星通信是使用地球同步轨道卫星发送数据,实现空地互联,其覆盖除南北极以外的绝大部分区域,不受航路及地形影响,数据带宽较大,网络运行较为稳定,是目前世界较为主流的空地互联技术模式。空地蜂窝通信,是通过地面基站向空中发射信号实现空地互联,该技术需要在飞行航路下方地面或特定区域架设大量地面基站才能实现高空网络信号全面覆盖,由于受到地形等条件限制很多,不能实现越洋飞行航路全网络覆盖,因此有很大的局限性。

4.7.2.1 卫星通信

民机在飞行时,是一个信息孤岛,Ka/Ku 波段卫星通信作为一种现代化的通信手段,具有大面积覆盖的广播特性。由于其组网灵活、迅速,通信质量与成本同通信距离无关等突出优点,为大众传媒提供了有效的"最后一公里"的传播路径。

如图 4-27 所示,航空卫星通信系统由空间段、地面段和用户段组成。空间段由多颗同步地球轨道(geosynchronous earth orbit,GEO)卫星组成,地面段包括卫星测控中心、卫星地面站和其他地面网络等,用户段由各种用户终端组成。航空地面站是卫星与地面公众通信网的接口,机载站是设在飞机上的用户终端。

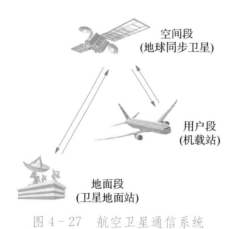

空间段
(地球同步卫星)

用户段
(机载站)

地面段
(卫星地面站)

图 4-27 航空卫星通信系统

通常卫星通信使用 Ka/Ku 波段。Ka 波段的频率范围是 26.5~40 GHz,Ku 波段的频率范围是 12.4~18.0 GHz。Ka 代表着 K 的正上(K-above),即该波段直接高于 K 波段,Ku 代表着 K 的正下(K-under)。在所使用的波带宽度方面,Ku 波段的可用带宽为 500~1 000 MHz,Ka 波段的可用带宽可高达 3 500 MHz。目前,Ka 波段卫星通信的数据传输速率最高可达到 90 Mbps,

Ku 波段卫星通信的数据传输速率最高可达到 60 Mbps。因此，Ka/Ku 波段卫星通信系统都可以为高速卫星通信、千兆比特级宽带数字传输、高清晰度电视（high definition television，HDTV）、卫星新闻采集（satellite news gathering，SNG）、甚小口径终端（very small aperture terminal，VSAT）业务、直接到户（direct to home，DTH）业务及个人卫星通信等新业务提供一种崭新的手段。

1）国外 Ka/Ku 波段卫星通信系统应用现状

近年来，全球 Ka/Ku 波段卫星通信系统发展迅猛。由于 Ka/Ku 波段卫星通信具有高通量、低成本、广覆盖、小终端等优势特点，因此常采用星状结构、弯管透明传输机制，特别适合开展 IP 类业务，如因特网宽带接入业务、IP 中继业务、企业网延伸等。

表 4 - 1　Ka 和 Ku 频段宽带卫星应用的业务分类

业务名称	业务范围
Ka/Ku 波段宽带业务	卫星宽带接入
Ka/Ku 波段 应用服务业务	基站数据回传，IP 数据中继
	企业网
	视频业务（点播，回传）
	移动目标的通信（机载，渔船）

国外的 Ka 波段卫星通信运营商都将宽带数据服务作为主要业务。除了为传统的地面固定用户提供服务以外，他们都把为民用航空业提供服务作为主攻方向。国外航空公司正积极推进 Ka 波段卫星通信加改装，目前已经成为全球民航业的热点。典型案例如下：

（1）2011 年，美国 ViaSat 公司发射的 ViaSat - 1 是 Ka 波段商用的起始，这颗卫星容量当时超过了美国上空卫星通信资源的总和，也是迄今为止最大的单星容量（140 Gbps）。

（2）向 JetBlue 航空公司 170 架、大陆航空公司 200 多架飞机提供美国地区宽带服务。与波音公司合作，在波音飞机上线装机载 Ka 波段卫星通信系统。

（3）2013 年,欧洲 Eutelsat 公司,开始向欧洲的航空公司,提供欧洲地区 Ka 波段宽带服务。

（4）2017 年,Inmarsat 作为首家全球覆盖型 Ka 波段卫星商,正式开始提供宽带数据服务。与空客公司合作,在空客飞机上线装机载 Ka 波段卫星通信系统;德国汉莎航空公司开始在其空客 A330 和空客 A320 上加装机载 Ka 波段卫星通信系统。

2）国内 Ka/Ku 波段系统应用现状

中国民用航空业正处在一个急剧变革的时代。一方面,对于商用航空业,用户正对航空公司提出日益多样化的服务要求。其中,解决飞机起飞后的信息孤岛困局是最大的需求。另一方面,对于通用航空业,国务院办公厅 2016 年印发《关于促进通用航空业发展的指导意见》,要推动通用航空与互联网、创意经济融合,拓展通用航空新业态。

对于中国的航空公司,业内都在积极考虑如果利用 Ka/Ku 波段卫通带来的宽带数据服务。

（1）对于航空公司自身:利用宽带数据传输大量的飞机数据,如实时健康状态数据、实时视频数据,从而形成提升飞行安全和品质的增值服务。

（2）对于旅客:结合宽带数据和中国成熟的互联网经济,推出新颖的客舱服务和商品销售,从增值服务中获利,从商品销售中分成。

对于通用航空,Ka/Ku 波段宽带数据传输为专业行业用途解决了通信瓶颈,可广泛用于安全监控、防火消防、实时测绘数据采集等,从而形成面向专业用途的增值服务。

中星 16 号作为中国首颗宽带 Ka 波段卫星通信,主要为中国地区的用户提供宽带数据服务,可服务于地面固定用户(如偏远地区的移动通信基站接入),也可应用于企业专网、远程教育和医疗、个人用户互联网接入、广电新闻直播、交通宽带数据(机载、铁路、船舶)和应急通信等领域。

据目前资料,中国卫通集团股份有限公司与国家广播电视总局已开始先期规划,中星 16 号将与我国已有的电视直播卫星系统集合,采用"直播卫星＋高通量卫星"的模式,使终端用户既能看直播电视又能传输数据。

随着中星 16 号的试验运行,各方将探索 Ka 波段卫星通信可提供的业务,围绕卫星逐渐形成一个完整的产业集群,带动产业链上下游各方,将业务延伸到需要宽带数据服务的各行各业中。

3) 面向客舱的 Ka/Ku 波段卫星通信系统

为了在飞行过程中为旅客提供良好的飞行体验,各飞机制造商、系统供应商、航空公司都致力于提供更先进和舒适的客舱系统,提供互联网功能客舱系统已成为航空公司客源竞争的重要手段。

(1) 设备组成。在 ARINC 791 中对 Ka/Ku 波段卫星通信有较为详细的描述,其设备组成如图 4 - 28 所示。

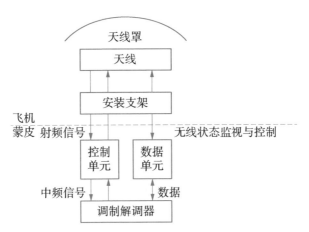

图 4 - 28　Ka/Ku 波段卫星通信的设备组成

由图 4 - 28 可以得知,Ka/Ku 波段卫星通信主要由 Modman、飞机性能模块(APM)、Ka/Ku 波段射频单元(Ka/Ku radio frequency unit, KRFU)、Ka/Ku 波段网络数据单元(Ka/Ku network data unit, KANDU)及天线等设备组成。

(2) 设备与飞机的交联关系。在 ARINC 791 中对 Ka/Ku 波段卫星通信系统构成及与飞机的交联关系描述如图 4 - 29 所示。

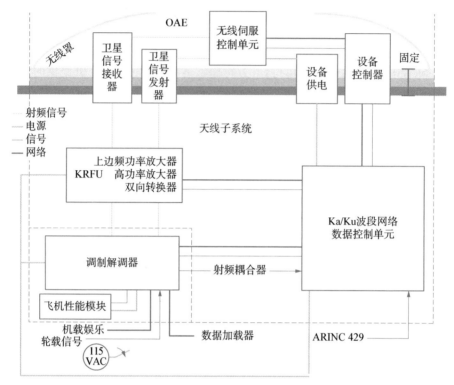

图 4-29 Ka/Ku 波段卫星通信与飞机的交联关系

Ka/Ku 波段卫星通信直接通过 Modman 上的以太网接口与飞机上的 IFES 交联。

(3) Ka/Ku 波段卫星通信设备供应商情况。为了分析宽带卫星通信领域的竞争情况,搜集整理了目前国外主要供应商的情况,如表 4-2 所示。

表 4-2　Ka 和 Ku 频段卫星通信设备供应商情况

设备供应商	产品
日本松下(Panasonic)	Ku 波段卫星通信
阿斯特尼电气(Astronic)	Ku 波段卫星通信
美国 iDirect 卫星公司(iDirect)	Ku 波段卫星通信
美国霍尼韦尔(Honeywell)	Inmarsat Ka 波段卫星通信
美国卫讯(ViaSat)	Ka 波段卫星通信和 Ka/Ku 波段双卫星通信

4.7.2.2 空地宏蜂窝通信

1）空地宏蜂窝通信简介

空地宏蜂窝通信也就是空地宽带通信，该技术是近年来开展研究的航空空地宽带无线通信技术，如图 4-30 所示。该技术的基本工作原理是：利用布设在沿飞行航线或指定空域的地面基站对空发射的无线电信号，形成空地通信链路，向空中的飞机提供高带宽通信服务。近年来，美国和欧洲启动了一些具有代表性的航空空地通信项目，包括 L-DACS（L 波段数字航空通信系统）、GOGO 等。L-DACS 有时分双工（time division duplex，TDD）和频分双工（frequency division duplex，FDD）两种制式，可以实现空地、空空数据传输。美国正在北美运营的 GOGO 系统基于码分多址接入-演进数据专用（code division multiple access-evolution data only，CDMA-EVDO）技术。

空地宽带移动通信系统具有机载设备成本低、带宽高等优点，适合于提供民机宽带互联网服务。中兴通讯早在 2007 年就同美国运营商 Aircell 合作搭

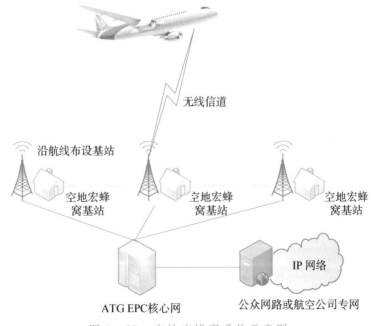

图 4-30 空地宏蜂窝通信示意图

建 GOGO 网络平台,推出了世界首个基于 CDMA 技术的空地宽带系统,随后空中上网服务开始在美国快速展开。2008 年 8 月,美国航空公司为旗下所有波音 767‐200 航班安装了 GOGO 网络平台,这让美航的航线变成 WiFi 领域热点。当飞机升到一万英尺的高空时,旅客们可以在机上进行网上冲浪、查收电子邮件和即时信息,浏览企业的虚拟专用网络等。GOGO 网络平台是一项有偿服务,在波音 767‐200 执飞的航段上,旅客支付 12.95 美元就可以享受 3 小时以上的无线宽带服务。

目前,美国 GOGO 公司运营的机上上网系统是全球最大的 ATG 网络。截至目前,该系统信号网络遍布全美大陆,美国 9 家航空公司 1 500 架班机已经实现全面的空中宽带通信。

2012 年,中国民航飞行学院与为邦远航公司联合进行了民航空地宽带通信系统的成都‐西安航线建设,其技术体制采用了国内自主技术超维多址—单载波子集(HDMA‐SC)标准,空地通信频率使用的频段为 971～976 MHz 和 1 034～1 039 MHz。

2014 年,在中国移动的支持下,国航航班采用基于中国移动 4G 的空地宽带服务,首次开启"空中宽带系统"体验之旅。中兴通讯作为地面基站通信设备的唯一供应商,为国航提供了定制化的 4G/LTE 空地宽带技术解决方案,并全程提供技术和业务保障,给旅客带来了快速、便捷的空地宽带业务体验。

2)系统架构

(1)系统架构组成:基于长期演进(long term evolution,LTE)的空地宽带通信系统框图如图 4‐31 所示,分为机载系统和地面系统两部分。

机载系统主要由 LTE 机载台(机载端机)和机载天线构成。地面系统主要由演进型 NodeB(evolved node B,eNodeB)、LTE 核心网等构成,eNodeB 包含天线、天馈系统、射频拉远单元(radio remote unit,RRU)和基带处理单元(building base band unit,BBU)。ATG 的主要作用是通过 LTE 技术,为空中的数据业务提供空对地的无线数据通道,接入地面服务器或者 Internet。

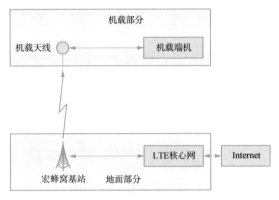

图 4 - 31　空地宽带通信系统框图

（2）系统核心技术。

根据上节结论，ATG 系统采用 FDD - LTE 技术，系统基本技术指标基于第三代合作伙伴计划（the 3rd generation partnership project，3GPP）制定的 LTE 标准编号为 36 的系列标准协议实施，地面系统参照如表 4 - 3 所示的协议执行，机载端机参照 36.101 协议，但需针对系统需求相应地修改适配空地通信环境。

表 4 - 3　3GPP LTE 主要规范列表

规范编号	规范名称
TS 36.201	E - UTRA LTE 物理层-总体描述
TS 36.211	E - UTRA 物理信道和调制
TS 36.212	E - UTRA 复用和信道编码
TS 36.213	E - UTRA 物理层过程
TS 36.214	E - UTRA 物理层——测量
TS 36.300	E - UTRA 和 E - UTRAN 总体描述
TS 36.401	E - UTRAN 结构描述
TS 36.410	E - UTRAN S1 总体方面和原理
TS 36.411	E - UTRAN S1 层 1
TS 36.412	E - UTRAN S1 层信令传输

规范编号	规范名称
TS 36.413	E-UTRAN S1 层协议规范
TS 36.414	E-UTRAN S1 层数据传输
TS 36.420	E-UTRAN X2 总体方面和原理
TS 36.421	E-UTRAN X2 层 1
TS 36.422	E-UTRAN X2 层信令传输

3）关键技术

（1）超远距离上行接入技术。在 LTE 协议中规定的接入前导（preamble）如表 4-4 所示，其中，格式 4 仅对 TDD 有效，T_{CP} 为循环前缀长度，T_{SEQ} 为前导序列长度，T_{GT} 为保护间隔长度。保护间隔长度（T_{GT}）直接影响了最大的小区覆盖半径，目前 3GPP 协议能够支持的最大半径为 100 km，因此为了增大小区覆盖，需对前导格式做调整。

表 4-4 五种不同的前导格式

配置	T_{CP}/Ts	T_{SEQ}/Ts	T_{GT}/Ts	对应的小区半径/km
格式 0	3 168	24 576	2 976	14.5
格式 1	21 024	24 576	15 840	77
格式 2	6 240	2×24 576	6 048	30
格式 3	21 024	2×24 576	21 984	100
格式 4	448	4 096	614	3

通过表 4-4 可以看出，现有 LTE 体制下最大支持小区半径为 100 km，上行接入前导为格式 3。

LTE 物理层上行采用了同步混合自动重传请求（hybird automatic repeat request，HARQ）机制，即只能在固定子帧间隔的子帧上发送重传数据；而下行 HARQ 为异步 HARQ，即基站侧每次调度的时候明确告诉终端侧使用的 HARQ 进程号，所以重传数据时可以灵活调度。在 HARQ 实现过程中对时序有严格的要求。

为满足 200 km 的覆盖，需要在现有发送时间的基准上提前发送前导序列，以达到更远距离的覆盖。通过计算可知，为增加 100 km 的覆盖，前导序列发送应至少提前 0.33 ms。

（2）多普勒频偏跟踪补偿。

飞机覆盖场景对 LTE 系统性能影响最大的效应是多普勒效应。接收到的信号的波长因为信号源和接收机的相对运动而产生变化，称为多普勒效应。在移动通信系统中，特别是高速场景下，这种效应尤其明显，多普勒效应所引起的附加频移称为多普勒频移。飞机移动的速度越快（600～1 200 km/h），多普勒效应越明显，因此必须解决多普勒频偏问题。频偏跟踪能力是频偏解决能力的一项重要指标，通过采用高速频偏估计算法，能够精确地估计出多普勒频偏的变化趋势。通过采用高速频偏估计算法，不仅能够解决大频偏的估计方法，而且能够提供高精度的频偏估计值。

自适应频偏跟踪及补偿算法能在基带层面实时地检测出当前子帧频率偏移的相关信息，然后对频偏造成的基带信号相位偏移予以校正，提升基带性解调能。具体实现方法是基站根据接收到的上行信号，估算出其频偏值，并按照算法进行相应补偿；同样地，终端对接收到的物理下行共享信道（physical downlink shared channel，PDSCH）进行频偏估计，在其接收基带进行相应的频偏补偿。

频偏跟踪能力是频偏解决能力的一项重要指标，通过采用自适应高速频偏跟踪算法，能够精确地估计出多普勒频偏的变化趋势。在飞机移动速度为 1 200 km/h 时，通过采用航线专用高速频偏估计算法，频偏估计误差在 ±20 Hz 间波动，能够保证最高调制方式下的误差在容差范围之内。

（3）超级小区及高速小区切换策略。

考虑到航线长度长、宽度大（航线宽度一般至少 10 km）、容量低的场景，可以采用超级小区来进行组网，以降低成本，缓解小区间干扰。超级小区相当于一个普通小区,配置是由多个传统的一组相邻小区(cell portion, CP)组成。多个 CP 在逻辑上还是属于同一个小区的,共享共同的小区无线资源。整个超级小区下,所有 CP 发出的 cell ID、循环前缀长度、主辅同步信号、调频序列和下行信道估计/解调参考信号(CRS/DMRS)序列都是相同的,但 PDSCH 和物理下行控制信道(physical downlink control channel, PDCCH)可能不同。每个 CP,具备下行独立的基带发送单元,上行独立的基带测量单元物理上行共享信道(physical uplink shared channel, PUSCH)的能量测量在各个 CP 独立进行测量。每个 CP 对应独立的 RRU,相当于普通小区模式下物理层的物理小区,但 PUSCH 和物理上行控制信道(physical uplink shared channel, PUCCH)的解调在多个 CP 进行合并,以降低干扰,提升解调性能。在超级小区面组网方案中,LTE eNodeB 采用一个基带板支持一个超级小区(一个超级小区拥有一个 cell ID),该超级小区由三个 CP 组成。采用三个 RRU 覆盖三个扇区来分别支持一个超级小区的三个 CP,如图 4-32 所示,三个 CP 分别对应一个逻辑的

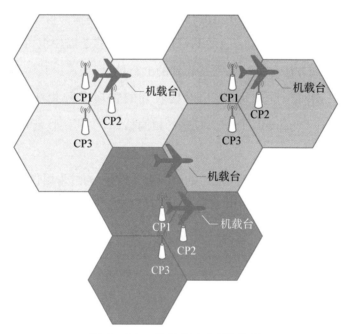

图 4-32　航线面组网覆盖图

超级小区。上行在基带数据处理时,合并各 CP 接收到的数据。下行采用对不同的 CP 加不同的时延值方式来进行发射,以解决在抱杆附近(多个 RRU 的交叠区)下行解调性能剧烈波动的问题。采用超级小区技术之后,在超级小区的三个 CP 的交界处,由于同属一个逻辑小区,因此更有利于飞机的平稳通信。

在飞机高速飞行的场景下,如果切换重叠区设置不合理,那么就很容易出现脱网、小区选择失败等网络问题。因此必须考虑切换重叠区的设置以及高速切换策略,使飞机上的机载台能够顺利地进行无缝切换,保证业务的连续性和稳定性。

4.8 应急撤离信号系统

4.8.1 概述

应急撤离是指飞机或机上发生严重紧急情况时,机组所采取的保证机上人员安全或减少机上人员受伤害的措施。如军用飞机在发生紧急状况时,飞行员可通过弹射救生的办法逃生,而民机的应急撤离只能采取迫降的办法,在飞机迫降成功后,最重要的是快速将旅客从机上撤离到地面安全地方。

按照 CAAR‐25.803(C)的规定:对客座量大于 44 座的飞机,必须表明其最大乘坐量的乘员能在 90 s 内在模拟的应急情况下从飞机撤离至地面,该乘坐量包括申请合格审定的中国民用航空局有关营运规定所要求的机组成员人数在内。也就是说当飞机出现应急情况时,必须把应急撤离的决定迅速传达到每一个人员,这对逃生的成功至关重要。因此,与应急撤离相关的应急撤离信号系统(evacuation signal system,EVACSS)一直以来都是民机安全性研究的重要方向。

EVACSS 可以作为机上独立系统,也可与客舱系统、通信系统集成。本节主要介绍作为机上独立系统的 EVACSS。

4.8.2 系统简介

EVACSS 是在飞行机组和乘务组之间建立应急撤离快速、简洁的联络通道,在飞机需要进行应急撤离时,能够简洁、快速地在飞行机组和乘务组之间进行信息沟通,执行应急撤离部署的信号系统。

系统能通过简单、快捷的按键、旋钮、灯光及声响等设备快速地完成信息沟通和应急撤离命令下达的功能,缩短应急撤离执行过程中机组之间的沟通流程,为在危险情况下机上旅客的尽快撤离赢得时间。

4.8.3 系统组成和功能

4.8.3.1 系统组成

EVACSS 由 4 部分组成:驾驶舱应急撤离(evacuation,EVAC)控制板、驾驶舱 EVAC 蜂鸣器及支架、前服务区 EVAC 单元和后服务区 EVAC 单元。

系统方案组成原理框图如图 4-33 所示。

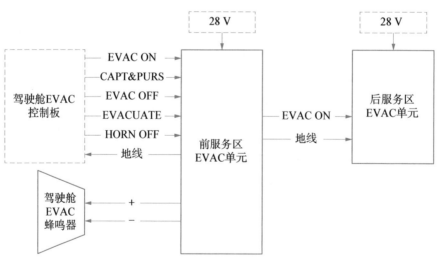

图 4-33   应急撤离信号系统原理框图

4.8.3.2 系统功能

EVACSS 功能如下:应急撤离信号的发布,应急撤离的灯光、声响指示,应急撤离的声响抑制。

EVACSS 各单元功能如下所述。

（1）驾驶舱 EVAC 控制板功能：发布应急撤离命令，应急撤离权限的分配，对客舱应急撤离申请的处置，对各种应急撤离情况进行灯光、信息和音响警告动作，音响警告的抑制，EVAC 指示灯测试。

（2）前服务区 EVAC 单元功能：对各种应急撤离情况进行灯光、信息和音响警告动作，应急撤离的申请，应急撤离申请的撤销，授权情况下应急撤离指令的发布，音响警告的抑制。

（3）后服务区 EVAC 单元的功能：对各种应急撤离情况进行灯光和音响警告动作，音响警告的抑制。

4.8.3.3　工作原理

驾驶舱 EVAC 控制板工作原理如下所述。

（1）EVAC 旋钮开关。驾驶舱 EVAC 控制板外形图如图 4-34 所示。

图 4-34　驾驶舱 EVAC 控制板外形图

EVAC 旋钮开关的功能如表 4-5 所示。

表 4 - 5 EVAC 旋钮开关的功能

开关		部件		
		驾驶舱 EVAC 控制板	前服务区 EVAC 单元	后服务区 EVAC 单元
EVAC 旋钮开关 位置	OFF	驾驶舱禁止发布 应急撤离命令	无	无
		若前服务区乘务员 申请撤离,驾驶舱 根据情况确定是否 发布应急撤离还是 取消当前申请	前服务区乘务员通过按 压 EVAC COMMAND 开关,发出应急撤离 申请	无
	CAPT & PURS	授权给乘务长与 机长具有相同的 权利下令进行应 急撤离	EVAC COMMAND 开关 上的白色背景灯点亮,前 服务区乘务员通过 EVAC COMMAND 开关 发出应急撤离命令。 若发生应急撤离,乘务 员面板处应急撤离红 色 EVACUATE 指示 灯闪烁点亮,面板上的 蜂鸣器发出短促的报 警声	正常时无指示。 若发生应急撤离,乘务 员面板处应急撤离红色 EVACUATE 指示灯闪 烁点亮,面板上的蜂鸣 器发出短促的报警声
	ON	发布应急撤离,驾 驶舱面板上的红 色 EVAC 指示灯 闪烁点亮,同时扬 声器发出短促的 报警声	乘务员面板处应急撤 离红色 EVACUATE 指示灯闪烁点亮,面板 上的蜂鸣器发出短促 的报警声	乘务员面板处应急撤离 红色 EVACUATE 指示 灯闪烁点亮,面板上的 蜂鸣器发出短促的报 警声

（2）HORN OFF 开关。HORN OFF 开关主要有两种功能：

a. 抑制蜂鸣器声音。当发生应急撤离时,通过按压 HORN OFF 开关抑制扬声器报警声,但不能取消驾驶舱红色 EVAC 指示灯闪烁。

b. 取消前服务区应急撤离申请。当 EVAC 旋钮开关在 OFF 位置时,若前服务区乘务员申请应急撤离而驾驶舱认为不需要应急撤离,此时可以通过按压 HORN OFF 开关取消前服务区应急撤离申请,前服务区面板 EVAC COMMAND 开关上的白色背光灯熄灭。

1) 前服务区 EVAC 单元工作原理

前服务区 EVAC 单元由前服务区 EVAC 操作面板、前服务区 EVAC 乘务员显示面板组成。前服务区 EVAC 操作面板与前服务区 EVAC 乘务员显示面板集成在一起,总共有 2 个开关、1 个 EVACUATE 指示灯和 1 个蜂鸣器,2 个开关分别是 EVAC COMMAND 开关、HORN SHUTOFF 开关。

前服务区 EVAC 外形图如图 4 - 35 所示。

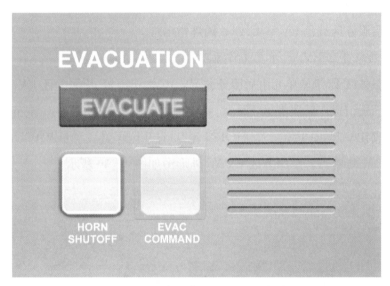

图 4 - 35　前服务区 EVAC 外形图

（1）EVAC COMMAND 开关。

a. 应急撤离申请。当驾驶舱 EVAC 旋钮开关在 OFF 位置时,前服务区乘务员可以通过按压 EVAC COMMAND 开关向驾驶舱发出应急撤离申请,此时前服务区 EVAC COMMAND 开关上的白色背景灯点亮闪烁一次,前、后服务区面板均无音响警告,EVACUATE 灯不亮。驾驶舱 EVAC 面板上的 EVAC 灯快速闪亮,头顶蜂鸣器报警 3 s 后自动停止。

b. 应急撤离发布。当驾驶舱 EVAC 旋钮开关在 CAPT&PURS 位置时,此时前服务区 EVAC COMMAND 开关上的白色背景灯点亮,表示驾驶舱已经授权。前服务区乘务员可以通过按压 EVAC COMMAND 开关发布应急撤离。此时,驾驶舱 EVAC 面板处应急撤离红色 EVAC 指示灯、前服务区、后服务区 EVAC 面板处 EVACUATE 指示灯闪烁点亮,面板上的蜂鸣器发出短促的报警声。

(2) HORN SHUTOFF 开关。HORN SHUTOFF 开关在应急撤离信号系统上电后一直点亮,为方便及时操作进行提示。当发生应急撤离时,通过按压前服务区面板上的 HORN SHUTOFF 开关,抑制前服务区报警声音,但不能消除前服务区红色 EVACUATE 闪烁指示灯。

2) 后服务区 EVAC 单元工作原理

后服务区 EVAC 单元由后服务区 EVAC 操作面板、后服务区 EVAC 乘务员显示面板组成。后服务区 EVAC 操作面板与后服务区 EVAC 乘务员显示面板集成在一起,总共有 1 个 HORN SHUTOFF 开关、1 个 EVACUATE 指示灯和 1 个蜂鸣器。后服务区 EVAC 外形图如图 4-36 所示。

图 4-36 后服务区 EVAC 外形图

HORN SHUTOFF 开关在应急撤离信号系统上电后一直点亮,为方便及时操作进行提示。当发生应急撤离时,通过按压后服务区面板上的 HORN

SHUTOFF 开关,抑制后服务区报警声音,但不能消除后服务区红色EVACUATE 闪烁指示灯。

4.8.4　系统的演变

(1) 国外研究状况。在 20 世纪 80 年代,世界上发生了 2 次严重空难。1983 年,加拿大航空(Air Canada)一架客机在美国辛辛那提紧急着陆后发现机舱内全部 46 名旅客中的半数已经丧生。两年后,英国空旅(British Airtours)一架飞机在英格兰曼彻斯特机场起飞失败后着火,虽然超过一半的舱门为疏散旅客打开了 2 min 以上,但 137 名旅客中仍有 55 人丧生。近期,中国民航也连续发生了多起机组组织撤离的事件,飞机在紧急情况下怎么成功疏散旅客成了一个严肃的话题。

美国从 1974 年开始由美国国家运输安全委员会(National Transportation Safety Board,NTSB)和 FAA 主持进行了很多关于应急撤离试验方面的研究,研究内容主要集中在客舱布置及撤离方案等方面,研究结果表明出口尺寸对撤离所需时间影响较大。

从 1980 年开始,英国民用航空管理局(CAA)委托克兰菲尔德大学(Cranfield University)对应急撤离中人员属性以及客舱布置等因素进行研究,结果表明Ⅲ型应急出口打开时间的减少对撤离性能有很大的影响;高效的撤离需要直线过道布置和良好的内部/外部照明条件;乘务人员的指导对提高撤离效率也有显著的影响。国外主流飞机(空客 A320、波音 777 等)均装有应急撤离信号系统。

(2) 国内状况。随着我国大型飞机的研制和首飞成功,应急撤离信号系统也开始研制,并已完成研制,安装在飞机客舱中,成为首个装机产品。因此对应急撤离信号系统的研究既有重要的理论意义,也有重大的工程实用价值。

4.9 民机客舱系统的发展趋势

4.9.1 客舱核心系统的发展趋势

大型客机的客舱系统主要由客舱核心系统、机载娱乐系统以及外部通信系统3部分组成,主要提供旅客广播、客舱内话、旅客呼叫以及综合化的客舱管理功能,为旅客提供多样的娱乐和通信服务。

客舱核心系统作为客舱系统的重要组成部分,由客舱广播、内话子系统和客舱管理子系统组成,能够提供旅客广播、客舱内话、呼叫、客舱综合管理控制、自检维护等功能,起到了支撑客舱系统主干网络的作用。

经历了分立式和综合式客舱核心系统后,在综合式航电发展驱动下,客舱核心系统在快速发展的进程中展现出众多新特点。

(1)综合模块化结构。

民机已经大量地采用 IMA 系统,采用集群计算机的概念,依据民机航电系统的功能,可将集群系统分为5类。

a. 驾驶舱管理集群。包括飞行任务规划,显示管理,导航通信管理,飞行状态监控等。

b. 客舱管理集群。包括客舱娱乐,环境控制(温度、压力、湿度),照明系统控制等。

c. 能源管理集群。包括电源管理,液压系统管理,辅助动力单元控制等。

d. 设备管理集群。包括起落架,燃油,防冰系统,转向系统,防火系统,水处理系统等。

e. 飞行控制集群。包括自动飞行控制系统。

模块化是实现航空电子系统重构的基础,也是未来客舱核心系统的必然发展趋势。在客舱核心系统对综合化程度要求越来越高的情况下,模块化结构的出现使庞大而复杂的客舱核心系统得到简化。当前以功能区分子系统的任务处理方式的客舱核心系统容错性和重构能力弱,而高度模块化很好地解决了这些问题。软件的动态加载可以实现任务动态实时分配,通过可更换模块实现系统的重构功能和容错性。

(2) 开放式系统结构。开放式系统结构是一种按层次划分的系统结构,是由开放系统接口标准定义的一个结构框架。其实现包含两个关键元素:一是组件封装,即将一个功能组件同系统其他部分隔离开来;二是标准接口,即采用明确的、广泛采用的接口与协议控制组件间的信息交互,将各组件整合为一个系统。

实现开放式系统结构的关键是要制定和贯彻各种标准接口,使不同的产品研制、生产单位都遵循相同的标准和规范。对于硬件而言,应采用标准模块机械接口、标准电气特性、标准化的数据总线接口、标准并行/底板总线特性、标准模拟和离散信号接口等;对于软件而言,需要对软件按层次划分,各层次之间采用标准接口。采用开放式系统结构使得能够独立地对系统中的各个部件进行研发、维护和改进升级,而不用担心影响到系统中的其他部件,因此能大大降低航空电子系统的研发和维护成本。

(3) 采用高速数据总线。机载高速数据总线是新一代综合航空电子系统的关键技术之一,它直接决定了综合航空电子系统集成化程度的高低。传统的机载总线架构面临着布线复杂、重量过重、维护及改型困难等缺点。AFDX 的出现克服了这些缺点,成为目前主流大型民机航空电子网络的互联基础,在研制大型民机 IMA 系统时可以参考或直接选用。

(4) 采用测试性设计和 PHM 技术的自主保障方式。模块化组成方式为采用测试性设计、测试性方法和技术构造嵌入式测试性系统创造了条件。在嵌入式测试性系统的硬件基础上,运用先进的故障诊断与预测技术,对客舱核心系统进行故障预测与健康管理(PHM)是未来提高客舱核心系统可靠性和维修性的重要技术手段。

随着综合航电设备可测性水平的提高和 PHM 技术的引入，传统的维修方式将向视情维修方式转变。PHM 技术通过状态监控，采用不同的预测方法，针对不同的预测需求，提供包括剩余有用寿命(RUL)、故障率、损伤速度、损伤趋势等不同的预测结果。PHM 技术的引入保证了在组件故障发展为系统级、灾难性故障之前可提前预警，并通过与后勤保障系统交联，提供优化的维修管理决策。基于 PHM 技术的视情维修方式可以在准确的时间对准确的部件进行准确的维修，有效提高系统的可用性，减少保障费用。

4.9.2　机载娱乐系统的发展趋势

1921 年，飞机上首次出现了娱乐的概念，为旅客放映了荧幕式电影。1932年，飞机上首次放置了电视机，而真正提出 IFES 的概念是在 1936 年，兴登堡(Hindenburg)航空公司在一次远程跨洋航线上为旅客提供了电影、钢琴、酒吧等娱乐设施。IFES 的正式出现是在 1985 年，航空公司在机舱内投入音响设备，旅客只需戴上耳机就能收听到 IFES 播放的音乐。随着视频技术的不断发展，航空公司萌发了将视频带入飞机的想法。20 世纪 90 年代，将视频加入IFES 的想法得到了实现，航空公司将固定式视频播放设备安装到了机舱中，可以为旅客提供统一的播放视频，IFES 从单一的音频播放发展到音视频一体化阶段。随着科学技术的发展，触屏点播技术开始普及，航空公司用触屏点播技术替代了固定视频播放系统，旅客可以按照自己的意愿进行选择性的播放，第一次为旅客提供了个性化的互动娱乐方式。随着旅客对 IFES 的肯定，越来越多的航空公司将 IFES 安装到机舱中，以帮助旅客打发无聊的飞行时间，提升航空公司的服务水平。

民机客舱系统最主要的目的是服务旅客，使旅客在飞机上得到最舒适的服务，所以在系统功能设计上做了以下的考虑。

(1) 飞机上每个座位上都配有服务呼叫按钮(或者是触摸液晶屏)，有不同的功能，当有服务需要时，旅客可以根据需要选择不同的按钮(或者触摸键)，并具有确认呼叫收到的功能。

（2）每个座位前方都有一个触摸式液晶显示屏，其显示有各种功能选择，旅客可以根据需要选择不同的娱乐项目，其中包括简单办公软件、多个卫星电视频道、多个广播频道、无线上网、多部新老电影、中外歌曲精选、室-室聊天和游戏的局域网娱乐、各类小游戏及 3D 游戏、世界知识大全、机舱设备详单及使用说明、飞机信息展示。

（3）由于在飞机起飞和降落时，旅客需将手机关掉以免发生信号干扰，因此客舱内提供电话通用系统管理（general system management，GSM）和短信业务（short message service，SMS）服务，方便旅客和外界联系。

（4）每个座椅上都配有 USB 接口，方便旅客将使用办公软件做的工作带下飞机。

（5）每个座椅上都配有电脑连接线，使旅客可使用笔记本电脑和娱乐系统连接，在笔记本电脑上娱乐、上网。

（6）在飞机平稳飞行时，旅客可以使用笔记本电脑无线连接互联网，方便旅客在网上娱乐和办公。

机载娱乐系统使旅客在优良的服务和舒适的环境中度过漫长的旅程，让旅客尽量享受惬意的空中生活。

每个座位上都有触摸式服务呼叫器，这是一个触摸式液晶显示屏，显示有不同的选项，旅客可根据不同的需要触摸选择服务，飞机服务人员可以根据旅客的不同需要准备服务工具，方便了服务人员和旅客的沟通，节省了服务时间，有效地提高了服务质量。

（1）餐饮服务。当有旅客选择"餐饮服务"时，液晶屏显示至少三种选择：食物、饮料、套餐，甚至更多选择，旅客可根据自己的需要选择其中一项。当选择"食物"后，液晶屏显示飞机上现有的食物，旅客可根据需要选择，选择完毕后，屏幕上会显示旅客的选择，点击"确定"后，呼叫信息会发送到乘务员处，乘务员将按照旅客的需要提供相应的餐饮服务；点击"取消"后，则取消旅客选择的餐饮服务,在乘务员处不显示服务呼叫。其他选择类似,当旅客选择完毕后,乘务员可以在相应的液晶显示屏上清楚地看到需要相应餐饮服务的旅客的具体座位,他们会在第一时间将旅客所需要的餐饮送到旅客面前。这节省了时间,方便了旅客和乘务员。

(2)医疗服务。当有旅客按下"医疗服务"按钮时,乘务员可在相应的液晶显示屏上清楚地看到需要医疗服务的旅客的具体座位,他们会在第一时间赶到旅客身边。如果是比较小的问题,医疗箱即可以解决问题,节省了治疗时间;如果是比较大的问题,乘务员可通过飞机上的远程通信设施进行远程求助。

(3)设备使用帮助服务。虽然每个座位上都会有一本触摸液晶显示屏的操作使用说明书,但有的旅客可能依然有很多问题,这样"设备使用帮助服务"选项就可使旅客呼叫乘务员,询问相关使用方法。

(4)其他服务。除了上述3种服务外,旅客可能还有其他我们暂时没有想到的需要,那么旅客可按"其他服务"按钮,乘务员收到呼叫后,会来到旅客身边询问其问题,以便及时给予解决。

(5)语音呼叫。在服务呼叫系统设备上会有一个小型的麦克风,当旅客选择"语音呼叫"后,乘务员会用语音设备询问旅客有何需求,旅客便可在座位上说出自己的需求,乘务员便会很快地为旅客提供相应的服务。

(6)乘务员呼叫回应功能。在乘务员看到的液晶屏下方有一个"确认收到呼叫"按钮,在乘务员收到旅客的帮助呼叫后,按下"确认收到呼叫"按钮,则会有语音提示旅客:乘务员已收到其呼叫,请在座位上耐心等待,无须再连续按呼叫请求。

每个座位前方都会有一个触摸式液晶显示屏的娱乐系统,其具有非常完善的娱乐功能,在屏上有显示一些选项,旅客可根据自己的需要选择不同的选项。在每个座位上都配有耳机,旅客娱乐时可将耳机戴上,以防影响其他人娱乐或休息。耳机可以调节音量大小,当广播有事情提示时,在耳机里也能听见广播的提示,无须摘掉耳机中断娱乐。在座椅上安装有 USB 接口、交流插座和笔记本电脑接口,方便旅客使用笔记本电脑。

在触摸式液晶屏上,系统初步定有以下功能。

(1) 娱乐世界。

娱乐世界包括:

a. 卫星电视。提供多频道卫星服务,方便旅客随时看到最新的电视节目。在屏上会另有一些选项,如上一频道、下一频道、回到主菜单、退出等,旅客可根据自己的需要进行功能选择,音量的大小则在耳机上进行调节。

b. 局域网娱乐。具有实现座与座间聊天室的功能,使不同机舱的旅客可以进行交谈,也可使不同机舱的旅客一起玩对战型游戏,旅客可以连接局域网或使用无线局域网卡;也会有一些信息,如新闻中心、股市行情、体育报道、理财赢家、汽车周刊、健康看点、影视动态,方便不同的旅客快速链接到他们想要了解的内容。

c. 电影世界。拥有较大的娱乐数据库存储容量,存有多部新老电影供不同的旅客选择,并具有更新功能,高清晰的液晶屏给旅客视觉上的享受。

d. 音乐天地。拥有更多乐曲,可查询、添加到个人收藏夹(方便下机前复制到个人计算机中),并有连续播放功能。

e. 收音机。可接收各个频率的广播节目,即使同一时间调频接收也不会发生冲突。

f. 曲艺杂谈。其中包括有相声、小品、杂技等曲艺节目,使旅客享受曲艺的乐趣。

g. 游戏乐园。有连连看之类的小游戏,又有 3D 游戏,给喜欢玩游戏的旅客提供方便,还可对游戏进行更新。

(2) 知识海洋。

知识海洋包括:

a. 目的地知识。提供飞机到达目的地的一些风土人情、旅游地图、旅游线路推荐、饭店和宾馆信息等基本信息,为旅客到此处旅游观光提供第一手资料。

b. 飞机小知识。方便旅客更多地了解飞机的构造和飞机上很多设施的用处，还可教旅客遇见一些突发事件应该如何应对。

c. 世界各地小知识。包括世界各地的风土人情、地理常识、宗教信仰等方面，给喜欢看小知识的旅客提供了良好平台。

（3）办公专区。提供 Office 软件等一些基本办公软件，座椅内会有一个小型抽拉式键盘或者写字板，使旅客可以在飞机上完成办公事务，并提供 USB 接口，旅客可将在飞机上完成的工作带走。

（4）客舱设备清单。使旅客更清楚地了解客舱设置的具体位置和使用说明。

（5）飞行信息。在飞机的尾翼和机身上分别安装了多个摄像头，旅客可以通过液晶屏看到飞机的外部环境，这要比在窗边看到的景色更加美丽，特别是在飞机起飞和降落的时候，更使旅客有飞行员的感觉，产生身临其境的体会。

因为旅客在飞机起飞和降落时都需将其手机关闭，以免在飞行过程中发生信号干扰，影响飞机正常飞行，所以每个座椅上都配有移动电话，旅客将自己手机里面的 GSM 或 SMS 卡放入其中，便可读出卡中联系人的电话，使旅客在飞机上也可以和外界沟通和交流，方便旅客处理个人事务。

旅客在飞机平稳飞行时，可使用自己的笔记本或娱乐系统进行无线连接互联网。座椅上提供有交流电源，旅客可使用自己的笔记本娱乐和办公。

机载娱乐系统的发展以客户需求为牵引，形成了可灵活配置的构型选择，并提供了供客舱通告、点餐、呼叫乘务员、音视频点播、互动娱乐、观看移动地图、机上购物、机上社交网络、互联网连接、个人电子设备充电等多种多样的服务。未来的 IFES 可直接向旅客的手提电脑、平板电脑和智能手机传送内容，便于旅客从自己的手持设备中挑选想要的内容。

4.9.2.1 音视频点播功能

旅客在飞机上可以享受家庭影院，飞机上的影片库中存放了海量的电影和电视剧资源，包括最新上映的或比较经典的电影以及受大家追捧的连续剧等。

航空公司可以收集旅客意见,定期更换影片库中的影片,以满足旅客随时变化的需求。航空公司还可以通过 IFE 向旅客播放事先录制好的广告词和宣传短片,起到一定的宣传作用。通过驾驶舱的视频系统还可以实现机组人员和旅客的直接交流,让旅客与机组人员的沟通更加容易和及时,进一步提升了航空公司的服务品质。

4.9.2.2　机载无线功能

机载 WiFi 系统上网方式由局域网和互联网组成,旅客可以使用移动终端连接机载 WiFi 系统,登录后可以观看局域网系统自带的影视类节目、阅读钟爱的书籍、收听悦耳的音乐,开展游戏娱乐、地理定位、机上购物等活动,同时还可通过互联网进行微信、QQ 聊天及浏览时事新闻等。

4.9.2.3　旅客电子设备充电功能

旅客随身携带的手持设备以无线信号的方式与飞机上 IFES 相连接,替代了原有的 IFE 客户终端,但是为了满足旅客长时间的使用需求,IFES 可以通过电源控制单元、座椅电源盒、电源插座模块等设备为旅客的便携式电子设备提供供电服务。

4.9.2.4　娱乐互动选项

IFES 中为旅客提供了各种游戏、电子书籍、报纸以及杂志等,旅客若有需要可以通过随身携带的设备 WiFi 连接客舱的无线网络,在应用软件中找到自己需要的娱乐项目,下载对应的软件,即可打开阅读。为了更加方便地为旅客提供服务,旅客还可以通过 IFES 呼叫乘务员进行点餐服务。

4.9.2.5　地理定位

所谓地理定位服务是指旅客可以随时查看所乘飞机的飞行状态、飞行路线等信息,因为这种新型的 IFES 与飞机飞行中的飞行数据加载器(flight data loader,FDL)以及前乘务员面板(FAP)实现互相交互、互相调用,能够根据旅客的指令调用飞机的飞行相关数据,帮旅客预算出飞机抵达目的地的实时时间等信息。

4.9.2.6　机上购物

机上购物指通过 IFE 提供的网址购买到旅客心仪的商品。旅客在使用这种功能时,先要将自己的移动设备和 IFES 相连,登录进入 IFE 中事先存储的网址。在这些网站中,旅客可以浏览到各种免税的商品,也可以根据自己的需求进行搜索,若遇到自己中意的产品可以直接通过空中无线网络下单购买。在购买的过程中,若该产品处于缺货状态,旅客只要输入自己的常用旅客会员号,那么下次该旅客再次乘坐飞机时,IFE 会自动跳出是否需要购买的提醒,非常贴心方便。旅客在体验这种全新购物模式的同时,还能买到自己需要的免税产品。

4.9.2.7　机上社交网络

社交网络已经成为人们生活中不可缺少的一部分,无时无刻、随时随地都在进行着,在飞机上也不例外。虽然飞机上的旅客来自不同的地方,互不相识,但他们之间有一个共同点,就是同时前往同一个目的地。在这种情况下,机上社交网络显得非常有必要,IFE 为旅客提供了一个交友平台,旅客可以通过这个功能进行在线交流,IFES 可以通过社交媒体资料对交流旅客进行筛选。

4.9.2.8　互联网连接服务

IFE 有两个特别强大的功能,分别是无线网络和高速通信功能。这两大功能的互相运用可以实现强大的空中电子商务服务。

科技发展正在深刻地改变着航空业的现在和未来,随着现代网络的高速发展及智能手机和无线手持设备 PAD 的广泛使用,人们越来越依赖无线网络的便利性和娱乐性,无线上网已经成为人们生活消遣的主要途径。传统的 IFES 越来越不能满足旅客需求,国内航空公司也意识到高品质的 IFES 已经成为吸引旅客的重要因素。IFES 的发展经历了个人音响播放系统、固定式视频播放系统、音视频一体化点播系统和无线娱乐系统四个日益完善的阶段。随着电子和通信技术的快速发展,未来 IFES 将逐步向服务多样化、高宽带的智能客舱方向发展。

（1）无线化。随着无线传输技术的不断发展和进步，电磁兼容问题的解决，未来 IFES 将逐渐实现无线的网络，可大大减少系统安装部件数量、座椅布线重量和客舱集成的工作量。

（2）高宽带。未来 IFES 还将具备高速通信功能，运用高速卫星通信技术快速发送文本和邮件、浏览新闻网站，为旅客提供机上/落地之间的不间断网络，让旅客的体验更加完善。

（3）综合化。随着电子技术的发展，客舱原有的设备，如旅客音频控制功能、旅客呼叫服务、阅读灯控制功能均可以集成在椅背显示器上，从而减少原有设备的安装数量，减轻娱乐系统的重量，为航空公司带来更高的收益。客舱管理系统、机载娱乐系统、机载 WiFi 系统和外部通信系统之间的综合集成度也越来越高。

（4）智能化。IFES 将可提供多人互动游戏、电子书籍、数字报纸及杂志、机上购物等各种服务。旅客可使用手持设备通过客舱无线网络便捷地获取机上服务。机组人员也可以通过客舱终端设备对客舱服务进行智能化管理，减少机组的工作量。

4.10　小结

航空器发展到今天，人类已经不再满足仅仅将其作为一种方便快捷、安全可靠的旅行工具。如果说，当年"协和"号客机的问世，极大地满足人类对旅行速度需求的话，那么未来航空器则还要更大程度地实现空中生活和地面生活的无缝链接，即在保持飞行器原有飞行工具的特质外，还要让旅客在客舱里有更贴近于家或办公室的感受，不会因出行而影响生活和工作。日益加剧的市场竞争、不断提高的旅客空中旅行品位，以及快速发展的互联网技术和各项相关技术，使飞机制造商更加关注客舱设计技术的创新，这一领域的发展在未来将会越来越绚烂多彩。客舱系统是民机的重要组成部分，该系统直接面向旅客，其质量、性能的好坏在很大程度上决定了旅客的飞行体验，是体现现代先进飞机竞争力的一个重要方面。

本章介绍了民机客舱系统的主要组成部分，对客舱系统中的核心系统、机载娱乐系统、音视频点播、机载无线、旅客电子充电、互动娱乐、地理定位、机上购物、机上社交、互联网连接等进行了简要介绍。介绍了民机一体化客舱系统和分立式客舱系统的典型架构，并总结了两种典型系统架构的主要特点。同时，本章研究了客舱核心系统的典型架构、组成和设计等；介绍了舱内无线通信系统和空地无线通信的组成；分析了机载娱乐系统的主要组成及相应功能；介绍了应急撤离信号系统主要组成及相应功能。

通过采纳更多的尖端技术，客舱系统为乘务组提供一个操作更加便捷、清晰的综合化的管理平台，也为旅客营造一种更加轻松、舒适的客舱环境。

5

机载信息系统的安保技术与服务技术

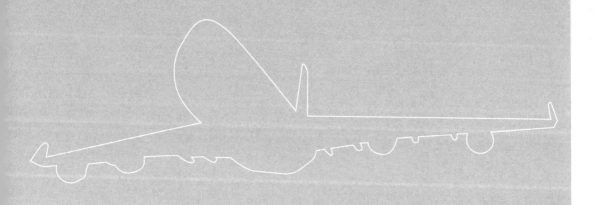

5.1 机载信息系统安保技术

5.1.1 概述

5.1.1.1 机载信息系统安保环境

随着信息技术在民机航空电子系统中的应用越来越广泛,空地一体化、信息共享等概念将不再遥不可及,这也为各利益相关方带来了巨大的便利,但在享受便利的同时,也需要承担其带来的信息安全风险。传统的航空电子系统通常使用专用的软件/硬件,其外部环境相对来说较为封闭,来自外部的威胁对其影响不大,主要通过考虑设备自身的可靠性即可保证飞机的安全。而当前开放式信息技术的应用则不仅需要考虑功能本身的可靠性,而且还需要考虑机载设备面临的来自人为操作的威胁。前者保证功能本身的失效不会影响到飞机安全,后者保证诸如非法访问、泄漏、破坏、篡改数据或数据接口等人为风险不会影响到飞机安全。

机载信息系统包括地面网络部分和飞机网络部分。地面网络部分包括机场网络、航空公司网络、互联网络、机场无线子系统和航空公司数据加卸载子系统等,其中机场网络、航空公司和互联网络提供基本的网络、信息和安全服务。互联网络用来连接机场网络和航空公司网络,由网络服务供应商提供,可以是 Intranet、专线或 Internet。机场无线子系统提供机场的无线能力。航空公司数据加卸载子系统提供基于以太网的数据加卸载功能,包括维护人员的维护设备。飞机网络部分包括飞机网络、飞机无线子系统和飞机数据加卸载子系统等部分。其中飞机网络提供基本的网络、信息和安全服务;飞机无线子系统提供飞机的无线连接能力;数据加卸载子系统提供基于以太网的数据加卸载功能。数据在传输过程中应保证其加密性,采用的加密机制安全可靠。同时,飞机网络和地面网络要提供一些基本的安全措施,如公钥基础设施、防火墙、防病毒系统等。

机载信息安保技术,它既需要利用传统的互联网信息安全经验和技术,也需要考虑在机载环境下特殊的信息安保要求,需要同时掌握和融合多个专业的综合性能力。

飞机网络的安保问题可以广泛地分为两种类型:外部和内部。外部安保问题主要是指飞机网络和地面站之间的外部连接,以及用来提供支持的协议。飞机网络可通过卫星链路或机场无线网络连接到地面网络。当飞机在空中时,机载信息系统可以通过卫星链路来与地面站建立连接。如果飞机在机场蜂窝网络或无线接入点的范围内,那么也可以通过无线网络连接到外部世界。每种链接方式都有相应的安保考虑。例如对于卫星链接的 IP 协议不是很安全,建议使用加密算法来保护数据[如因特网协议安全(Internet protocol security,IPSec)加密]。同样的,无线网络也存在安保威胁,而有线等效保密协议(wired equivalent privacy,WEP)是在无线网络中最广泛使用的安保机制。与外部威胁相比,更多安保威胁还是来自飞机内部。对于存在的旅客设备接入网络而言,控制网络可能会受到旅客网络的攻击,如拒绝服务攻击或非法访问。任何控制网络的安保破坏都可能对飞行安全造成严重的后果。

目前先进飞机广泛使用的机载信息系统主要面临来自传统互联网技术和无线局域网技术的安全威胁。传统互联网技术的安全威胁包括木马、病毒、拒绝服务攻击等。传统无线局域网技术的安全威胁,第一是电磁干扰,由于无线通信通过电磁波传输,因此一个简单的干扰机就能够让无线通信不能正常进行。第二,由于无线局域网技术发展的时间较短,因此还处在不断修订的过程中,在安全机制上还尚待完善。目前无线局域网技术的主要威胁有如下几个。

(1) 媒体接入控制:以太网通信需要使用网络接口卡,当无线设备接入无线网络时,一般使用网络接口卡的媒体访问控制(media access control,MAC)地址进行接入验证,而 MAC 地址很容易被伪造。

(2) Ad‐Hoc 模式和 Infrastructure 模式:Infrastructure 模式是传统的无

线实现技术,所有无线接入设备的通信都使用无线服务提供者所提供的无线接入点(access point,AP)进行中转。Ad‑Hoc 又称为"点对点"无线技术,支持 Ad‑Hoc 模式的无线接入设备本身可以扮演一个 AP 的角色,这将彻底破坏原有网络的安全策略。

(3)拒绝服务或退化服务:由于 IEEE 802.11 协议的管理与控制信息不需要验证,因此较易受到拒绝服务的攻击。

(4)数据传输:无线局域网的通信是通过空中传输的,传输的数据在这个空间范围内可随意截获,工作在混杂模式的无线网卡就可实现。

利用 IT 行业的先进技术,航空系统采用货架产品技术和相关技术应用于空地系统。航空通信系统采用货架产品技术会有许多潜在的好处。但使用货架产品技术也加大了机载信息系统的安保风险,在机载信息系统中大量引入货架产品会导致的问题,如可激活自动运行、可从外设引导系统、可连接到互联网、没有安装防病毒软件、没有设置密码等。这些脆弱性可能被入侵者或某种病毒所利用。对于航空专用网络的安保问题,由于知悉范围有限,通常很难被攻破,但货架产品技术普遍使用在公共网络中,例如 Internet,其存在众所周知的脆弱性。民用航空应该谨慎地使用货架产品技术,在新威胁和攻击被发现之前就应该提供相关的脆弱性研究报告。例如,为了在未来机载信息系统中充分利用 IP 技术,应明确现存相关协议的安保问题,分析如何解决协议之间的通信安全问题。

5.1.1.2　机载信息安保国内外现状

1)国外安保现状

目前国外政府及组织已深刻认识到信息安全在航空电子系统中的重要地位,在与民机特定机型的安保方面不断加大投入。对部分机型相关机构提出了特定的安保措施。针对特殊型号飞机的信息安保要求,FAA 从 2012 年至 2014 年还制定了一系列专用条件。专用条件是针对提交进行型号合格审定的民用航空产品,由于该产品具有新颖或独特的设计特点,或是该产品的预期用途是非常规的,或是从使用中的类似产品的类似设计表明可能会产生不安全状况时,适航规章没有提供适当的或足够的安全要求,应由适航当局制定与办法相应的补充安全要求。专用条件应具有与适用的适航规章等效的安全水平。

针对波音新型飞机,FAA发布专用条件,使波音来识别和评估所有潜在的安保威胁和实施适当的措施来防止可能的脆弱性。波音新型飞机构型和网络架构允许使用来自外部网络资源、航空公司操作以及维护网络的链接,并能访问飞机控制域和航空公司信息域。以前这些域对于访问外部网络是非常受限的,而目前这些域与外界存在数据交互,因此需要制定特殊的条件来确保飞机系统的安保(即机密性、完整性和可用性),使其不受到未经授权的有线和无线电子连接的危害。

值得注意的是,FAA指出波音787系列飞机系统的架构是由电子设备和嵌入式软件连接的多个计算网络组成的。根据波音公司网络安保认证的领导恰克(皇家成员),飞机控制和旅客娱乐功能不能运行在相同的服务器上。根据FAA的专用条件,飞机主制造商进行架构设计,如波音787的设计是防止所有无意的或恶意的改变以及对系统、网络、软件/硬件和数据产生的所有不利的影响。

波音787飞机采用了大量新技术和新设计理念,FAA为保证飞机的使用安全水平,在该型号审定基础形成过程中,制定了与飞机信息安保技术有关的25-356-SC《系统和数据网络安保—隔离和防护未授权人员接近主系统》、25-357-SC《系统和数据网络安保—防护飞机系统和数据网络,防止未批准的外部进入》等专用条件。

类似的还有针对波音777系列飞机的25-504《保护飞机电子系统免于非授权的外部访问》。针对空客A350系列的25-13-20-SC《保护飞机电子系统免于非授权的内部访问》等。

欧美作为全球范围内最大的航空市场,在针对机载安保问题上,已成立大量相关的项目研发组织机构和课题组。表 5-1 为总结了相关产业机构和研究课题关于 IT 和网络安保的相关考虑以及对应的研究方向，详细描述如下。

表 5-1　总结相关产业机构关于 IT 和网络安保的相关考虑

工作组/课题	安保考虑
EUROCAE WG-72	安保指南的开发
EUROCAE WG-78	AeroMACS 安保
RTCA SG-216	安保适航
RTCA SG-223	AeroMACS 和网络安保
ATA JGG	安保活动的协调
ATA DSWG	PKI 互用性，最好的示例
AEEC NIS SG	IP 链接标准
AEEC DSEC SC	ACARS 安保，ATN 安保
ICAO ACP WG-I	IPSec 安保
ICAO ACP WG-M	维护安保
ICAO ACP WG-S	AeroMACS 安保
SESAR WP 14	SWIM 安保
SESAR WP 15	CNS 安保
SESAR WP 16	安保风险管理
NEXTGEN	ATN 和 SWIM 安保
EC ATAR WP 1	风险分析，安保需求
EC SANDRA	综合 IP 数据链路网络
EC NEWSKY	威胁分析，IP 安保
CEN TC 377	安保需求
ECAC	安保控制措施

(1) 民用航空设备欧洲机构(European Organization for Civil Aviation Equipment，EUROCAE)：EUROCAE 的航空信息系统安保(aeronautical information system security，AISS)工作组 72 提供了对于航空系统的指导方针和方法来解决安保问题。EUROCAE WG-72 目的不是提出有效的技术

安保方案,而是支持高综合电子系统和机上飞机的网络技术所使用的建议和指南。EUROCAE还研究在民机中的安全和安保的关系,即与飞机环境相关的现有的安全评估方法,包括整个框架的安保评估(即威胁性、脆弱性与攻击性)。

(2)航空无线电技术委员会(Radio Technical Commission for Aeronautics, RTCA):RTCA是一个非营利的组织,针对先进的航空技术与科学以及航空电子系统而成立。该组织行使联邦咨询委员会的职责,并对当代航空问题的提议达成一致的意见。EUROCAE WG‐72与RTCA SC‐216合作定义了航空网络安保的标准。还有一系列文件定义了飞机系统的安保保证和评估过程。

(3)美国航空运输协会(ATA):ATA创建了数字安保工作组(digital security working group, DSWG),提供了关于在数据链路安保中使用公钥基础设施(public key infrastructure, PKI)的建议和实践。

(4)联合协作组(joint coordination group, JCG):JCG是指为了保障商业空中运输的运行,协调所有计算机和网络安全活动。

(5)航空电子技术委员会(Airlines Electronic Engineering Committee, AEEC):ARINC机构提供了机上系统的标准和技术方案(如嵌入式网络、电子设备、机舱系统等),AEEC开发采用了ARINC标准。

(6)国际民航组织(International Civil Aeronautics Organization, ICAO):ICAO是航空通信数据链路的开发标准和建议。一共有四个工作组,其中WG‐I是跟安保概念最相关的。主要的目标就是开发在未来的ATN应用中使用IPSec的指南。IPSec安保是用来解决空地网络和地地通信的,如使用IPSec和密钥交换协议(Internet key exchange, IKE)。

(7)EUROCONTROL和FAA:EUROCONTROL和FAA都关注在单个欧洲空中交通管理研究(single European sky air traffic management research, SESAR)和下一代空中运输系统(next generation air transportation system, NextGen)的安保方面的问题。这覆盖了三个安保领域,即空域安保,

空中交通管理(air traffic management,ATM)安保标准以及通信导航监视(communication navigation surveillance,CNS)安保[如广播式自动相关监视(automatic dependent surveillance broadcast,ADS-B)安保,ATN 安保等]。NextGen 覆盖了几个安保方面,包括安保威胁检测、跟踪以及不同信息系统的综合安全。

(8) 欧洲委员会(European Commission,EC):EC 主要有三个主要研究课题,即 STAR[具体指场景(situation)、任务(task)、行动(action)、结果(result)],SANDRA,NEWSKY。这些课题是用来解决安保问题的,如综合通过单个数据链接的服务、IP 安保(如路由安保)、威胁分析或密钥管理。

(9) CEN TC 377:CEN TC 377 工作组是 ISO 27001 标准的延伸,适合于民用航空,主要描述了民用航空范围的信息安保管理系统的安保需求和措施。

(10) 欧洲民航会议(European Civil Aviation Conference,ECAC):ECAC 解决了在民用航空中的网络和 IT 安保,编写了安保控制措施。

上述部分的研究机构以及课题组迄今已发布了大量用于指导商用客机进行适航审定的规章、标准和咨询通告。国外飞机信息安全(安保)相关的标准规范如表 5-2 所示。

表 5-2   国外飞机信息安全(安保)相关标准

序号	标准编号	标 准 名 称	颁布日期
1	ARINC 811	商用飞机信息安保运营与过程框架的概念 (Commercial Aircraft Information Security Concepts of Operation and Process Framework)	2005 年
2	ARINC 664P5	飞机数据网络 (Aircraft Data Network)	2005 年
3	ARINC 615A	采用以太网接口的软件数据加载 (Software Data Loader Using Ethernet Interface)	2007 年
4	ARINC 823P1/P2	数据链路安保 (Data Link Security)	2007 年

序号	标准编号	标 准 名 称	颁布日期
5	ARINC 821	飞机网络服务系统功能定义 （Aircraft Network Server System Functional Definition）	2008 年
6	ARINC 667	外场可加载软件管理指南 （Guidance for the Management of Field Loadable Software）	2010 年
7	ARINC 835	采用数字签名的可加载软件安保指南 （Guidance for Security of Loadable Software Parts Using Digital Signatures）	2014 年
8	ARINC 842	数字认证的使用指南 （Guidance for Usage of Digital Certificates）	2014 年
9	RTCA DO - 326	适航安保过程规范 （Airworthiness Security Process Specification）	2010 年
10	RTCA DO - 326A	适航安保过程规范 （Airworthiness Security Process Specification）	2014 年
11	RTCA DO - 355	持续适航的信息安保指南 （Information Security Guidance for Continuing Airworthiness）	2014 年
12	RTCA DO - 356	适航安保方法和考虑 （Airworthiness Security Methods and Considerations）	2014 年
13	SAE ARP 4761	民用机载系统和设备的安全评估过程方法和指南 （Guidelines and Methods for Conducting the Safety Assessment Process on Civil Airborne Systems and Equipment）	1996 年
14	SAE ARP 4754A	民机和系统开发指南 （Guidelines for Development of Civil Aircraft and Systems）	2010 年
15	SAE ARP 5150	商用服务运输类飞机的安全评估 （Safety Assessment of Transport Airplanes in Commercial Service）	2003 年
16	FAA Order 8900	飞机网络安保过程 （Aircraft Network Security Program，ANSP）	2012 年

（续表）

序号	标准编号	标 准 名 称	颁布日期
17	ATA Spec 42	数字信息安保航空工业标准 （Aviation Industry Standards for Digital Information Security）	2008 年
18	AMC 20 - 25	电子飞行包的适航和审定考虑 （Airworthiness and Operational Approval Considerations for Electronic Flight Bags）	2006 年
19	AC 20 - 156	航空数据总线保证 （Aviation Databus Assurance）	2006 年
20	ISO/IEC 27001	信息技术-安保技术-信息安保管理系统需求 （Information Technology-Security Techniques-Information Security Management System Requirements）	2005 年
21	ISO/IEC 27002	信息技术-安保技术-信息安保管理实践代码 （Information Technology-Security Techniques-Code of Practice for Information Security Management）	2008 年
22	ISO/IEC 27005	信息技术-安保技术-信息安保风险管理 （Information Technology-Security Techniques-Information Security Risk Management）	2008 年
23	ISO/IEC 27035	信息安保事件管理 （Information Security Incident Management）	2011 年
24	NIST SP 800 - 115	信息安保测试与评估技术指南 （Technical Guide for Information Security Testing and Assessment）	2008 年
25	NIST SP 800 - 82	工业控制系统安保指南 （Guide to Industrial Control Systems Security）	2011 年

由于起源于电子飞行包技术并涉及多网络互通互联技术的机载信息系统近年来才刚刚兴起，因此早年间与民机信息安保技术审查相关的标准和技术资料并不多。FAA 在其最早颁布的适航规章 14CFR 121.538 和 14CFR 129.25 中提到了"飞机安保"，在 14CFR 25.795 中提到了"安保考虑"，但这些章节中所提到的安保并没有特别强调是和飞机的网络与系统有关的，它们只为后续安保规章的制定提供了一定的参考，如威胁状态的安全性影响分类等。

SAE 于 1996 年发布的民用航空标准 ARP 4761 和 ARP 4754A 也关注了

飞机的安全评估过程,但它们主要关注的是机载信息系统的失效,而不是恶意事件。因此,当恶意事件被考虑时就会有所缺陷,只能作为后续安保有效性评估的参考。之后,SAE 在 2003 年发布的 ARP 5150 和 ARP 5151 针对飞机在整个生命周期中如何进行持续性的安全性风险评估进行了阐述,为后期如何进行持续适航的安保有效性评估提供了相关参考。在此阶段,与适航审定相关的大量标准还停留在如何进行飞机安全性评估的范畴内,没有特意考虑飞机的信息安保。

在通用信息安全领域,相关的标准有很多,但由于飞机的特殊性,这些标准通常只能作为飞机信息安保相关标准制定的参考,如国际标准化组织发布的一系列有关信息安保技术的标准 ISO/IEC 27001《信息安保管理系统需求》、ISO/IEC 27002《信息安保管理实践规程》、ISO/IEC 27005《信息安保风险管理》等,以及美国的国家标准 NIST SP 800 - 115、NIST SP 800 - 82 等。ISO/IEC 27002 提出了信息系统信息安全风险评估的要求,指出信息系统风险评估应从信息安全策略、信息安全组织、资产管理、物理与环境安全、人员管理、通信安全、访问控制、系统开发维护、符合性等方面展开,给出综合性的评定方法及操作模型。ISO/IEC 27005 规定了信息安全风险评估过程的实施准则,包括风险分析、风险评定、风险处置和风险接受的基本要求及方法,以及风险评估所涉及的风险识别和风险估算的基本方法。

后来,随着信息技术的发展以及网络技术在民机上的大量应用,针对航空电子系统领域的具体信息安全需求,美国 RTCA、英国国防部、ARINC 等组织和企业分别制定了一系列与飞机信息安全评估技术相关的规范,用于指导商用飞机系统及航空电子系统的信息安全开发和评估。EASA 发布的 AMC 20 - 25 考虑了有关电子飞行包的安保指南。2005 年,ARINC 发布了标准 ARINC 811,其定义了商用飞机相关的信息安全概念,并提出了一种机载网络化系统的信息安全评估框架。规范明确了信息安全相关的飞机操作规程,指出信息安全需要与飞机系统构型的全生命周期相配合,并提出了一个信息安全风险评估过程。之后,ARINC 又相继发布了 ARINC 823、ARINC 835 和 ARINC 842,分别针对飞机的数据链路、采用数字签名的可加载软件以及数字认证提出了相关方面的安保要求。此外,ATA 还发布了《关于数字信息的安保航空工业标准》,建议申请者采用标准化方法来获得更合适的安保等级。

RTCA 和 EUROCAE 从 2010 年 12 月开始,相继发布了 RTCA/DO－326 (ED202)《适航中的安保过程规范》、DO－326A、DO－355 和 DO－356,提供飞机在开发和认证过程中的信息安保指南。强调型号审定的 DO－326/ED－202《适航过程规范》不仅对飞机所面临的安保风险给出了一些基本定义,而且还对适航安保过程按照飞机开发和认证的通用活动给出了数据要求和符合性目标,以处理对飞机安全有信息安保威胁的问题。DO－326 参考 ISO/IEC 27005 使用了定义好的信息安保风险管理构架来管理信息安保风险,在飞机开发生命周期模型的每个阶段使用风险管理来识别和管理开发中的早期风险,用于飞机型号设计审查时风险的最终确定。之后,RTCA 在 2014 年发布了 DO－326 的修订版 DO－326A,重新组织概括并简化了前一版本中的第二章内容,删除了前一版本中的 2.5.5 节、2.8.2 节、2.8.4 节。在 DO－326A 中增加了处理蓄意非授权电子行为对飞机安全性的威胁,并将安保风险评估过程与安全评估过程加以区分,加入了与 ED－79A/ARP 4754A 交互的详细风险分析(particular risk analysis, PRA)。该版本将过去文件从过程角度(什么是)描述更改为方法角度(怎么做),较前一版本更具有可读性。DO－326 系列主要用于解决飞机产品生命周期阶段(从项目启动直至飞机型号设计)与飞机型号审定有关的适航安保。而 RTCA 于 2014 年 6 月发布的 DO－355《持续适航的信息安保指南》,用于解决产品生命周期的其他阶段(运营、支持、维护、管理和报废),也就是持续适航的适航安保。3 个月以后,RTCA 又发布了 DO－356《适航安保方法和考虑》,该文档在 DO－326A《适航中的安保过程规范》以及 DO－355《持续适航的信息安保指南》的范围内进行开发,为实现 DO－326A 中规定的适航安保过程的申请者提供额外的指南,为安保风险评估以及有效性保证方面的活动提供了相关指导。文中的方法和考虑内容致力于对适航安保风险可接受度的评估，以及与系统安全和适航相关的适航安保属性的设计和验证。该文档还为适航安保过程中安保风险分析以及网络安保域提供了专门的分析方法与工具，是当前解决飞机及其系统审定中信息安保问题的可供参考的最新文档。RTCA/EUROCAE 在航空系统安保方面的一系列文档还将继续发布，它们致力于解决机载系统及相关地面系统和环境的整体 AISS 的信息安保问题，该系列文档可作为飞机在整个生命周期过程中进行适航安保审定的主要参考资料之一。

除此之外，FAA 于 2006 年发布了 AC 20-156《航空数据总线保证》，首次提出了对于新型数据总线的安保需求：当机载系统通过数据总线和网络与外部世界交互时，可能面对潜在的恶意攻击（如软件病毒）而显现出脆弱性，此时应评估在数据总线上存在的潜在安保风险并采用合适的安保技术来保护机载软件的访问和使用，相关技术包括采用加密技术保护数据的传输、采用认证和访问控制策略以及入侵检测等。另外还提出应保护关键信息在机载系统中的使用和存储，如采用 CRC 检测，保证数据在下载和保存时保证不被损坏，以及采用日志的方式对获取的关键飞机数据进行审计跟踪。FAA 还于 2012 年发布了 Order 8900《飞机网络安保过程》，用于支持下一代 E 化飞机的信息安保问题。

2）国内安保现状

传统的机载航空电子系统的研究也主要集中在军用飞机领域，民机相应的系统研发工作起步较晚。近年来，随着我国经济技术的快速发展，国家充分认识到发展民机对于转变经济增长方式、带动科学技术发展、增强国家综合实力和国际竞争力的重大意义，把发展大型飞机列入了重要议事日程，我国民机的研究和发展才开始迈向正轨。民航局针对大型飞机的安保性也提出了相关的专用审定条件。

国内在机载信息安保方面起步较晚，目前有少量的研究机构和课题组进行相关的研究。但这些方案和方法大多只是停留在理论方面的研究，并没有在实践上有所验证。

(1)中国民用航空管理局:目前参考 FAA 的专用条件制定了适用于机载信息系统的专用条件,但由于工业界无法提供足够的技术支持,还无法给出确定性的适航要求。即使发布,由于缺乏像 DO-178 和 DO-254 这样通用的过程作为参考,因此机载信息系统适航的过程和方法能否获得局方的认可也存在较大的难度。对于我国工程和适航人员开展网络安保的符合性设计、验证、评估和持续适航都是崭新的技术领域。针对可能的信息安保威胁建立一套适用于机载系统的安保风险分析与评估方法是我国当前所必需的。

(2)工信部:我国工业和信息化部通过了民机科研专项"民机标准规范"的立项,拟围绕民机研制需求开展民机信息安全(安保)的主要技术研究,使得与民机信息安全相关的理论和方法成为这一领域重要的研究课题。并发布了航空标准 HB/Z 421《民用飞机机载系统和设备软件合格审定保证指南》,其中包含了与安全相关的内容。该指南指出系统安全性评估过程要确定系统的失效状态并对之进行分类,还提到了与软件数据加载功能相关的安全性要求,对于软件加载功能(包括支持系统和程序),应包括检测不正确的软件/硬件和(或)航空器组件的手段,并提供对该功能失效状态合适的保护。

(3)中国商飞上海飞机设计研究院:在飞机网络安保方面,研究分析了为防护网络威胁所建立的分区安保,其中包括安保策略、安保架构与微型内核功能,就分区内核的底层安保、中间件安保和应用层安保的特点进行了分析,最后分析了分区通信系统的安保策略与应具备的功能,并讨论了与实时公共对象请求代理体系结构合成的实时分区安保的特点。在飞机网络风险评估方面,从 DO-326A 出发,研究了适用于民机机载网络安保设计的流程与方法。首先分析了安保设计需要进行的逻辑边界与资产梳理,威胁源和威胁状态的确认;其次分析了在安保架构开发与脆弱性分析方面的考虑;最后描述了安保风险评估的过程。并在飞机的研制过程中,系统级安保风险评估活动也已经按计划展开。

（4）西安航空计算技术研究所：该研究所从事机载信息安保已取得了大量的研究成果，如在飞机网络安保方面，参考 ARINC 822 规范，基于开放式系统互联(open system interconnection，OSI)参考模型，提出了一套解决航空无线网络应用安全性的方案。该方案在数据链路层采用可扩展的身份认证协议-传输层安全(extensible authentication protocol-transport level security，EAP-TLS)双向认证机制，用于解决机载无线设备与机场无线接入点之间的安全认证，确保机载设备与航空公司服务器之间端到端应用的安全性。还通过对机载信息系统与地面网络架构研究，分析了可能由地面网络技术引入的网络安全威胁，并针对这些威胁探讨了相应的安全防护策略和机载信息系统研制应遵循的适航取证方法。在飞机网络风险评估方面，根据信息安全管理体系标准 ISO/IEC 27000 和相关航空工业标准，提出了一个适用于机载信息系统的安保风险评估过程，并结合机载信息系统的一个实例给出了具体的操作方法。

5.1.2　机载信息系统安保威胁分析

机载信息系统作为航空公司信息服务域中机上运行的一个子系统，与飞机控制域、旅客信息和娱乐服务域及旅客持有设备域中的服务或者系统存在信息的交互流通。

飞机控制域是整个飞机安全等级最高的区域，从飞机控制域流向机载信息系统的数据是航电设备采集传感器数据。一般认为航电设备采集传感器数据都是安全可信的，即不存在人为因素的修改和篡改航电设备采集数据的可能性，因此飞机控制域的数据不会对机载信息系统造成威胁。

机载信息系统处于航空公司信息服务域与旅客信息和娱乐服务域双向交互信息，因此针对来自旅客信息和娱乐服务域的威胁，机载信息系统主要从与旅客信息和娱乐服务域交互系统或者服务的信息数据流展开分析。

机载信息系统与旅客持有设备域之间采用双向交互信息，而针对来自旅客持有设备域的威胁，机载信息系统主要从旅客持有设备域交互系统或者服务的信息数据流展开分析。

机载信息系统安保威胁源主要来自旅客信息和娱乐服务域、旅客持有设备域及所在的航空公司信息服务域与机载信息系统存在的交互服务或者系统的信息数据，并且这些系统或者服务的信息数据是外界人工可操作或者可加载的，本章后续将详细分析机载信息系统安保威胁源、安保威胁及危害。

5.1.2.1 机载信息系统安保威胁源

ISO27005 中对威胁的定义是：一个潜在的事件，它可能导致系统或者组织受到损坏。

机载信息系统安保威胁源的定义是：来自外部的一个潜在的恶意事件或者恶意数据，它可能流通到机载信息系统导致机载信息系统受到损坏，进而可能导致其他系统受到损坏。

机载信息系统安保威胁源主要来自和机载信息系统交互的航空公司信息服务域、旅客信息及娱乐服务域和旅客持有设备域的服务，或者系统所传输的包含了恶意数据代码的信息数据或消息，以及机载信息系统计算能力资源的信息数据。机载信息系统安保威胁源分为计算机病毒，计算机蠕虫，木马病毒，Web 的攻击，僵尸网络攻击，拒绝服务攻击，网络钓鱼，恶意邮件等。

（1）计算机病毒。计算机病毒在《中华人民共和国计算机信息系统安全保护条例》中被明确定义为：编制者在计算机程序中插入的破坏计算机功能或者破坏数据，影响计算机使用并且能够自我复制的一组计算机指令或者程序代码。

计算机病毒能够感染程序文件、引导扇区、磁盘分区表、数据文件、内存、宏文件和脚本文件，计算机病毒和生物病毒一样也具有传播性、隐蔽性、感染性、潜伏性、可激发性、表现性和破坏性。

计算机病毒的种类分为多种，分别是非常驻型病毒、内存常驻型病毒、覆盖型文件病毒、寄生病毒、前附加型病毒、后附加型病毒、伴随文件型病毒、引导扇区病毒和分区表病毒。计算机病毒的变化多种多样,因此机载信息系统应对病毒防护做重点关注,以免受病毒入侵造成损失。

（2）计算机蠕虫。计算机蠕虫是一种常见的计算机网络病毒,使用自己的编码进行复制,尽管它可能依赖其他相关代码而存在。蠕虫关键在于它不直接修改其他主代码而进行复制。蠕虫会游荡在互联网中尝试一个又一个漏洞,直到找到合适的漏洞进而损害计算机。假如成功的话,它会将自己写入计算机,然后开始再次复制。

2007年国内爆发的"熊猫烧香"及其变种是蠕虫病毒,由于中毒电脑的可执行文件会出现"熊猫烧香"图案,因此被称为"熊猫烧香"病毒。该病毒的某些变种可以在局域网传播,进而感染局域网内所有计算机系统,最终导致企业局域网瘫痪,无法正常使用。感染此病毒的计算机会出现蓝屏、频繁重启以及系统硬盘中数据文件被破坏等现象。

计算机蠕虫作为一种常见的病毒,机载网络信息系统应部署对蠕虫查杀的防护,阻止蠕虫进入机载网络和关联网络。

（3）木马病毒。木马病毒是指通过特定的程序（木马程序）来控制网络中的另一台或者多台计算机。木马病毒通常分为两个部分的可执行程序:一个程序是控制端,另一个程序是被控制端。木马病毒的工作原理与一般病毒有所不同,它不会自我繁殖,也不会"刻意"地去感染其他文件。它通过将自己伪装吸引用户下载执行,向施种木马者提供打开被种主机的门户,使施种者可以远程控制被种主机,进而施种者可以任意操作被种主机上的数据,根据适种者的意愿进行相应的破坏工作。

机载信息系统应该考虑对于木马病毒的防护,阻止木马病毒进入机载信息系统,以免机载信息系统成为"肉鸡"而被攻击者利用。

（4）Web攻击。Web攻击是指利用Web应用实现时的漏洞或者脆弱性,向Web应用中注入恶意的代码,以此来达到对Web服务的控制,进而篡改Web服务的内容或者窃取Web服务后台的重要数据,使网站访问者受到侵害。

Web 攻击的种类有结构化查询语言(structured query language，SQL)注入、跨站脚本攻击(cascading style sheets，XSS)、网页挂马、cookies 修改、命令行注入、跨站点请求伪造、超文本传输协议(hyper text transfer protocol，HTTP)首部注入攻击等方法。

机载信息系统在设计 Web 服务时应对已有的 Web 攻击进行研究，基于不同 Web 攻击的原理，设计鲁棒性稳定可靠的 Web 服务，避免可以被利用的漏洞和脆弱性出现在最终使用的系统中。

(5) 僵尸网络攻击。僵尸网络指采用一种或多种传播手段，使大量主机感染僵尸程序病毒，从而在控制者和被感染主机之间形成一个可一对多控制的网络，通过接收控制者的指令，可以向特定的服务发起攻击，导致服务不能工作或者网络瘫痪。

机载信息系统在设计时应考虑与其有关联关系的其他网络之间是否会产生僵尸网络，从而影响机载信息系统的运行。

(6) 拒绝服务攻击。拒绝服务攻击指攻击者通过发送大量的无效数据包或者恶意的流量，消耗服务所在主机的处理能力或者带宽，从而使服务不能正常为用户提供所需的服务。

拒绝服务攻击常见的有同步序列编号(synchronize sequence numbers，SYN)洪泛攻击，IP 欺骗性攻击，用户数据报协议(user datagram protocol，UDP)洪泛攻击，ping 洪流攻击，teardrop 攻击和 land 攻击等。

机载信息系统在设计和实现时，应考虑来自旅客信息和娱乐服务域、旅客持有设备域及地面网络域的可能潜在的拒绝服务攻击，避免影响机载信息系统的正常运行。

(7) 网络钓鱼。网络钓鱼是指通过大量发送知名机构的欺骗性信息或者热点，意图引诱收信人给出敏感信息的一种攻击方式。

最典型的网络钓鱼攻击是将收信人引诱到一个精心设计与目标组织的网站非常相似的钓鱼网站上，并获取收信人在此网站上输入的个人敏感信息。通常这个攻击过程不会让受害者警觉。

机载信息系统在设计和实现时应考虑网络钓鱼这种攻击形式,因此当机载信息系统与地面热点通过无线 WiFi 连接时,应接入可信的 WiFi 热点,而不能接入钓鱼伪造的 WiFi 热点,因为这会导致机载信息系统的信息泄漏或者被植入不可信的数据。

5.1.2.2 机载信息系统安保威胁及危害

机载信息系统安保威胁及危害是通过对潜在的威胁源在机载信息系统运行过程中造成的系统不安全状态的识别,并且根据识别的不安全状态结合安保环境对机载信息系统可能造成影响的严重程度进行分析。

系统的不安全状态是由于威胁源所造成的系统工作异常的一种状态,一般称为威胁状态。威胁状态识别是确定威胁状态,是由于系统中潜在的脆弱性的存在而引起的。每一种威胁状态代表由于有意进行非授权电子交互而使飞机存在安全影响的系统状态。

5.1.3　机载信息系统安保体系设计

机载信息系统安保体系设计是针对机载信息系统在设计、开发、集成、运行和维护过程中建立起的一套切实可行的组织架构和管理模式,以确保飞机在设计、开发、集成、运行和维护过程中能够按规章对系统、设备和模块进行设计、开发、集成、运行和维护工作,避免在设计、开发、集成、运行和维护过程中向飞机引入不安全因素。

5.1.4　机载信息系统安保架构设计

机载信息系统安保架构设计是以民机综合业务网络架构的需求规范和功能架构为基础,通过对民机综合业务网络在法律法规、组织管理和民机的运营商、机场、飞机制造商、飞机设备供应商和民航管理局的研究,并以民机机载网络的外部网络环境的风险、威胁和攻击的分析为依据,获取和识别民机综合业务网络安保的需求,定义民机综合业务网络安保的需求文档,并且分析民机综合业务网络架构的需求和功能架构,结合民机综合业务网络安保的需求,进而设计出民机综合业务网络安保架构。

5.1.5　机载信息系统安保防护技术

5.1.5.1　访问控制

访问控制是指定义一套规则方法,只有通过规则方法验证的主体,才可以对规则方法所保护的客体资源进行使用的一种技术。

访问控制是安保防护技术中最常用的技术之一,常用的方法有身份认证、自主访问控制、强制访问控制和授权机制。

5.1.5.2　安全加密

安全加密是指以某种特殊的算法改变原有的信息数据,使得未授权的用户即使获得了已加密的信息,但因不知解密的方法或者解密密钥,仍然无法获悉加密信息的内容。

加密之所以安全,是因为它能够保护数据的机密性,与加密解密方法无关,而是因为加密的密钥或者解密的密钥绝对地隐藏,如现今流行的 RSA 加密算法和高级加密标准(advanced encryption standard,AES)都是完全公开的。一方取得已加密的数据,就算知道了加密算法,若没有加密的密钥,也不能打开被加密保护的信息。

5.1.5.3　虚拟专网

虚拟专网属于远程访问技术,是指在利用公用网络的基础上建立两端的专用网络,通过加密通信交换信息。

虚拟专网即通常所指的 VPN,目的是提供一条安全的网络通道,将两端的数据传输加密,以使其他用户不可知传输的数据内容。通常 VPN 建立需要网络中部署一个 VPN 服务器和一个 VPN 客户端,由 VPN 服务器和 VPN 客户端之间根据部署的协议和参数来建立 VPN 协商和建立的过程。

5.1.5.4　入侵检测和入侵防御

入侵检测是对入侵行为的检测。它通过收集和分析网络行为、安全日志、审计数据对计算机网络或者计算机系统中若干关键点收集信息并对其进行分析，从中发现网络或者系统中是否有违反安全策略的行为和被攻击的迹象。入侵检测是对防火墙能力的合理补充，帮助系统对付网络攻击，扩展了系统管理员的安全管理能力（包括安全审计、监视、进攻识别和响应），提高了信息安全基础结构的完整性。

入侵防御是指能够监视网络或者网络设备的网络资料传输行为的计算机网络安全设备，能够即时地中断、调整或者隔离一些不正常或是具有伤害性的网络资料传输行为。

5.1.5.5　病毒防护

病毒防护是指利用病毒查杀技术，清除网络中传播的计算机病毒、木马、蠕虫和恶意软件。

病毒防护大多数采用杀毒软件，杀毒软件通常集成监控识别、病毒扫描和清除、自动升级病毒库、主动防御、数据恢复等功能，是计算机和网络设备防御系统的重要组成部分。

5.1.5.6　介质防护

移动存储介质具有存储量大、体积小、携带方便、使用简单、适用范围广等特点，是继网络之后又一重要的信息数据交换和共享技术，已经越来越多地被使用。移动存储介质的通用性、便利性、流动性和隐蔽性，在数据交换时任何人可以随时随地随意地使用特点，使其成为新的失泄密途径和窃密工作，在使用过程中会给系统带来不安全影响，因此对于移动存储介质的安全防护也成为安全工作的重要一环。

国内外对移动存储介质监管防护技术主要分为几类：安全 U 盘类，主机监控审计类，介质监管类，流向控制类，摆渡技术类等。

5.1.5.7　日志审计

日志审计是指对系统运行过程中系统安全事件、用户访问记录、系统运行日志、系统运行状态等各类信息，经过规范化、过滤、归并和告警分析等处理后，以统一格式的日志形式进行集中存储和管理，结合丰富的日志统计汇总及关联分析和人机界面功能，实现对系统日志的全面审计。

一方面，通过日志审计，管理员可以随时了解系统的运行情况，及时发现系统异常事件；另一方面，通过事后分析和丰富报表系统，管理员可以方便高效地对系统进行有针对性的安全审计。遇到特殊安全事件和系统故障时，日志审计可以帮助管理员进行故障快速定位，并提供客观依据进行追查和恢复，进而依据分析结果完成系统的安全升级或者策略加强或者管理措施的细化，从而进一步加强系统的安全性。

5.1.6　安保适航技术

5.1.6.1　安保适航过程(DO - 326A)

安保适航过程(DO - 326A)用于指导在 25 部范围内批准配置超过 19 个旅客座椅的运输类飞机的适航工作，但不适用于 CFR parts 23、27、29、33.28 和 35.15，通用、轻型、特技类、通勤类飞机、正常范畴的旋翼飞机、运输类旋翼飞机、发动机的适航工作。在 DO - 326A 中增加了处理蓄意非授权电子行为对飞机安全性的威胁识别、评估和审定的要求，并且作为飞机开发和审定的一般活动对待，以处理非授权行为对飞机安全性的威胁，并可与其他现有的指南联合使用，包括 SAE ARP 4754A/ED - 79A、SAE ARP 4761/ED - 135、DO - 178C/ED - 12C、DO - 254/ED - 80 与 FAA AC 25.1309 - 1A 和 EASA AMC 25.1309 相关的咨询材料一起作为安保适航过程的评估指南。

安保适航过程(DO - 326A)的目的是建立飞机和系统可接受的安保风险和建立完整且正确的适航安保风险评估。

安保适航过程(DO - 326A)描述了整个安保活动的详细过程，以及在每一个过程阶段安保的输入、输出和符合性的目标要求。

5.1.6.2　安保风险评估(DO - 356)

安保风险评估(DO - 356)描述了在执行适航安保过程中采用的方针、方法以及工具。这些方针、方法以及工具并非毫无遗漏，也允许采用另外的方法和考虑对其进行更新，包括那些满足改进的规章、假设的方法和考虑。申请者能够建议替代的实践以供适航当局考虑。由于新特征的部署以及安保威胁自身的发展，因此适航安保的实践仍处于发展和改进阶段。

安保风险评估(DO‐356)从安保范围定义、安保风险评估、安保措施、安保日志及告警、安保有效性和安保保证等方面描述了各个阶段所采用的方针、方法和使用的工具，进而形成安保风险评估详细的输入、输出和结论。安保风险评估详细内容描述如下：安保范围，安保风险评估，安保措施，安保日志及告警，安保有效性，安保保证。

5.1.6.3 安保持续适航(DO‐355)

安保持续适航(DO‐355)定义了飞机运行、支持、维护、管理过程，以及所涉及的组织对维护飞机信息安全的责任和规范要求。

安保持续适航(DO‐356)从骨干软件、飞机组件、飞机网络访问点、地面支持设备、地面支持信息系统、数字证书、飞机信息安全内部管理、操作飞机信息安全程序、操作者组织风险评估、操作者角色和职责、操作者培训等方面描述了在飞机运行和维护过程中的安保职责和规范。

5.2 机载信息系统的服务与应用

5.2.1 概述

随着信息技术在飞机上的应用，空地通信技术的进步以及航空公司对机载信息系统认识的不断提高，传统的飞行运营模式正面临着改变。航空公司可以利用机载信息系统实现飞机与地面系统实时通信和信息交换，优化运营流程，降低运营成本和运营效率。

通过机载信息系统提供的信息服务及地面信息系统的支持，实现对航空公司传统的业务流程的信息化和优化,可以显著提高运营效率。随着航空公司对机载信息系统认识的逐渐深入,会不断地增加机载信息系统的信息服务应用,如飞行操作管理、管制员飞行员数据通信和客舱日志应用等,持续提高运营效率。

从波音 787、空客 A380 到空客 A350,机载信息系统功能不断扩展,充分说明了这一发展趋势。机载信息系统提供服务的领域已经从最初的机载维护信息服务扩展到飞行员信息服务、客舱信息服务、航空公司信息服务和飞行品质监控服务等众多领域。

5.2.2 机载信息系统服务与应用技术

5.2.2.1 服务与应用的范围

机载信息系统服务与应用的范围包括:

(1)机载维护信息服务。利用机载信息系统信息服务和网络互联的特点,拓展传统的维护功能,支持网络化的维护作业,提高维护作业效率和维护信息推送的精准度,增强维护分析的深度和广度,形成飞机与地面相结合的一体化维护机制。

(2)飞行员信息服务。机载信息系统支持安装式的电子飞行包设备和便携式的电子飞行包设备。根据具体的应用以及飞行员操作的便捷程度,电子飞行包软件可以驻留在不同的设备上,满足信息化驾驶舱人机交互的需求。

(3)客舱信息服务。机载信息系统的计算资源、存储资源和网络通信资源可以为客舱服务提供强大的支持,包括电子客舱日志、电子客舱操作手册和视频服务等,实现机载信息的综合处理和集中存储,降低客舱系统复杂度,提高空乘人员工作效率。还可以改善旅客的乘机体验,增强飞机的竞争力。

(4)航空公司信息服务。机载信息系统是飞机实现空地互联的关键系统,也是航空公司实现一体化运营管理的基础。机载信息系统对航空公司信息服务的支持包括两个方面:一方面,现有的驻留在航电核心系统或其他系统的航空公司运营相关应用将集成到机载信息系统中,包括 AOC 等功能;另一方面,机载信息系统开放的架构,支持更多新的航空公司运营功能的驻留,满足不断发展的航空公司运营要求。

(5)飞行品质监控服务。飞行品质监控是保证民航安全的重要手段,近年来得到了世界民航业的普遍认可。飞行品质监控主要通过日常收集和分析航线运行中记录的飞行数据,监控飞行机组行为和飞机性能,及时发现机组操纵、发动机工作状况以及飞机性能等方面存在的问题,分析查找原因,掌握飞机运行动态,采取针对性的改进措施,消除隐患,确保航空安全。

机载信息系统提供飞行数据记录、机载数据下载等服务,依靠机载信息系统与地面支持网络之间的信息高速通道,实现在局方与航空公司之间以及各航空公司之间共享飞行品质监控信息,使得局方可以在第一时间掌握全行业的飞行运行动态和趋势。

5.2.2.2 服务与应用的组织形式(或组织架构)

随着 E 化和数字化航空的概念推广和应用,机载信息系统也向着以实现管制中心、飞行运营中心、客舱、机场、飞机信息共享的方向发展,同时这将面临需要融合不同供应商、不同设备、不同网络和不同的信息处理带来的异构集成的问题,还要适应由 E 化带来的不断变化的新的信息处理要求。

面向服务的架构(service oriented architecture,SOA)是一种面向异构网络环境的信息系统集成架构技术。它通过连接跨平台的、功能独立的、可重用的服务实体实现跨系统业务集成,具备可扩展性、可演变性和可管理性,是解决机载信息系统面临问题的优选方案。

机载信息系统的 SOA 参考模型如图 5-1 所示。

SOA 参考模型采用了分层思想,整个参考模型自上而下分为应用层、交互层、业务过程编排层、服务层、组件层和操作系统层。

(1)应用层:包括机载本地应用程序和外部应用程序,在这里充当服务请求者,向下发送服务请求,完成对已封装好的服务的调用。

(2)交互层:是内外部交互式服务请求者(人、应用程序、浏览器或者自动

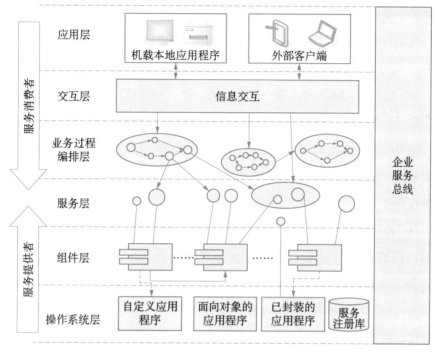

图 5-1 机载信息系统的 SOA 参考模型

操作脚本等)访问服务的入口,各类服务请求者均由该层与 SOA 核心功能进行交互。这使得 SOA 解决方案可以支持一个客户端独立的、通道不可知的功能集,通过一个或多个通道(客户端平台或设备)独立完成服务请求与调用。

(3) 业务过程编排层:对原子服务和复合服务进行组合编排,使之成为一个成熟的业务流程。一些业务流程还可以进行进一步的组合或分解,或组合成结构更复杂、功能更强大的服务流程,或分解成一些功能简单的子服务流程。业务流程层包含流程表示、构成方法和构建块,通过聚合松耦合服务使其成为一个与业务目标保持一致的有序流程。数据流和控制流用来支持服务和业务流程之间的交互。

(4) 服务层:服务层由所有在 SOA 中定义的逻辑服务构成。该层包含在设计过程中使用/创建的服务、业务功能和表现形式的描述,以及在运行时使用的合同和描述。服务分为原子服务和复合服务。复合服务由一些相关联的原子服务组成,相当于一系列原子服务的组合。原子服务和复合服务都是组成业务服务流程必不可少的因素。服务都具有复用性,即可以组合到不同的业务流程中。

（5）组件层：组件定义为一个可以独立运行的系统或者模块,业务组件的目的是以方便业务组件独立升级和减少组件之间不必要的耦合为基本原则,通过一定程度的分离实现软件重用(software reuse)。通过将组织活动重新分组到数量可管理的离散的、模块化的和可重用的业务组件中,有效实现业务的有组织服务能力。

（6）操作系统层：操作系统和信息系统应用程序的可组织的基础架构,其中的应用程序可以是新开发的或商业货架产品(commercial off the shelf, COTS)应用程序,该层是设计、部署和运行时支持 SOA 解决方案所必需的。其中的应用程序主要分为自定义应用程序(custom application)、面向对象的应用程序(object-oriented application)、已封装的应用程序(packaged application)等三类。

（7）企业服务总线(enterprise service bus, ESB)：作为 SOA 架构中实现服务间智能化集成与管理的中介,它支持 SOA 中的服务交互并对其进行管理,使服务交互在服务提供者和服务请求者之间进行,并可以使用各种中间件技术和编程模型加以实现,使服务交互参与方不直接交互,而是通过总线进行交互。

基于 SOA 架构的机载信息系统服务与应用组织形式降低了应用软件之间的耦合度,增强了对不同运行平台的兼容性,支持业务流程的自动化。由此带来了服务可重用、大规模集成、灵活性提升等诸多优点,为机载信息系统的建立、整合与维护带来了新的思路,促进了机载信息系统技术的发展。

5.2.3 机载信息系统服务与应用的分类描述

5.2.3.1 机载维护应用

在航空领域,随着现代民机复杂程度的不断提高,对维修成本、转场时间,以及飞机派遣率的要求也越来越高,维修的基本目标已经从事后维修转变为视情维修。在这种环境下,机载维护技术逐步发展成熟,成为保障飞行安全、提高飞机派遣率,确保对飞机实施准确、及时维修,提高飞机使用效益,降低飞机使用成本的关键技术。

早先的机载维护技术,主要以波音 727/MD-80 飞机为代表,依靠座舱里的一些简单的机械和模拟的故障指示仪表系统来完成,可实时显示工作状态。一方面,随着飞机设备复杂性的进一步提高,机载设备数量的增加,系统的综合化程度越来越高,维护难度进一步加大,对故障检测与维护系统的功能也提出了较高的要求。机载维护系统的功能也从单一设备 BIT 扩展到包括增强的故障隔离与诊断、飞机状态监控、数据加载与构型监控、维护日志、电子维护文档以及维护数据下载等众多功能的集合,同时还要为地面的各种维护应用提供强大的支持。要满足机载维护系统的需求,无疑要求机载设备要具备更快的处理能力、更大的存储能力和更强的通信能力。

另一方面,机载维护系统主要用于支持外场维修人员对飞机进行维护和排故,并不作为飞机派遣的依据,飞机的适航性能仍然以发动机指示和座舱告警系统(engine indicating and crew alerting system,EICAS)/飞行座舱效应(flight deck effect,FDE)为准,所以机载维护系统具备较低的安全等级。而较低的安全等级意味着可以采用更多的 COTS 和更通用的 IT 技术,从而达到降低开发和维护成本的目的。传统的高安全性、高成本、有限资源的 IMA 平台已经不适应机载维护系统的需求,因此需要有一种新的非安全的通用服务平台支持机载维护系统的运行。波音 787、空客 A380 和空客 A350 已经在这方面做出了卓有成效的尝试。

机载信息系统为机载维护功能提供了理想的驻留平台。机载维护的主要功能包括如下几项。

(1) 中央维护: 从成员系统中收集故障和参数数据,结合故障逻辑,分析数据并隔离故障到单个 LRU;提供交互式维护测试功能和恢复使用测试功能。

（2）飞机状态监控：从航电网络中进行数据采集和数据计算，按照预定义逻辑记录、捕获 LRU 的趋势/超限数据并生成状态监控报告，进行实时传输或在飞机落地后由维护人员进行下载。

（3）数据加载与构型管理：为全机提供外场数据加载功能，加载包可以通过无线网络自动上传或通过 PMAT 手动上传；还提供全机构型显示和报告功能。

（4）维护日志：实现对维护日志的编辑、签名、传递、确认等操作流程的电子化。

（5）电子工程和维护文档：实现工程文档和维护文档电子化，提供最小设备清单、维护手册、飞机操作手册、客舱操作手册等电子文档的存储和快速访问功能，支持上下文浏览功能。

机载维护功能架构如图 5-2 所示。

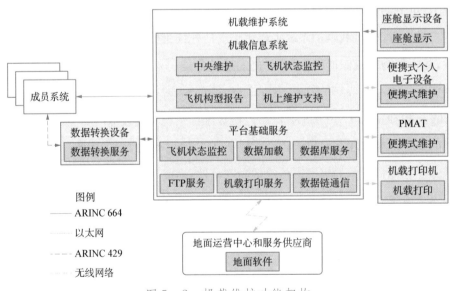

图 5-2　机载维护功能架构

5.2.3.2　电子飞行包应用

电子飞行包是飞行员飞行辅助工具，美国 FAA 的咨询通告

(AC 120 - 76A)将电子飞行包定义为：在驾驶舱/客舱使用的电子显示系统，可容纳机组携带的所有资料，能将航空图表、飞行操作手册、飞行检查单、最低设备清单及飞行日志等资料进行数字化处理，以方便对机组资料的查询，逐步实现座舱无纸化。按照 FAA AC 120 - 76A 的定义，电子飞行包按硬件分为三类(class 1/class 2/class 3)，按软件分为三种(TYPE A/B/C)。

电子飞行包的功能主要包括如下几方面。

(1) 非交互式的进近图：支持全景显示、放大/缩小、滚动显示。

(2) 下视显示器：可显示增强视频系统(enhanced vision system，EVS)、综合视频系统(synthetic vision system，SVS)或摄像头输出画面。

(3) 实时气象信息显示：气象地图。

(4) 静态应用：文档阅览(文档格式有 PDF、HTML、XML 等)。

(5) 电子检查单。

(6) 飞行机组操作手册(FCOM)以及其他的手册。

(7) 飞机性能计算。

(8) 机场移动地图等。

电子飞行包的优点包括如下方面。

(1) 减轻重量：由纸质飞行包转变为电子飞行包，可以显著降低飞机重量。

(2) 降低费用：各种操作手册和图表的更新率较高。

(3) 减轻机组工作负担：包括体力负担和脑力负担。

(4) 提高工作效率：电子飞行包比原有的纸质文档在操作上要更方便快捷，相应地提高了飞行的安全性。

通过电子飞行包，飞行机组可以准确、有效、快速而又全面地实施内容管理，获取所需的飞行信息与飞行辅助信息。它使机组在更方便地获取重要信息的同时，减轻了工作量。

5.2.3.3 飞行数据监控应用

飞行数据监控实现过程分为四步：记录数据，分析数据，行动决策和行动执行。由飞机、地面支持系统、航空公司共同参与进行，得益于及时、全面的飞机飞行数据，航空公司可以达到提高航空器飞行品质、降低维护成本的目的。飞行数据监控实现过程如图 5-3 所示。

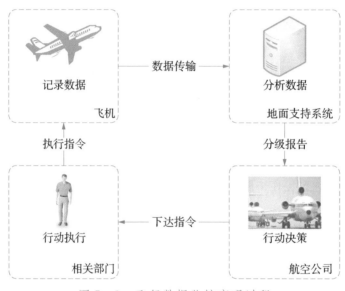

图 5-3　飞行数据监控实现过程

由图 5-3 可见，在飞行数据监控过程中，飞机端扮演着数据收集者的角色，后续所有过程都必须建立在数据的基础上，而机载信息系统凭借其强大的计算能力、存储能力以及多总线互联能力为机载飞行数据监控应用提供了全面可靠的支持。

飞行数据监控应用包括数据记录功能和音视频记录功能两部分。其中数据记录功能支持数据订制，可通过机载信息系统提供的 ARINC 717、AFDX、ARINC 429 或以太网接口收集来自全机的数据，并将航空公司订制的数据记录在机载信息系统大容量存储设备中；音视频记录功能则通过机载信息系统分布在座舱各处的音视频传感器采集音视频数据输入，并将其存储在机载信息系统的大容量存储设备中。

最后,机载信息系统为飞行数据监控应用提供空地文件传输支持,方便、及时、可靠地将飞行数据发送至地面支持系统。

5.2.3.4　航空公司运营控制应用

为了规范和推动航空公司运行控制(AOC)在飞机运行中的应用,提高运营效率和安全管理水平,CAAC 于 2011 年发布了咨询通告(advisory circular,AC)AC-121-FS-2011《航空公司运行控制的政策与标准》。

飞行机组使用 AOC 功能与航空公司地面控制中心交换飞机操作或管理信息,包括以下功能:

(1) 管理飞行操作,包括数据初始化、飞行记录、飞行总结、任意文字、预计到达时间、随机服务请求等。

(2) 检查天气状态,包括天气预报、例行天气报告、重要气象情报等。

(3) 管理与离港,起飞,飞行和登机门相关的航班延误。

(4) 管理飞行参数。

飞机通过信息系统内的 AOC 功能与航空公司端 AOC 功能相配合,共同实现飞机的放行(签派),飞机和航班的动态监控,提高了航空公司的服务质量、飞机的维修效率、飞机的安全性。AOC 的应用场景示意图如图 5-4 所示。

5.2.3.5　空管通信应用

为了规范和推动空地数据通信系统在飞机运营中的应用,提高运营效率和安全管理水平,CAAC 于 2008 年制定了《航空运营人使用地空数据通信系统的标准和指南》咨询通告。该咨询通告对空中交通控制通信系统空中交通控制通信(ATC COM)进行了要求。

ATC COM 提供飞机与空中交通控制中心(ATC center)之间的数据链通信,使空中交通控制人员可以监控飞机位置并进行相应的交通控制。飞机和地面空管中心的通信可以通过 HF、VHF 或卫星通信系统进行。

信息系统内的 ATC COM 功能为飞机和空中交通控制中心提供了一种基

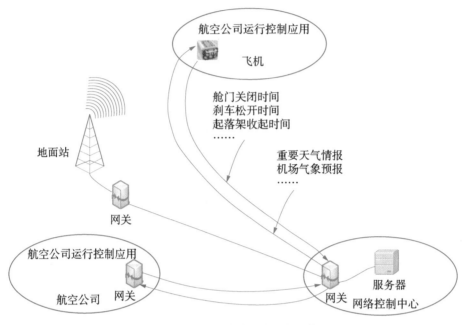

图 5 - 4　AOC 的应用场景示意图

于字符的数据通信方式,用于实现飞机的放行许可、为飞机提供终端区自动信息服务,能够降低机场频率拥塞、机组与控制人员的工作量,提高机场容量、机场与航空公司的运营效率。

5.2.3.6　航空公司扩展应用

机载信息系统除提供上述主要应用外,还作为一个面向用户的平台提供扩展能力,使航空公司可以根据运营需要有针对性地开发新应用并将其驻留于机载信息系统中。

从硬件环境角度出发,机载信息系统为扩展应用提供了高性能的计算能力、大容量的存储能力,并且机载信息系统使用的模块化架构支持扩展计算、存储模块,使得航空公司扩展个性化应用不受硬件性能的束缚。

从平台服务的角度出发,由于与航电存在数据交换接口,因此机载信息系统可以向航空公司扩展应用提供全机飞机参数数据;受益于与地面支持系统的数据交换接口,机载信息系统可以向航空公司扩展应用提供与地面之间的文件传输服务。另外,机载信息系统还向航空公司扩展应用提供日志服务、维护服务等服务以支持航空公司个性化订制应用。

例如,机载信息系统驻留地面滑行防撞应用通过在飞机上安装的防撞传感器探测机身周围的障碍物,信息系统收集探测器数据后由地面滑行防撞应用进行逻辑处理并向飞行员提供反馈信息,解决飞机由于体积庞大,飞行员视野受限,从而导致飞机与障碍物碰撞的问题。又如,机载信息系统驻留网络化气象信息服务应用通过在飞机上安装结冰、湿度、振动等传感器,由网络化气象信息服务应用收集、存储每一架飞机的气象数据和具体位置信息,通过无线宽带互联系统将数据发送到地面系统,并在地面系统进行数据的处理分析,完成飞机的航路气象预测。相对于传统的气象雷达和气象报文,具有更好的准确性和实时性。

5.3　信息系统地面服务与支持技术

5.3.1　概述

随着航空工业和信息技术的飞速发展,飞机信息服务不再是一个独立的系统。它不仅为机上人员提供信息服务,而且通过连接机载系统与地面支持系统,形成空地一体化信息系统,为航空公司、飞机制造商、设备供应商、飞行品质分析服务商等最终用户提供个性化的信息服务,如图5-5所示。

5.3.2　地面服务的范围与作用

地面服务由地面接入服务(移动无线接入、网络接入认证、网络管理、文件传输)、电子发布服务、配置文件管理服务、数据分析服务(飞行品质数据分析、飞机状态数据分析、故障统计与分析等)和远程访问服务组成。

对飞机而言,信息系统地面服务给飞机提供了安全、方便的移动无线接入

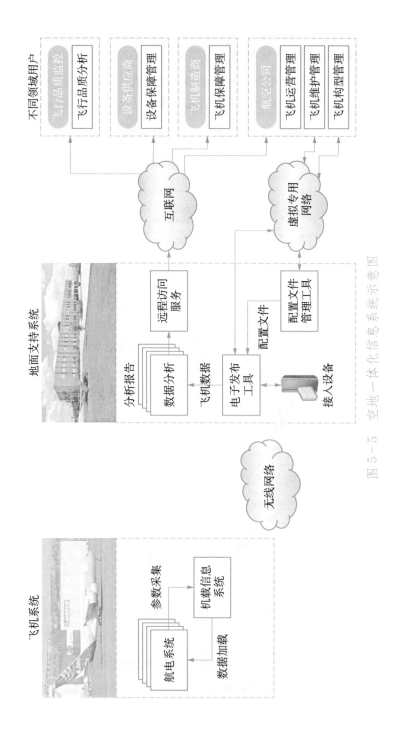

图 5-5 空地一体化信息系统示意图

240

途径,提供了飞机与地面之间的网络管理,还提供了飞机与地面支持系统之间可靠、安全、保密的无线或有线数据传输网络。

对不同领域的系统用户而言,信息系统地面服务包括:

(1)使航空公司实现自动数据发布,淘汰存储介质数据发布,令管理更加方便、高效。

(2)使航空公司更方便地通过配置文件配置机载信息系统功能。

(3)使航空公司、局方可以个性化地订制数据分析功能,个性化的数据分析可针对性更强地满足用户需求。

(4)使被授权用户可以远程访问地面支持系统。

5.3.3　地面服务的支持技术

5.3.3.1　地面无线接入技术

地面无线接入技术提供移动网络接入服务、网络管理基础服务、信息安全接入认证服务、信息安保服务、文件传输服务等功能。地面无线接入技术为地面支持系统与机载信息系统之间提供数据接口,其框架如图5-6所示。

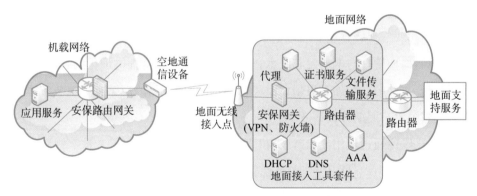

图5-6　地面无线接入系统框架

地面无线接入技术的实现包含了下列技术点的实现。

(1)基于国际民用航空组织(ICAO)选定的 IP 移动网络服务(network

mobility，NEMO)标准，设计机载信息系统网络移动接入地面网络的架构，实现本地代理(homeagent)技术、代理搜索技术、IP 地址转交技术、移动网络注册技术以及路由优化技术。

（2）基于动态主机设置协议(dynamic host configuration protocol，DHCP)和域名系统(domain name system，DNS)服务，在机载信息系统移动 IP 的接入过程中，实现使用地面网络系统 DHCP 服务转交 IP 地址，实现与地面网络的 DNS 服务配置技术。

（3）基于机场网络与航空公司网络的信息安保认证架构，实现地面接入网络的信息安保服务接入认证技术，实现鉴别、授权与审计功能，实现基于数字证书的机载信息系统网络接入认证技术。

（4）基于航空公司网络的信息安保边界防护架构，实现地面接入工具的信息安保边界访问控制技术，实现机载信息系统与地面支持系统的 IPSec VPN 网关之间的通信隧道构建技术。

（5）根据机场网络和地面电子发布架构，实现代理服务器技术，在地面接入工具中驻留电子发布工具代理服务器，利用飞机-地面安全链路，为飞机和电子发布工具传递数据。

5.3.3.2 地面构型管理与电子发布技术

地面构型管理与电子发布技术将为航空公司提供全程电子化的软件、数据库和配置文件的自动加载更新以及飞行数据的自动下载，能够有效地节省运营成本、缩短发布周期并提高效率。

对比以往通过使用磁盘、计算机光盘(computer disk，CD)、数字视频光盘(digital video disc，DVD)等来实现软件加载的流程，地面构型管理与电子发布技术能够有效地解决物理介质容易损坏且存储管理成本高的问题。

地面构型管理与电子发布技术为可为加载软件提供存储和校验功能，支持数字签名、打包和断点续传。航空公司能通过远程访问界面部署数据传输任务，从而实现数据自动传输，地面构型管理与电子发布流程如图 5-7 所示。

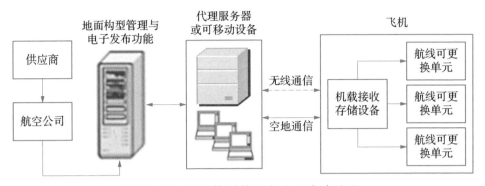

图 5 - 7   地面构型管理与电子发布流程

5.4   小结

机载信息系统体现了各个利益相关方对机载维护、飞行员信息服务、客舱信息服务、航空公司运营信息服务和飞行数据监控功能的期望和要求。利用飞机信息化技术改进业务流程、提高操作效率，并结合航空公司扩展需求，形成满足较低安全等级关键功能综合和机载信息综合要求的信息处理平台。

本章讨论了机载信息系统安保的现状、威胁分析、体系设计、安保技术、适航技术等内容，并介绍了地面运营服务的范围、支持技术等相关内容。

6

客舱与机载信息系统软件/硬件技术与
软件平台架构技术

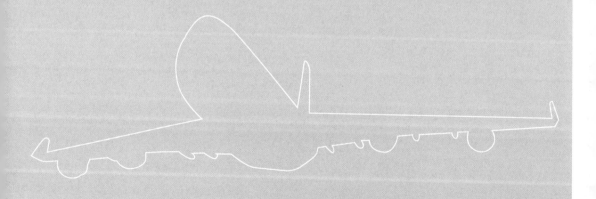

6.1　客舱与机载信息系统软件/硬件技术

6.1.1　概述

核心处理模块是客舱与机载信息系统硬件的计算单元,是系统的逻辑处理和信息处理中心,根据商用主流的中央处理器(central processing unit,CPU)的架构,均可选择合适的器件作为核心处理模块的设计基础。基于不同 CPU架构的核心处理模块各具优点。CPU 架构是 CPU 厂商给属于同一系列的CPU 产品定的一个规范,主要是为了区分不同类型的 CPU。目前市面上的CPU 主要分有两大阵营,一个是 Intel、AMD 为首的复杂指令集 CPU,另一个是以 IBM、ARM 为首的精简指令集 CPU。以下分别介绍基于不同处理器架构的核心处理模块的特点。

6.1.1.1　POWER PC 核心处理模块简述

POWER PC 是由国际商业机器公司(IBM)、摩托罗拉公司和苹果公司联合开发的高性能 32 位和 64 位精简指令集计算机(reduced instruction set computer,RISC)微处理器系列。POWER PC(PPC)微处理器于 1994 年推出,基于内核的不断提升和片上系统的集成,形成了不同系列的 CPU,其中以e600 和 e500 内核为市场主流产品,目前主要以 e500 和 e600 内核为基础演进发展,形成了系列化产品。

表 6-1　POWER PC 内核特性

内核名称	主频	指令宽度	产品系列
e500	1.2 G	32 bit	P1/P2
e500mc	1.5 G	32 bit	P3/P4
e5500	2.2 G	64 bit	P5
e6500	2.5 G	64 bit	T 系列

e500 各个版本内核功能和 e600 相比功能只有少许差别,性能上会低一些,主要面向低功耗、运算量相对低的应用场合。e600 内核的主处理器有 MPC74xx 和 MPC86xx 两个系列产品,其中 MPC86xx 更晚发布,相比 MPC74xx,具有相同的内核,不同点主要在 MPC86xx 集成了 PowerQUICC® 片上系统,将北桥和南桥集成到了处理器内部,可以大幅度减少印制电路板(printed circuit board,PCB)板上芯片数量和整板的功耗。

e600 内核的主要功能有如下几方面。

(1) 高性能的微处理器:每个时钟总周期可以同时执行 4 个预取指令并同时进入指令队列,7 阶并行流水线,单个时钟周期可以完成大部分单个指令。

(2) 11 个独立运算单元:可对整形、浮点和矢量运算等加速。

(3) 独立的 L1 指令缓存和数据缓存,哈佛架构。

(4) L2 缓存。

(5) 内存管理单元,支持虚拟内存。

(6) 可靠性:总线,L1 和 L2 的奇偶校验。

MPC8641 除了 e600 内核的主要功能,还具有 PowerQUICC® 片上系统的功能。

(1) 2 个双倍速率(double data rate,DDR)内存控制器:72 bit 带错误检查和纠正(error correcting code,ECC),支持 DDR 和 DDR2,单个控制器最大容量为 16 GB。

(2) Rapid IO:嵌入式系统内的芯片与芯片之间、板与板之间的背板互连技术的生力军。

(3) PCI-E(PCI Express):是一种高速串行计算机总线,采用了点对点串行连接,用于取代 PCI 总线。

(4) 4 个以太网控制器。

(5) 可编程中断。

(6) 局部总线:支持或非(not or,NOR)和与非(NAND)。

(7) I2C，串口。

内核演进的趋势是面向低端的 e500 内核演进路线。第一代 e500v1：MPC85xx，90 nm 工艺。第二代 e500v2：P1，P2 系列，45 nm 工艺。第三代 e500 mc：P3，P4 系列，45 nm 工艺。第四代 e5500：T1 系列，28 nm 工艺。

面向高性能应用的 e600 内核演进路线。第一代 e600：MPC74xx，130 nm 和 90 nm。第二代 e600+SoC：MPC86xx，90 nm 工艺。第三代 e6500：T2～T5 系列，28 nm 工艺。

基于 e500 和 e600 内核的核心处理模块具有硬件简单、成本低、性能高等优势，在未来很长一段时间仍将会在机载计算机中大量使用。

6.1.1.2　基于 X86 架构的核心处理模块

X86 是一个 Intel 通用计算机系列的标准编号缩写，也标识一套通用的计算机指令集合。1978 年 6 月 8 日，Intel 发布了新款 16 位微处理器"8086"，开创了一个新时代：X86 架构诞生了。X86 指的是特定微处理器执行的一些计算机语言指令集，定义了芯片的基本使用规则，一如今天的 X64、IA64 等。

X86 指令集是美国英特尔（Intel）公司为其第一块 16 位 CPU（i8086）专门开发的，IBM 公司 1981 年推出的世界第一台 PC 机中的 CPU－i8088（i8086 简化版）使用的也是 X86 指令，同时电脑中为提高浮点数据处理能力而增加的 X87 芯片系列数字协处理器则另外使用 X87 指令，以后就将 X86 指令集和 X87 指令集统称为 X86 指令集。虽然随着 CPU 技术的不断发展，Intel 陆续研制出了更新型的 i80386、i80486，直到今天的 Pentium 4（以下简称 P4）系列，但为了保证电脑能继续运行以往开发的各类应用程序以保护和继承丰富的软件资源，Intel 公司所生产的所有 CPU 仍然继续使用 X86 指令集，所以它的 CPU 仍属于 X86 系列。

除 Intel 公司之外，AMD 和 Cyrix 等厂家也相继生产出能使用 X86 指令集的 CPU。由于这些 CPU 能运行所有的为 Intel CPU 开发的各种软件，因此电脑业内人士就将这些 CPU 列为 Intel 的 CPU 兼容产品。因为 Intel X86 系列及其兼容 CPU 都使用 X86 指令集,所以就形成了今天庞大的 X86 系列及兼容 CPU 阵容。

自 1989 年起,Intel 就一直有条不紊地遵循着其称为"Tick-Tock 模式"的新产品创新节奏,即每隔一年交替推出新一代的先进制程技术和处理器微体系架构。先进的制程技术为处理器性能的变革提供了一个良好的基础,而优秀的核心架构不但能够弥补处理器主频的不足,而且更能简化缓存设计而降低成本,两者结合才是优秀处理器的根基。然而对于处理器厂商而言,更换核心架构是极其艰难的举动,因为这将耗费大量研发资金,更冒着性能不佳的风险。

基于 X86 架构的核心处理模块属于复杂指令集 CPU,芯片更复杂,成本更高,但有丰富的计算资源和更高的性能,更快的执行速度,因此未来在客舱信息系统中将拥有更广泛的应用。

6.1.1.3　基于 MIPS 处理器的核心处理模块

无内部互锁流水级的微处理器(Microprocessor without interlocked piped stages,MIPS)是世界上很流行的一种 RISC 处理器。MIPS 的机制是尽量利用软件办法避免流水线中的数据相关问题。它最早是在 20 世纪 80 年代初期由斯坦福(Stanford)大学 Hennessy 教授领导的研究小组研制出来的。MIPS 公司的 R 系列就是在此基础上开发的 RISC 工业产品的微处理器。这些系列产品为很多计算机公司采用并构成各种工作站和计算机系统。MIPS 是最早出现的商业 RISC 架构芯片之一,新的架构集成了所有原来的 MIPS 指令集,并增加了许多更强大的功能。

随后,MIPS 公司的战略发生变化,把重点放在嵌入式系统。1999 年,MIPS 公司发布 MIPS32 和 MIPS64 架构标准,为未来 MIPS 的开发奠定了基础。新的架构集成了所有原来的 MIPS 指令集,并且增加了许多更强大的功能。MIPS 公司陆续开发了高性能、低功耗的 32 位处理器内核 MIPS324Kc 与高性能的 64 位处理器内核 MIPS64 5Kc。2000 年,MIPS 公司发布了针对 MIPS32 4Kc 的版本以及 64 位 MIPS 64 20Kc 处理器内核。

　　MIPS 公司是美国著名的芯片设计公司,它采用精简指令系统计算(RISC)结构来设计芯片。和英特尔采用的复杂指令系统计算机(complex instruction set computer,CISC)结构相比,RISC 具有设计更简单、设计周期更短等优点,并可以应用更多先进的技术,开发更快的下一代处理器。

　　在 MIPS 芯片的发展过程中,SGI 公司在 1992 年收购了 MIPS 公司。1998 年,MIPS 公司又脱离了 SGI 公司,成为 MIPS 技术公司。

　　MIPS32 4KcTM 处理器是采用 MIPS 技术特定为片上系统(System-On-a-Chip)而设计的高性能、低电压的 32 位 MIPS RISC 内核。采用 MIPS32TM 体系结构,并且具有 R4000 存储器管理单元(memory management unit,MMU)以及扩展的优先级模式,使得这个处理器与目前嵌入式领域广泛应用的 R3000 和 R4000 系列(32 位)微处理器完全兼容。新的 64 位 MIPS 处理器是 RM9000x2,从"x2"这个标记判断,它包含了不是一个而是两个均具有集成二级高速缓存的 64 位处理器。RM9000x2 主要针对网络基础设施市场,具有集成的 DDR 内存控制器和超高速的名为 HyperTransport 的总线输入/输出链接。

　　处理器、内存和 I/O 均通过分组交叉连接起来的,可实现高性能、全面高速缓存的统一芯片系统。除通过并行处理提高系统性能外,RM9000x2 还可以通过将超标量与超流水线技术相结合的方式来提高单个处理器的性能。

　　64 位处理器 MIPS 64 20Kc 的浮点能力强,可以组成不同的系统,从一个处理器的工作站到 64 个处理器的服务器;这种 CPU 更适合图形工作站使用。MIPS 最新的 R12000 芯片已经在 SGI 公司的服务器中得到应用,目前其主频最大可达 400 MHz。

　　MIPS 处理器是 20 世纪 80 年代中期 RISC CPU 设计的一大热点。MIPS 是卖得最好的 RISC CPU,可以从任何地方,如索尼(Sony)和任天堂(Nintendo)的游戏机,Cisco 公司的路由器和 SGI 公司的超级计算机,看见

MIPS 产品在销售。目前随着 RISC 体系结构遭到 X86 芯片的竞争，MIPS 有可能是起初 RISC CPU 设计中唯一的一个在 21 世纪盈利的。和 Intel 相比，MIPS 的授权费用比较低，也就为除 Intel 外的大多数芯片厂商所采用。

基于 MIPS 的系统结构的核心处理设计理念比较先进，其指令系统经过通用处理器指令体系 MIPS Ⅰ、MIPS Ⅱ、MIPS Ⅲ、MIPS Ⅳ 到 MIPS Ⅴ，嵌入式指令体系 MIPS16、MIPS32 到 MIPS64 的发展已经十分成熟，软件/硬件协同提高性能，同时简化硬件设计。

6.1.1.4 基于 ARM 处理器的核心处理模块

高级 RISC 处理器（advanced RISC machines，ARM），既可以认为是一个公司的名字，也可以认为是对微处理器的通称，还可以认为是一种技术的名字。ARM 处理器是一个 32 位精简指令集处理器架构，其广泛地使用在许多嵌入式系统设计中。近年来，ARM 处理器发展迅猛，各半导体厂商纷纷支持 ARM 架构，推出各自系列 CPU。在软件方面，微软在 2012 年 10 月 26 日发布的 Windows 8 操作系统也支持 ARM 系列处理器。

在同一天发布的 ARM 架构版本微软 Surface（搭载 Windows RT 操作系统）中，微软已经采用了 ARM 处理器，这款产品或许意味着 Windows 平板电脑已经成为现实。ARM 架构的处理模块具有以下特点：

（1）体积小，低功耗，低成本，高性能。

（2）支持 Thumb（16 位）/ARM（32 位）双指令集，能很好地兼容 8 位/16 位器件。

（3）大量使用寄存器，指令执行速度更快。

（4）大多数数据操作都在寄存器中完成。

（5）寻址方式灵活简单，执行效率高。

（6）指令长度固定。

由于 ARM 架构的低功耗以及广泛的厂商阵营支持，因此基于 ARM 架构和核心处理模块未来会逐渐进入客舱与机载信息系统硬件的领域。

6.1.2　存储模块简述

客舱与机载信息系统由大量航电设备组成,而绝大部分航电设备的正常工作都离不开存储模块,现有航电设备上使用的存储模块主要有同步动态随机存取存储器(synchronous dynamic random access memory,SDRAM)、FLASH存储器,固态硬盘(solid state disk,SSD)、嵌入式多媒体存储卡(embedded multi media card,EMMC)、安全存储卡(security disk,SD)、电可擦除可编程只读存储器(electrically erasable programmable read only memory,EEPROM)。

6.1.2.1　SDRAM

SDRAM 已经发展到第五代 DDR4,考虑到技术上的成熟性,设计上对数据传输率、功耗的需求以及所选用处理器能够支持的 DDR 类型,目前航电设备上主要使用了 DDR2、DDR3、DDR3L 这些内存颗粒。考虑到飞机上的振动环境,应尽可能选用表贴的内存颗粒,避免选用金手指内存条。

6.1.2.2　FLASH 存储器

FLASH 存储器又称闪存,结合了只读存储器(read only memory,ROM)和随机存储器(random access memory,RAM)的长处,不仅具备电子可擦除可编程的性能,还可以快速读取数据,使数据不会因为断电而丢失。

FLASH 存储器分为 NOR FLASH 和 NAND FLASH 两类,其各自有各自的优缺点。如 NOR FLASH 的读速度比 NAND FLASH 稍快一些;NAND FLASH 的写入速度比 NOR FLASH 快很多;NAND FLASH 的擦除速度远比 NOR FLASH 快;NAND FLASH 的擦除单元更小,擦除电路更加简单;NAND FLASH 的应用方式要比 NOR FLASH 复杂得多。更重要的区别在于,NOR FLASH 的读取和 SDRAM 的读取是一样的,可以直接运行装载在 NOR FLASH 里面的代码。NAND FLASH 没有采取内存的随机读取技术,不能直接运行 NAND FLASH 上的代码。在使用 NAND FLASH 器件时,必须先写入驱动程序,才能继续执行其他操作,NAND FLASH 实际上就是类似于光盘、硬盘的次级存储设备。

因此,在很多航电设备中,使用 NAND FLASH 来存贮相对大容量的数据。另外,再配置一个小的 NOR FLASH 来存储操作系统入口程序、程序代码或者操作系统等重要信息,并运行启动代码。

6.1.2.3 SSD

SSD 根据数据传输接口,主要有 SATA 2.0 和 SATA 3.0 接口,以及 PCIE 3.0 接口。相比传统机械硬盘,SSD 有功耗低、无噪音、工作温度范围大(甚至是工业级,机械硬盘工作温度范围小,达不到工业级)、轻便、防震、读写速度快的显著优点。

考虑到飞机上的振动和高低温环境,有大量数据存储需求的航电设备不会选用机械硬盘作为存储器,而是选用 SSD 作为次级存储器,如机载娱乐系统服务器。

6.1.2.4 EMMC 和 SD

EMMC 相当于 NAND FLASH 加主控芯片,对外的接口协议与 SD 和 TF 卡一样,其最大的优势是在封装中集成了一个控制器。它提供标准接口并管理闪存。

EMMC 的使用简化了航电设备的设计,它是当前应用最广泛的移动设备本地存储解决方案,对存储容量有较高要求的航电设备也完全可以采取这一解决方案。

另外,选用 EMMC 作存储器也可以加速产品研发速度。EMMC 的设计概念就是为了简化嵌入式产品内存储器的使用,将 NAND FLASH 芯片和控制芯片设计成一颗主控制处理(MCP)芯片,研发工程师只需要采购 EMMC 芯片,放进设计好的航电设备中,而不需要处理其他复杂的诸如 NAND FLASH 兼容性和管理等问题,其最大优点是缩短了新产品的上市周期和研发成本。

SD 是新一代存储设备,它具备体积小、数据传输速度快、可热插拔等特性。另外,它最大的特点就是通过加密功能,保证数据资料的安全性。

根据航电设备数据存储量以及硬件平台所支持存储接口,考虑选用 EMMC 和 SD 来作为小容量(相对 SSD)数据的存储器。

6.1.2.5　EEPROM

EEPROM 作为一个小容量的存储器,在航电设备上也有广泛的应用。一些专用集成电路(application specific integrated circuits,ASIC),如以太网端口物理层(port physical layer,PHY)芯片、总线协议转换芯片、温度侦测芯片等的配置信息,则可以选用 EEPROM 来作为存储器。

6.1.3　接口与通信模块简述

6.1.3.1　系统常用接口

(1) 离散量在 ARINC 600、ARINC 763 等标准中均有定义,常见的有"地/开""28 V/开"两种类型。

(2) ARINC 429 总线遵循 ARINC 429 标准,全称为数字信息传输系统(digital information transfer system,DITS)。

(3) AFDX 总线遵循 ARINC 664 标准,全称为航空全双工交换式以太网。基于标准的 IEEE 802.3 协议,同时在商用以太网基础上增加了确定性定时机制和可靠信息传输机制,传输速率能达到 100 Mbps。AFDX 由于其高复杂度,造成使用成本较高,因此在本系统中并未成为常用总线,多出现于核心航电等重要机载网络的接口。

(4) 以太网遵循 IEEE 802.3 协议,常见速率有 10 Mbps、100 Mbps、1 000 Mbps,被广泛用于本系统。作为本系统的主干网,实现内外部 LRU 的互联互通,极大程度上解决了因大量音视频数据传输带来的传统航空总线数据传输速率较低的问题。

(5) RS‐422/485 总线遵循 EIA‐422/485 协议。严格意义上来讲,422/485 总线是一种应用于工业生产现场的总线技术,而它们被广泛用于民机航电系统则是因其协议简单、配置灵活等特点。常作为一种余度总线,被用于承载非关键数据。

（6）音频总线遵循 ARINC 715 等标准,常用于客舱乘务员广播和内部通话系统。

6.1.3.2　系统常用的总线拓扑

总线拓扑有星型拓扑、总线型拓扑、树型拓扑、网状拓扑、环网拓扑。其特征和优缺点如表 6-2 所示。

表 6-2　总线拓扑的特征和优缺点

拓扑选择	组网特征	优点	缺点	线缆用量
星型拓扑	中心节点通过点对点链路连接各站点	（1）单线路损坏或单站点（非中心节点）出现故障时,仅影响单点。 （2）网络的扩展容易。 （3）控制和诊断方便。 （4）访问协议简单	（1）过分依赖中心结点。 （2）成本高	较大
总线型拓扑	采用单根传输线作为传输介质,所有的站点均通过相应的硬件接口直接连接到传输介质或总线上,各站点对等,无中心节点控制	（1）从硬件角度来看总线型拓扑结构可靠性高。因为总线型拓扑结构简单,而且又是无源元件。 （2）易于扩充,增加新的站点容易。如要增加新站点,仅需在总线的相应接入点将工作站接入即可。 （3）使用电缆较少,且安装容易。 （4）使用的设备相对简单,可靠性高	（1）故障隔离困难。 （2）故障诊断困难	较少
树型拓扑	是一种分层的结构,适用于分级管理和控制系统	（1）易于扩展。从本质上看这种结构可以延伸出很多分支和子分支,因此新的节点和新的分支易于加入网内。 （2）故障隔离容易。如果某一分支的节点或线路发生故障,很容易将这个分支和整个系统隔离开来	对根的依赖性太大,结构比较复杂	较少

（续表）

拓扑选择	组网特征	优点	缺点	线缆用量
网状拓扑	各节点通过传输线互联连接起来,并且每一个节点至少与其他两个节点相连	(1) 可靠性高。 (2) 容易扩展	(1) 安装和维护困难,提供冗余链路增加了成本。 (2) 结构复杂,布线困难,必须采用路由算法和流量控制方法。 (3) 网络各节点需要多个交换设备	最大
环网拓扑	使一台设备与下一台设备之间进行双向链接,所有设备连接成环状	(1) 有冗余路径,可靠性高,单链路或单端口故障不影响系统使用。 (2) 成本低	(1) 效率较低,堆叠层数较多时,堆叠端口会成为系统瓶颈。 (2) 各节点都需要交换功能	最少

6.1.3.3　客舱核心系统环网拓扑

环网拓扑因其布线量最少的同时提供了高可靠性,被广泛用于客舱核心系统。客舱核心系统通信主网络主要由两类部件构成,一类是旅客服务控制单元(PSCU),另一类是客舱接口单元(CIU),主要完成旅客服务接口以及外部系统接口管理。两者之间的接口早期使用过 RS-422/485 总线,后被以太网所取代,如图 6-1 所示。

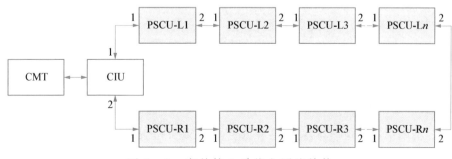

图 6-1　客舱核心系统主网络结构

使用以太网接口的环网拓扑所使用的核心技术：

（1）自动分配 IP。基于 DHCP 技术自动分发 IP 地址。

（2）消除环路。专用于解决网络环路导致的广播风暴、大量的重复帧、广播帧及交换设备 MAC 地址失效无法正常工作的问题。

（3）拓扑生成。在已知设备（PSCU 和 CIU）的物理部署信息以及特定设备（CIU）的位置信息的情况下，获取计算出设备的网络信息以及邻接关系（相对位置关系），即可将设备的网络信息与物理部署位置相对应。

6.1.4 显示模块简述

6.1.4.1 LCD 触摸屏显示终端

当今一般采用液晶显示器（liquid crystal display，LCD）触摸屏作为显示终端。

触摸屏是一套透明的绝对坐标定位系统。首先，它必须保证是透明的，因此它必须通过材料科技来解决透明问题。其次，触摸屏是绝对坐标，手指摸哪儿就是哪儿，不需要第二个动作，不像鼠标，是相对定位的一套系统。我们可以注意到，触摸屏软件都不需要光标，有光标反倒影响用户的注意力，因为光标是给相对定位的设备用的。相对定位的设备要移动到一个地方首先要知道身在何处，往哪个方向去，每时每刻还需要不停地给用户反馈当前的位置才不至于出现偏差。最后，就是能检测手指的触摸动作并且判断手指位置。

从技术原理来区别触摸屏，可分为五个基本种类：矢量压力传感技术触摸屏、电阻技术触摸屏、电容技术触摸屏、红外线技术触摸屏和表面声波技术触摸屏。其中矢量压力传感技术触摸屏已退出历史舞台。红外线技术触摸屏价格低廉，但其外框易碎，容易产生光干扰，在曲面情况下易失真。电容技术触摸屏设计构思合理，但其图像失真问题很难得到根本解决。电阻技术触摸屏的定位准确，但其价格颇高，且怕刮易损。表面声波触摸屏解决了以往触摸屏的各种缺陷，清晰不容易被损坏，适于各种场合，缺点是屏幕表面如果有水滴和尘土会使触摸屏变得迟钝，甚至不工作。

6.1.4.2　电子飞行包显示模块

电子飞行包(EFB)是飞行员的飞行助理工具,美国联邦局咨询通告(AC 120-76A)的定义是:驾驶舱/机舱使用的电子显示系统。

EFB 主要功能是:电子化文件、手册、图表和资料,便于随时调用查阅;电子航图,包括终端区图、进近图、地面滑行数据及航路导航数据库,供随时调用查阅或地面活动显示;电子检查单,包括起飞着路检查单和应急检查单;电子化的飞行性能计算;电子化的飞行日志;电子视频监视,包括机外情况和客舱监视(驾驶舱门附近的情况和客舱内旅客情况)。EFB 界面如图 6-2 所示,系统可以包含多个模块,如数据加载、手册查询、视频监控、飞行日志等。

图 6-2　EFB 界面

EFB 显示单元(display unit,DU)作为一个 EFB 计算机监控输入装置。EFB 显示单元间通过数据总线连接。其结构为中间是 LCD 触摸屏,顶部和底部含有功能键,左右两侧是行选择键,左下角为灯光感应器。EFB 显示单元是一个显示图形颜色为黑色和白色视频的液晶显示器。EFB 的操作是通过触摸屏、显示单元左侧和右侧的行选择键(line select key,LSK)和光标控制装置

(cursor control device，CCD)来实现的。

6.1.4.3　客舱管理终端模块

客舱管理终端模块是人机交互页面，是由乘务员面板实现的。屏幕采用图形用户界面(GUI)菜单，提供多个系统的监控。客舱管理终端主要包括客舱状态、客舱温度、客舱照明和舱门状态内容。

1)　客舱状态

如图6-3所示，客舱状态界面信息显示当前客舱系统状态。以文字信息形式显示当前客舱状态，以图形形式显示客舱照明、舱门状态和客舱温度。

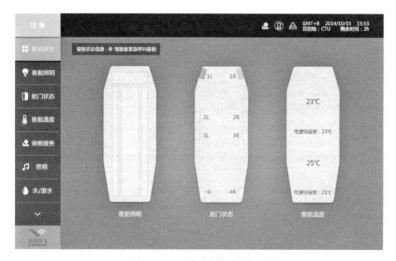

图6-3　客舱状态界面

2)　客舱温度

客舱温度界面如图6-4所示，该界面主要完成客舱温度控制。界面分为"区域选择"和"温度调节"两个区域。"区域选择"分为上、下两个区域，分别对应"驾驶舱区"和"客舱区"。"温度调节"包括柱状温度指示和设置按键，其中柱状温度指示左侧为华氏度指示，右侧为摄氏度温度指示，设置按键为"＋""－"和"复位"。当选择"区域选择"上区时，为驾驶舱区，温度调节变为对应的"驾驶舱区"设置界面，"＋""－"用于设定温度增加或减少，"复位"键用于恢复默认温度23℃。

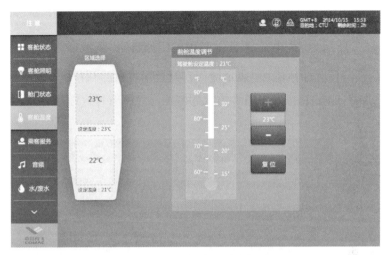

图 6-4　客舱温度界面

3）客舱照明

图 6-5 所示为客舱照明状态显示和设置界面。左侧为客舱照明状态显示，右侧为照明调节设置界面。照明调节设置界面分为"前服务区""天花板"和"侧壁板"三个区域，三个区域通过"高亮""中亮""低亮"和"关闭"来开关和调节客舱照明强弱。

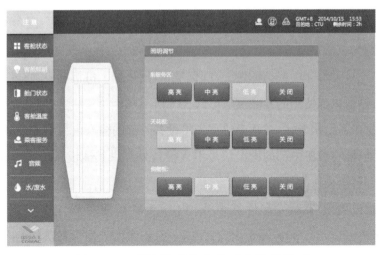

图 6-5　客舱照明状态显示和设置界面

4）舱门状态

图 6-6 所示为舱门状态界面。其中舱门位置用"1L""1R"等符号表示，
表示舱门锁好且滑梯预位，█ 表示舱门打开且滑梯解除预位，█ 表示舱门关闭
但状态未知。

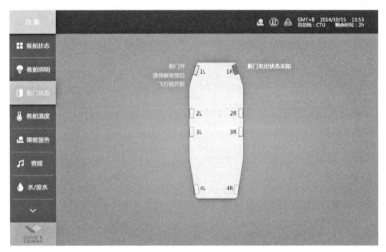

图 6-6　舱门状态界面

6.1.5　内部互联模块描述

客舱与机载信息系统由众多不同类型设备组成，各个设备结构形式不同，
有的符合 ARINC 404 或 ARINC 600 标准，有的依据飞机机型要求开展定制化
设计。因此，内部使用的互联模块形式也有所不同。

根据产品结构形式，互联模块首先将设备外部的输入信号引入设备内部模
块进行处理，将设备内部的输出信号引入设备外部供其他设备使用，同时实现
设备内部各个模块的互联互通。

根据设备复杂程度和性能要求，内部互联模块可采用个人电脑接口
（personal computer interface，PCI）、PCI‐E、以太网等作为互联总线进行数据
传输。根据互联模块使用的总线类型，互联模块可划分为 PCI 总线互联模块、

PCI‑E 总线互联模块、以太网互联模块等类型。其中,PCI 总线互联模块主要用于较老的客舱与机载信息系统设备,PCI‑E 总线互联模块主要用于新一代设备,以太网互联模块主要用于多处理器协同工作的设备。

6.1.5.1　PCI 总线互联模块

PCI 总线互联模块主要采用 PCI 总线作为设备内各模块的互联通路。

PCI 总线诞生于 1992 年。当时,英特尔推出了 486 处理器,扩展工业标准结构(extend industry standard architecture,EISA)总线成为瓶颈,因为 CPU 的速度已经明显高于总线速度,但受到 EISA 的限制,硬盘、显卡和其他外围设备都只能慢速发送和接收数据,整机性能受到严重影响。为了解决这个问题,Intel 公司提出 32 位 PCI 总线的概念,并迅速获得认可,成为新的工业标准。

PCI 总线位宽 32 位,可扩展 64 位,主频 33 MHz,因此数据传输速率可达 132～264 Mbps。PCI 总线结构如图 6‑7 所示,从图中可看出它是由 PCI 桥接器(或称桥路)和 PCI 总线构成的。

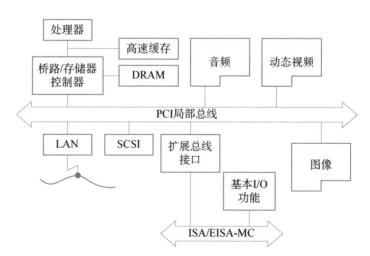

DRAM—动态随机存取存储器(dynamic random access memory);LAN—局域网(local area network);SCSI—小型计算机系统接口(small computer system interface);ISA—工业标准结构(industry standard architecture)。

图 6‑7　PCI 总线结构

PCI 桥接器是一个总线管理部件,由 PCI 控制器、PCI 高速缓存、存储器和加速器组成。它完成驱动 PCI 总线的全部控制功能,同时把 CPU 总线与 PCI 总线隔离开来。这样 PCI 总线的时钟与 CPU 时钟无关,CPU 可以充分发挥其高速的功能。在所有的外设接口中,PCI 总线提供了高速数据传送通路,满足图形、视频等设备需求;对于那些速度要求不同的设备,也提供了标准总线桥接器,将 PCI 总线转换为标准总线,如 ISA、EISA、微通道体系结构(micro channel architecture,MCA)等。PCI 总线的结构还具有可扩展性,如图 6-8 所示,共有 5 个 PCI 桥接器、5 条 PCI 总线和 1 个标准总线,这些总线可以并行工作。

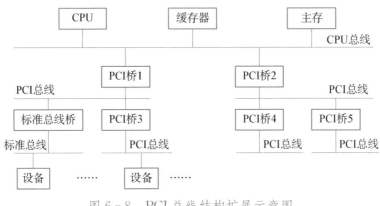

图 6-8 PCI 总线结构扩展示意图

PCI 总线自 1993 年修订之后,又不断完善,使其具有明显的特点。

PCI 总线支持线性突发传输,外设一般由内存某一区域接收数据,只需给出某一地址,即可按线性或顺序寻址方式接收数据块中的下一个字节数据。这种性能可以使总线不断满载,充分利用总线的传输能力。

独立于 CPU 的体系结构,将 CPU 系统与外设系统分开,用户增加外设,可以不受 CPU 时钟频率的影响。

PCI 总线控制器可以与处理器并行工作。

PCI 总线具有自动配置的功能,每个 PCI 插卡插入主机系统,系统则可以从卡上得到必要的信息,而后为该插卡分配端口地址、中断信息等,具有存储延误小、兼容性好、留有充分的发展空间、成本低、规则规范优点。

6.1.5.2　PCI-E 总线互联模块

PCI-E 总线互联模块主要采用 PCI-E 总线作为设备内各模块的互联通路。

PCI-E 的基本架构包括根组件、交换器和各种终端设备。根组件可以集成在北桥芯片之中,用于处理器和内存子系统与 I/O 设备之间的连接;桥接的功能通常以软件的形式提供,包括多个逻辑 PCI-E 到 PCI 总线的桥连接,以保持与传统 PCI 总线设备的兼容性。在 PCI-E 架构中出现的新设备是交换器,主要用来为 I/O 总线提供输出端,它也支持在不同终端设备间进行对等数据传输,PCI-E V1.0 的拓扑结构如图 6-9 所示。从图中可以看到,PCI-E 连接器已被移植到系统的各个不同部分,可为以后出现的高速设备提供接入点。

PCI-E 体系结构的设计非常先进,采用了类似网络体系结构 OSI 七层参考模型的分层体系结构设计方案,这样的设计比较利于跨平台使用。PCI-E 分层体系结构模型如图 6-10 所示,从图中可以看出,分层模型从下到上分别由物理层、数据链路层、事务处理层和软件层组成。其配置采用在 PCI 即插即

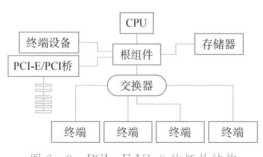

图 6-9　PCI-E V1.0 的拓扑结构

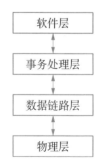

图 6-10　PCI-E 分层体系结构模型

用规范中定义的标准机制,软件层产生的读写请求被事务处理层采用一种基于数据包的分离封装协议传送给各个 I/O 设备,数据链路层为这些数据包增加顺序号和 CRC 冗余代码以创造一个高度可靠的数据传输机制。物理层采用成对的单通道来实现数据的同步收发。

6.1.5.3　以太网互联模块

以太网互联模块主要采用以太网总线作为设备内各模块的互联通路。

以太网是 20 世纪 70 年代首先由美国施乐(Xerox)公司开发的一种基带局域网规范。以太网规范提供了物理层与数据链路层的规定,而更高的各层次统称为用户层,由各厂家自行做出规定。

数据链路层被分割为两个子层,因为在传统的数据链路控制中缺少对包含多个源地址和多个目的地址的链路进行访问管理所需的逻辑控制,另外也使局域网体系结构能适应多种通信介质。换句话说,在逻辑链路控制(LCC)不变的条件下,只需改变媒体访问控制(MAC)便可适应不同的媒体和访问方法,MAC 子层与介质材料相对无关。

物理层分为两个接口:媒体相关接口(medium dependent interface,MDI)和连接单元接口(attachment unit interface,AUI)。其中媒体相关接口随媒体而改变,但不影响 LCC 和 MAC 的工作;从网络分层来看,以太网的每一个新的标准都兼容以前的标准,而且不改变上层协议。其分层结构如图 6 - 11 所示。

在以太网发展过程中,协议的修改基本是在物理层进行的,网络层以上是不改动的。在 IP 网络中,以太网协议的修改,不直接涉及 TCP/IP 协议。MAC 层重要功能之一就是成帧,当这些以太网帧一致时,MAC 层基本上不用做改动。以太网的传输媒质从开始基于总线共享的同轴电缆到后来的铜线、光纤、无线等;传输方式从基于带有碰撞检测的载波侦听多路访问(carrier sense multiple access with collision detection,CSMA/CD)的半双工到全双工;编码方式从 10 M 以太网的曼彻斯特编码、快速以太网的 4B5B 和 8B6T 到千兆以太网的 8B10B 以及 10 G 以太网的 64B66B 和 8B10B。这些变化都只体现在物理

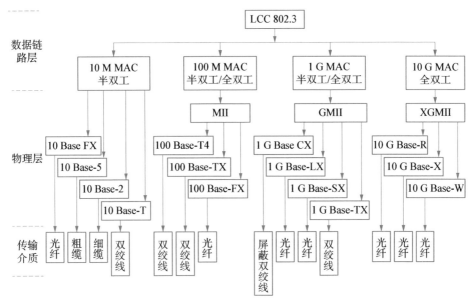

图 6-11 以太网体系分层结构

层和媒质访问层的改变上。

IEEE 802.3 所用的媒体访问方法采用 CSMA/CD 技术。在这种方式中，一个工作站在发送前，首先使用载波侦听协议侦听媒体上是否有收发活动。当侦听到媒体空闲时，立即开始进行传输。如果侦听到有载波存在，那么工作站便推迟自己的传输，退避一段时间后再试。如果两个工作站同时试图进行传输，将会造成彼此间的干扰，这种现象称为碰撞。这是一种正常现象，因为媒体上连接的所有工作站的发送都是基于媒体上是否有载波，所以称为载波侦听多路访问（CSMA）。

为保证这种操作机制能够运行，还需要具备检测有无碰撞的机制，这便是碰撞检测。也就是说，工作站在发送过程中仍要不断检测是否出现碰撞。如果在发送过程中有碰撞发生，那么工作站就发送一个短的干扰信号，以保证所有的站点都知道出现了碰撞。发送完干扰信号后，等待一段随机时间，然后再重新尝试发送。CSMA/CD 媒体访问方法的规则为：如果媒体信道空闲，则可进行发送；如果媒体信道忙（有载波），则继续对信道进行侦听。一旦发现空闲，就进行发送。如果在发送过程中检测到碰撞，则停止正常发送，转而发送一个短的干扰信号，使网上所有站都知道出现了碰撞；发送了干扰信号后，退避一段随机时间，重新尝试发送。

6.1.6 产品结构设计简述

信息/客舱设备大多安装于飞机电子设备舱和客舱。设备工作时需面对高温、振动、高湿与复杂电磁环境，同时还需满足设备高寿命、高可靠性、高维修性等要求；进行设备结构设计时需从设备安装方式、机箱结构设计、散热设计、选材及加工方式等方面综合考量。

6.1.6.1 设备安装设计

信息/客舱设备安装方式主要有符合 ARINC 600 标准的快卸安装方式，如图 6-12 所示；符合 ARINC 763 标准的法兰螺钉安装方式，如图 6-13 所示。

比较特殊的有安装于客舱行李舱下方的吊挂挂钩安装方式，如图 6-14 和图 6-15 所示。

飞机上安装有固定的内、外两条导轨，导轨上有等间距的方孔，用于限定挂钩和导轨在飞机航向上的移动；吊挂设备两侧分别安装有两对挂钩，挂钩均可以按自己的旋转轴旋转。

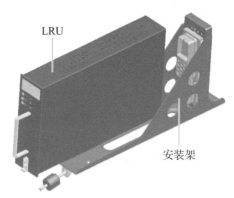

图 6-12　ARINC 600 设备安装示意图

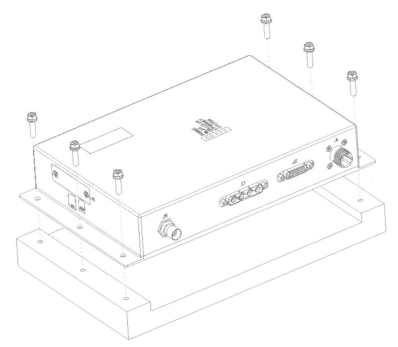

图 6 - 13　法兰螺钉安装示意图

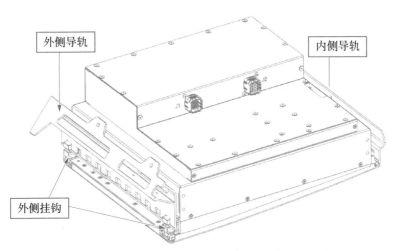

图 6 - 14　吊挂挂钩安装示意图(1)

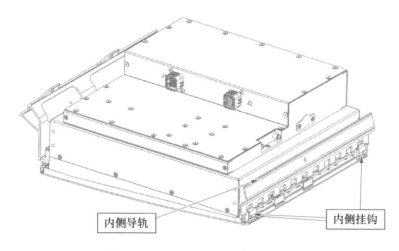

内侧导轨

内侧挂钩

图 6-15　吊挂挂钩安装示意图(2)

安装时：先安装外侧两个挂钩,外侧挂钩挂在导轨上后,绕外侧挂钩转轴旋转吊挂设备,直至内侧挂钩挂上内侧导轨。

拆卸时：在内侧挂钩处用两个细长工具从吊挂设备外壳装饰件圆孔位置向上顶内侧挂钩,使挂钩从导轨上脱钩,再用手指按压外侧挂钩的弹性件,使外侧挂钩从导轨上脱钩。

6.1.6.2　箱体结构设计

箱体结构有如图 6-16 所示的结构：6 个面均为独立的零件通过螺钉装配在一起,形成封闭箱体；也有如图 6-17 所示的结构：箱体由一个半封闭的结构件和一个底板两部分组成。

6.1.6.3　设备散热设计

信息/客舱设备散热主要采用自然散热与强迫风冷两种方式。

（1）自然散热。在自然散热方式中,芯片等发热器件产生的热量首先通过导热垫片传导到机箱壁内侧,再由机箱壁内侧传导到外侧,再到机箱壁外侧的鳍片,最后通过自然对流和辐射换热将热量散发到外界空气的热沉里。导热走向如图 6-18 所示。

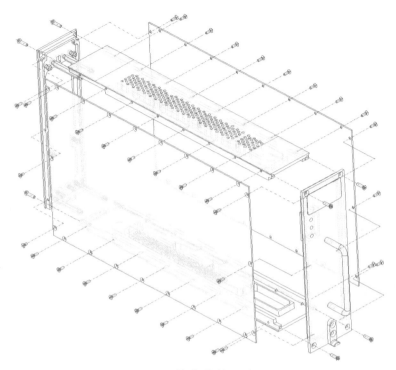

图 6-16 箱体结构示意图(1)

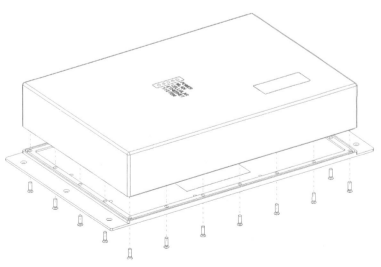

图 6-17 箱体结构示意图(2)

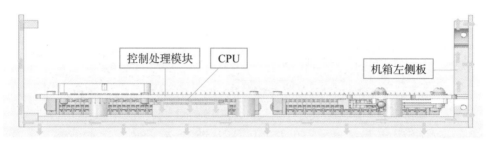

图 6-18　自然散热导热走向示意图

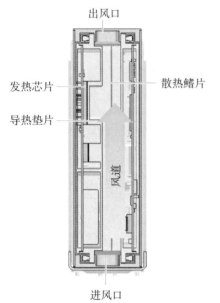

图 6-19　强迫风冷示意图

（2）强迫风冷。在强迫风冷方式中，芯片等发热器件产生的热量首先通过处于芯片与设备模块底板间的导热垫片将热量导入设备模块底板上，然后再通过设备模块底板上的散热鳍片辐射到机箱内部的空气中，最后由从机箱底部进入的冷却风，从机箱顶部的出风口带出，完成整个机箱的散热，如图 6-19 所示。

6.1.6.4　零件加工方式

（1）机加工。机加工是机械加工的简称，指通过机械精确加工去除材料的加工工艺。机械加工主要有手动加工和计算机数字控制（computerized numerical control，CNC）加工两大类，手动加工是指机械工人手工操作车床、铣床、刨床、磨床、钻床等机械设备来实现对各种材料的加工方法，比较适合小批量、结构简单的零件加工；CNC 加工是指机械工人运用数控设备来进行加工，数控设备一般指加工中心，CNC 加工适合各种批量、结构复杂、加工精度要求高的零件加工。本系统设备零件结构较复杂，加工精度要求高，机加工方式主要采用 CNC 方式。

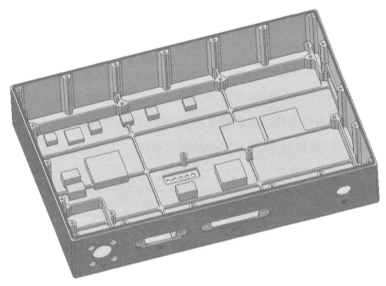

图 6-20　机加工零件

（2）钣金加工。钣金加工是针对金属薄板（6 mm 以下）的一种综合冷加工方式，包括剪裁、折弯、铆接、拼接、拉伸等。钣金加工零件的最大特点是同一零部件厚度基本保持一致。本系统设备零件通过钣金加工工艺实现的主要是机箱体、侧板、底板等零件。

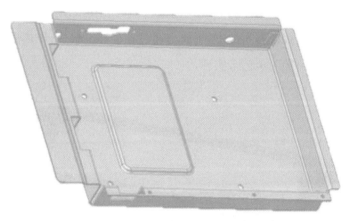

图 6-21　钣金加工零件

（3）注塑加工。注塑加工是将热塑性或热固性材料利用塑料成型模具制成各种形状的塑料制品加工方法,注塑加工是通过注塑机和模具来实现的。此加工方法生产速度快、效率高,操作可实现自动化,成品零件形状多样、能成型形状复杂的零件,且尺寸精确,注塑加工适用于大量生产形状复杂的产品,但注塑加工只适用于塑料零件。在客舱系统设备零件中,客舱设备外壳零件为满足造型与外观要求、形状复杂,均采用注塑加工实现。

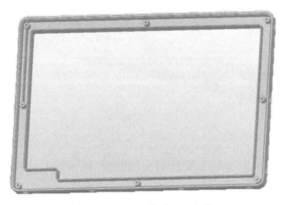

图 6-22　注塑加工零件

（4）模切加工。模切加工是用模切刀根据产品设计要求的图样组合成模切板,在压力的作用下,将印刷品或其他板状坯料轧切成所需形状或切痕的成型工艺。在客舱系统设备零件中,主要是通过各种导电垫片、导热垫片、密封膜与标签等采用模切加工工艺来实现。

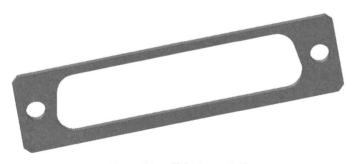

图 6-23　模切加工零件

6.1.7 操作系统与驱动程序开发简述

操作系统和驱动程序是介于硬件设备的应用程序之间的一层，完成硬件设备的抽象、资源的管理工作。传统的航空电子设备在操作系统的选择上从安全性、实时性以及软件适航方面的考虑一般选择 Vxworks 或 UCOSII 等实时操作系统(real-time operating system，RTOS)。选择 RTOS 虽然在实时性上有了保证，但是实时操作系统一般功能比较简单，在上面开发复杂的功能受到限制。

常用嵌入式操作系统包括 Linux、Android、Vxworks、UCOSII 等，服务器操作系统一般为 Linux 或 Windows。操作系统的开发流程一般分为以下几个过程：需求分析，系统选择，内核移植，操作系统移植，操作系统裁剪，驱动开发，文件系统制作这几个过程。在航空电子领域，操作系统的开发考虑的是软件的研制保证等级，需求以及适航取证方面。针对不同的研制保证等级，DO-178C 定义了不同的目标，这将直接影响操作系统的选择范围。

客舱系统与旅客的体验直接相关，直接影响旅客体验和满意度，更新换代较快，功能比较复杂，主要涉及客舱的控制、状态监视、通信、旅客的娱乐(如音视频的点播、游戏以及移动互联的一些需求)。客舱系统的设备不影响飞行安全，研制保证等级一般为 E，在操作系统的选择上考虑到开发的便利和平台的开放，一般选择 Linux 系统。机载信息系统主要是飞机与地面信息的交换，包括视频监控、打印机、电子飞行包以及维护信息，它涉及信息的转发，路由、存储、维护信息、电子航图等信息的查看。该系统功能的研制保证等级一般为 D 或 E，操作系统的选择一般为 Linux、Vxworks 或者 Windows。客舱系统和机载信息系统的典型软件架构如图 6-24 所示。

客舱与机载信息系统的驱动主要包括网口、交换和路由、WiFi、蜂窝通信、存储、显示、音频等。操作系统主要考虑系统的裁剪、性能的调

图 6-24　系统的典型软件架构

优。驱动开发主要专注在各种接口以及通信协议,以及系统的稳定性、安全性、可维护性。

从软件适航方面考虑,客舱与机载信息系统的研制保证等级低,对于研制保证等级为 E 的软件,DO-178C 没有明确要求;对于研制保证等级为 D 的软件,DO-178C 要求 25 个目标涉及计划,包括构型管理、高级需求、软件架构、目标码、集成验证过程等。DO-178C 定义的软件过程如图 6-25 所示。从 DO-178C 来看,D 级系统软件要求高层需求与系统需求之间的追踪关系,其开发过程如图 6-26 所示。

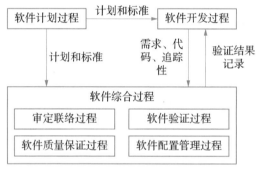

图 6-25　DO-178C 定义的软件过程

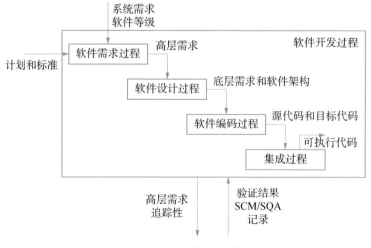

图 6-26　D 级软件开发过程

6.1.8　主要应用程序集成开发环境简述

集成开发环境(integrated development environment，IDE)是用于提供程序开发环境的应用程序，一般包括编辑器、编译器、调试器和图形用户界面等工具。

6.1.8.1　Visual Studio 集成开发环境

Visual Studio 是微软公司的开发工具包系列产品，是目前最流行的 Windows 平台应用程序的 IDE。

Visual Studio 是一套完整的开发工具集，用于生成 ASP. NET Web 应用程序、XML Web Services、桌面应用程序和移动应用程序。Visual C++、Visual Basic、Visual C♯和 Visual J♯全都使用相同的 IDE，利用此 IDE 可以共享工具且有助于创建混合语言解决方案。另外，这些语言使用. NET Framework 的功能，它提供了可简化 ASP Web 应用程序和 XML Web Services 开发的关键技术。

6.1.8.2　Eclipse

Eclipse 最初是由 IBM 公司开发的替代 Visual Age for Java 的下一代 IDE，2001 年 11 月贡献给开源社区，现在由非营利软件供应商联盟 Eclipse 基金会(Eclipse foundation)管理。

Eclipse 是一个开放源代码的、基于 Java 的可扩展开发平台。就其本身而言，它只是一个框架和一组服务，用于通过插件组件构建开发环境。通过安装不同的插件，Eclipse 可以支持不同的计算机语言，如 C/C++、Java 和 Python 等。

6.1.8.3　WindRiver Workbench

WindRiver Workbench 是风河公司为开发 VxWorks 提供的 IDE，提供非常有效的方式去开发实时嵌入式的应用程序，而不必过多地依赖目标系统。

WindRiver Workbench 采用了基于 Eclipse 开放标准架构，可以方便地集成第三方插件。可以支持多种目标机操作系统，如 Linux、VxWorks、

ThreadX 等。支持整个产品开发的全生命周期，包括硬件板卡调试、板级支持包（board support package，BSP）/Driver 开发、应用程序开发以及产品测试等。支持多种架构的目标机处理器，包括 ARM、MIPS、PPC 和 X86 等。此外，WindRiver Workbench 还能对源代码进行静态的符号解析，从而可以让用户交叉浏览代码。

6.1.9　主要应用程序集成调试简述

软件开发人员每天都要调试程序，好的调试技巧是一项必备技能。本节将概述 C/C++程序的调试过程并介绍调试工具的作用。

6.1.9.1　bug 分类

（1）常见 bug。常见 bug 存在于源代码中，其行为是可以预测的。

（2）偶发性 bug。不同于常见 bug，偶发性 bug 不会轻易浮出水面，常常是在我们没有准备的情况下发动攻击。

（3）Heisenbug。通常 Heisenbug 要么是由于资源争用引起的，要么是由于非法使用内存引起的，要么是由于优化错误引起的。

（4）隐藏在 bug 背后的 bug。要经常考虑有多个 bug 的可能性。在某些情况下，为了避免程序行为的异常，需要修复多个问题。

（5）秘密 bug（调试与机密性）。常见 bug 的另一个讨论的同类是秘密bug。它在客户正在使用软件时发作。这时应考虑三种选择：尝试自己再现这一问题，在客户方进行现场调试或者使用一个安全链接进行远程调试。

6.1.9.2　调试指导方针

（1）理解需求。在开始调试和修复任何错误之前，一定要保证理解需求。或许软件根本没有故障，只是产生了误解，而不是 bug。

（2）制造失败。我们需要一个测试用例，使程序运行失败，然后亲自观察。

（3）简化测试用例。简化测试用例主要是为了达成如下几个目的：排除不起作用的因素;减少测试用例的运行时间;最重要的是,使测试用例更容易调试。

(4) 读取恰当的错误消息。第一个错误之后所发生的每件事都应该用一种怀疑的眼光来看待。第一个问题可能导致程序处于不正常状态。按照出现顺序来修复问题。

(5) 检查显而易见的问题。接下来,检查一些显而易见的问题。

(6) 从解释中分离出事实。不要直接下结论。整理一份清单,列出对某一事实已知的情况和原因。

(7) 分而治之。这种策略可以成功地用于处理多种因素共同作用的复杂调试。

(8) 工具要与 bug 匹配。不要嫌麻烦,要调试的是出现问题的地方,而不是便于调试的地方。

(9) 一次只做一项更改。尽可能一次只做一项更改,然后检查它是否有意义。如果没有意义,则返回到原来状态,再尝试下一个思路。

(10) 保持审计跟踪。在进行手工测试时,要记下都做了哪些事情、执行的顺序以及出现了什么结果。让程序创建日志文件并输出状态消息。一旦找到 bug,笔记和日志可能是唯一能够将 bug 与环境关联起来的信息。

(11) 获得全新观点。当陷入僵局时,可以找别人讨论一下。向别人解释问题的过程可能会帮助认清事实,而且会形成一种全新的观点。

(12) bug 不会自己修复。有时,在修改了某些语句之后,bug 可能会消失。但是,除非有很充分的理由说明修复很有效,否则最好假设 bug 依然存在,并且未来还会发作。即使有很好的解释,也要验证修复的有效性。

(13) 用回归测试来检查 bug 修复。为了彻底修复 bug,应该将简化的测试用例转化为回归测试。

6.1.9.3　主要调试器操作

1) 单步调试源代码

在 GDB 中是用 run 命令运行程序的，在 Visual Studio 中按 F5 或者在 Debug 菜单上选择 Start Debugging，在 Eclipse 中运行程序的方式也是类似的。

也可以安排程序的执行在某个地方暂停，以便检查变量的值，从而得到关于程序错误所在位置的线索。下面是可用来暂停程序执行的一些方法。

（1）断点。在 GDB 中是通过 break 命令及其行号来完成的；在 Visual Studio 中是在代码行左边的页边空白处单击完成的，也可以在代码行上点击右键，在弹出的快捷菜单上，导航至 Breakpoint，选择 Insert Breakpoint；在 Eclipse 中是在代码行左边的页边空白处双击完成的。

（2）单步调试。GDB 的 next 命令让 GDB 执行下一行，然后暂停。step 命令的作用与此类似，只是在函数调用时 step 命令会进入函数，而 next 命令会导致程序执行的暂停出现在下次调用函数时。Visual Studio 和 Eclipse 是通过 Step Into 和 Step Over 来完成这一功能的。

（3）恢复操作。在 GDB 中，continue 命令通知调试器恢复执行并继续，直到遇到断点为止。Visual Studio 中通过点击 continue 图标或者按快捷键 F5 来恢复执行。Eclipse 中点击 Resume 图标可以完成这一操作。

（4）临时断点。在 GDB 中，tbreak 命令与 break 命令相似，但是这一命令设置的断点的有效期限只到首次到达指定行为止。在 Eclipse 中，突出显示源代码窗口中要设置断点的代码行，然后右击并选择 Run to Line。在 Visual Studio 中，在 Breakpoints 窗口中通过右键快捷菜单设置。

2）检查变量

当调试器暂停程序执行后，可以执行一些命令来显示程序变量的值。这些变量可以是局部变量、全局变量、数组的元素和 C 语言的 struct、C＋＋类中的成员变量等。如果发现某个变量的值异常，这往往是找出某个程序错误的位置和性质的重要线索。

3）上下移动调用栈帧

在函数调用期间，与调用关联的运行时信息存储在被称为栈帧（stack

frame)的内存区域中。每次发生函数调用时,都会创建一个新帧,并将其推到一个系统维护的栈上。帧中包含函数的局部变量的值、形参以及调用该函数的位置的记录。栈最上方的帧表示当前正在执行的函数,当函数退出时,这个帧被弹出栈,并且被释放。

6.1.9.4　源代码调试器

源代码调试器可以显示程序源代码内部的当前执行点或程序错误的位置。有了源代码调试器,就可以逐行地走查源代码,查看程序的条件语句和循环语句都经过了哪些路径,显示哪些函数被调用了,以及显示目前正处于函数调用栈的什么位置。可以检查变量值,并在个别的代码行中设置断点,然后程序运行,直至到达此行。这是在复杂程序中进行导航的便利方法。

GNU 调试器 GDB 代表从具有命令行接口的命令行解释器(command shell)运行的调试器。GDB 与 GCC 编译器一起使用,已经被植入了很多操作系统中,如 Windows、Solaris、UNIX、Linux 和用于嵌入式的操作系统。GDB 手册已作为图书出版,并且提供了 Web 文档。

Microsoft Visual Studio 是用于 Microsoft Windows 系统的调试器,它与 Visual C++编译器一起使用。

Eclipse 是一个开放源代码的、基于 Java 的可扩展开发平台。就其本身而言,它只是一个框架和一组服务,用于通过插件组件构建开发环境。CDT 是用于 C/C++开发的一组插件,JDT 是用于 Java 开发的插件。

ARM RealView Development Suite 和 Lauterbach TRACE32 是使用 ARM CPU 系统的调试器。

6.1.9.5　内存调试器

C/C++语言能够管理内存资源,并且可以通过指针直接访问内存。C/C++中的内存处理具有很高的自由度、可控性和性能,但也伴随着高昂的代价,内存访问频繁地发生 bug。最常见的内存访问 bug 是内存泄漏、内存管理的错误使用、缓冲区溢出和读取未初始化的内存。

内存调试器是一个运行时工具，它的用途是跟踪和检测 C/C++内存管理和访问中的 bug。内存调试器可以检测以下 bug：内存泄漏；访问已释放的内存；多次释放同一个内存位置；释放从未分配的内存；混用 C 中 malloc()/free()和 C++中 new/delete；对数组使用 delete，而没有使用 delete[]；数组越界错误；访问从未分配的内存；读取未初始化的内存；读或写空指针。

Purify 是一个商业内存调试器工具，它可在 Linux、Windows 和 Solaris 平台上使用。Purify 的工作方式是在链接阶段插装程序的对象代码。它不需要使用源代码，没有特殊的编译器标志，也无须重新编译对象文件。

Valgrind 是一个开源软件。它可在 Linux 上使用，适用于 X86、X86-64 和 PPC 处理器。Valgrind 的使用模式很简单。Valgrind 软件解释对象代码，因此不需要修改对象文件或可执行程序，从而不需要特殊的编译器标志，也不需要重新编译或重新链接程序。在执行程序前，只需在命令行中输入 Valgrind 命令。

KCachegrind 是一个图形前端，用于显示 Valgrind/Callgrind 软件剖析的结果。KCachegrind 显示剖析所生成的跟踪记录，包括树形图和调用图。它是一个开源软件。

Insure++是一个用于检测运行时内存错误的商业工具。Insure++使用源代码插装，即在代码传递给编译器之前对其进行动态修改。这种使用模式要求重新编译源文件。

BoundsChecker 是一个商业内存检查工具，适用于 Windows 平台上检查 Visual C++。

6.1.9.6 内核调试

当调试 Linux 内核问题时，能够跟踪内核执行情况并查看其内存和数据结构是非常有用的。Linux 中的内置内核调试器(KDB)提供了这种功能。KDB 的主要优点之一就是它不需要用另一台机器进行调试，可以直接调试正在运行的内核。

KDB 是一个 Linux 系统的内核调试器,它是由 SGI 公司开发的遵循 GNU 通用公共许可证(GPL)的开放源码调试工具。KDB 嵌入在 Linux 内核中,为内核程序员提供调试手段。它适合调试内核空间的程序代码,如进行设备驱动程序调试,内核模块的调试等。目前 KDB 支持包括 X86(IA32)、IA64 和 MIPS 在内的体系结构。

6.1.9.7　在线仿真器

在线仿真器(in-circuit emulator,ICE)用来调试嵌入式系统软件/硬件设备。通过在线仿真器,可以在软件真正将要运行的硬件上运行和调试。同时,通过源码级调试和单步调试,程序员可以方便地分离出错误代码。

Multi-ICE 是 ARM 公司自己的联合测试工作组(joint test action group,JTAG)在线仿真器,主要是为了配合 ADS 对通过 JTAG 接口的 ARM 器件进行调试。广义地说,Multi-ICE 包含了 Multi-ICE 服务器和 Multi-ICE 仿真器硬件。软件作为调试代理,接收调试器发来的信息,并转发到硬件,由硬件和目标 ARM 内核上的调试部件通信,再将信息返回。

RealView 开发套件是一系列开发工具的集合,包括有 RealView Debugger(RVD)、RealView ICE(RVI)、RealView Trace(RVT)和 RealView Development Suite(RVDS)。

6.2　客舱与机载信息系统软件平台架构技术

6.2.1　概述

随着电子信息技术的飞速发展,以及新一代航空电子系统的任务重要度及功能复杂度越来越高,航空电子系统也逐步从重要的实时嵌入式系统向嵌入式信息系统的方向演进。但技术的飞速发展和高度综合化的设计要求也给航空电子系统带来了很多难题,主要有:

（1）系统越来越复杂，难于设计、构造、支持和维护。

（2）系统的可靠性和安全性要求不断提高。

（3）飞机的研制和服役时间长，而组件的服役时间缩短。

（4）机载软件/硬件绑定紧密，系统升级困难、重用性差。

（5）系统的开发、测试、维护和技术支持费用高。

为了解决上述问题，航空电子系统正向开放式、模块化、综合化的方向发展，出现了IMA系统的概念。从软件架构的角度出发，根据航空电子系统的发展特征，为了保证航空电子系统软件的可靠性、提高软件在其生命周期中的可维护性和可移植性，将航空电子应用软件与机载实时操作系统（RTOS）的接口标准化，设计统一的、面向航空电子系统应用软件的开发平台，实现底层软件与上层应用软件隔离，将成为提升整个航空电子系统软件功能和性能的有效手段。

鉴于航空电子系统面临的技术先进性带来的开发难题，以及先进技术密集所带来的开发经济压力，针对航空电子在发展过程中出现的诸多问题，美国航空电子界在20世纪90年代提出了开放式系统结构的概念，并采用商用货架产品（COTS）技术，以便更好地适应系统结构升级和功能拓展的需求。开放式航空电子系架构是缩短航空电子系统采购周期、降低研发成本、保障系统升级拓展能力、解决新技术可利用性和系统经济可承受性问题的有效途径。

6.2.2 开放式软件体系架构

随着客舱管理系统应用复杂度地不断增加，为了较好地缩短航空电子系统采购周期、降低研发成本、保障系统升级拓展能力，在客舱管理系统中引入了开放式软件体系架构。

6.2.2.1 开放式软件体系架构的定义

开放式体系架构（open system architecture）作为开放式软件系统的一种，通过将系统划分为不同的层次，各层之间采用标准接口和规范，有利于系统的基层和功能综合,有利于系统的扩充和裁剪。它具有应用系统的可移植性和可剪裁性、网络上各结点间的互操作性和易于从多方获得软件的体系结构,简称开放结构(open architecture,OA)。它是构成开放应用体系结构(open application architecture,OAA)的技术基础。开放式软件体系架构是系统初始设计决策的形式化描述,是对系统的整体抽象和把握,其致力于结构复用、构件复用,相较于面向对象技术用于代码复用而言,其复用程度更高。通用开放式软件体系架构不仅用于规范系统顶层结构设计,对各类应用系统所需的接口进行分类,这种分类被定义为开放式系统标准向重要领域的电子系统发展的一个至关重要的部分,而且还定义了基于一组通用接口点的抽象结构,简化了对关键接口的定义。开放式软件体系架构中所包含的标准是重要的开放式软件体系架构标准,不但应用广泛,而且还加强了在各自领域中的执行和约束,增加了产品间相互操作的可能性。

除此之外,开放式软件体系架构规定了软件/硬件和接口的结构,以便在不同的领域中实现系统的功能,以及确定关键组件与其他组件之间接口的框架,通用接口的确定用于支持软件的可移植性和升级,以适应当技术过时时功能的增加和技术的更新。

6.2.2.2 开放式软件体系架构的分析

开放结构于 20 世纪 80 年代初提出,与开放系统概念的提出和实现密切相关。它的发展是为了适应更大规模地推广计算机的应用和计算机网络化的需求,现仍处于继续发展和完善之中。一些标准化组织对开放系统的概念是大体相同的,但具体的定义不完全一致。

在开放式软件体系架构中,开放平台是最核心的理论。开放平台将系统的 API 通过标准化的方式来实现,让更多的人可以直接调用系统平台的功能,从而可以实现更好地融合和个性化定制,更好地满足最终用户独特的业务需求。开放平台不是简单地开放系统的函数或者直接开放源代码就可以实现的,而是需要付出更多的努力,才能完全实现方便的数据集成、功能融合和流程整合的

用户体验,达到真正开放的效果。成为一个开放平台,需要满足下面的五点基本要求:

(1) 开放平台要有存在的核心价值。有不少的系统采用了开源的形式,但是如果没有什么应用价值,就很难作为一个平台长期发展下去。一个成功的开放平台,第一位的是它所实现的业务功能和所存在的价值。例如地理信息系统(geographic information system,GIS)基础平台,它本身比较复杂,开发成本很高,维护难度较大。但开发者借助其所具备的基础的通用功能及扩展灵活性,可以缩短 GIS 应用开发的周期、降低开发成本,并可以获得良好的技术支持和持续的版本升级,实现功能不断丰富,保障系统稳定运行。这就意味着二次开发者能够以一万元的价格买到可能需要一百万元以上的成本才能开发出的软件,而且还有后续的支持服务。这样的平台软件就有较高的存在价值。

(2) 开放平台要有稳定的体系架构。作为基础支持,开放平台要有足够坚实和稳定的架构才能长期发展。就像一座高楼,地基的强度和框架结构决定了这座楼能建到多高,会建成什么样子,能支撑哪些功能。GIS 基础平台要考虑操作系统、网络技术、数据库、中间件、开发语言、开发环境、应用环境、使用习惯,再参考发展历史等很多因素,仔细地设计和选择合适的技术路线。

(3) 开放平台要有很好的持续性。不少平台的数据格式、框架结构和 API 接口都在不断变化,虽然每个版本都"开放"了,但这不仅无法带给二次开发商和用户真正的平台收益,反而会让他们感到无所适从,并增加开发和使用的成本,缩短应用系统使用的生命周期。一个真正的开放平台是有"生命"的,可以不断地完善,但要保持核心架构的稳定和发展的持续性,最大程度地降低不同技术变迁的影响。

(4) 开放平台要遵循通用的标准接口。开放平台必须开放接口标准,接口标准需要大家一致地遵守,并且要从技术上确保系统之间的接口是完全一致的。开源是开放的一种技术方式,但由于开源代码可随意修改,导致接口标准难以有效地落实。例如现在很多开源系统已经衍生出很多版本,但很多版本之间不兼容,这就违背了开放系统建设的初衷,所以主要用于教育、研究领域,在工程应用上就可能带来很多麻烦。当然,也有 Apache、Eclipse 等开源项目,由于采用了非常好的管理、协调机制,因此得到了很好的发展。作为开放平台,一定要在接口的制定上下足够的功夫,并且建立一种严格的管理机制,确保这个接口能够真正一致起来,才能实现真正意义上的"开放"。

（5）开放平台要实现双向多层的开放。开放平台需要既提供组件对象模型和服务的 API 供调用集成,也提供对底层数据存储格式、数据结构、算法模块等的扩展来增强系统功能,还要充分考虑到这些组件对象和服务的编程模型的一致性。GIS 基础平台既需要建立一个成熟的框架,用户可以扩展和增强这个框架;也需要提供开发组件和服务模块供大家使用,实现一体化的业务集成;同时,还需要对数据访问、服务引擎、基础算法等实现便捷的扩展。这个扩展既要有充分的功能支持和灵活性,又要足够的简单和稳定,以便于快速地扩展和长久地使用。

1）五种主流软件体系结构简述

总的来说,对软件系统体系结构的研究,最具代表性的模型有五种,它们分别是:

（1）可移植操作系统接口（portable operating system interface，POSIX）开放系统环境参考模型。POSIX 标准定义了操作系统应该为应用程序提供的接口标准,是美国电气和电子工程师协会（Institute of Electrical and Electronics Engineers，IEEE）为要在各种 Unix 操作系统上运行的软件而定义的一系列 API 标准的总称,其正式称呼为 IEEE 1003,而国际标准名称为 ISO/IEC 9945。POSIX 标准意在期望获得源代码级别的软件可移植性,即为一个 POSIX 兼容的操作系统编写的程序,应该可以在任何其他的 POSIX 操作系统（即使是来自另一个厂商）上编译执行。

（2）信息管理技术架构框架（technical architecture framework for information management，TAFIM)体系结构。TAFIM 体系结构主要是为了实现互操作和信息系统集成，所以首先提出了信息管理与集成模型。集成的目的是实现和改进系统的互操作性，与各种国际、政府标准相兼容，并为用户提供一个单一的接口。系统的集成功能和技术需求可以由集成模型体现，并给出集成的边界定义。功能函数和技术方面的集成需求必须一方面在纵向的边界上的一个层次内研究，另一方面在横向的边界上的层次之间研究。

（3）通用开放式架构（general open architecture，GOA)框架。GOA 是由 SAEAS4893 - 3GOA 工作组提出的通用开放结构框架概念。GOA 以 NASA 航天通用开放式航电结构为基础，根据具体应用领域进行实例化改造。GOA 也采用结构分层思想，将软件系统分为应用软件层、系统服务层、资源访问服务层。GOA 架构倾向于采用开放式标准，GOA 模型概念主要是架构的分层和接口的分类，将整个框架划分为 4 个层次以及 9 种接口，其显性地将接口分为4 类逻辑接口和 5 类直接接口，逻辑接口定义了交换信息的内容，而直接接口提供了数据转移的服务。

（4）美国国防部技术参考模型（Department of Defense technical reference model，DoD TRM)体系结构。DoD TRM 体系结构研究着眼于从大系统的整体性出发，统一组织制定公共的体系结构框架等规范文件来指导美军各军兵种和美国国防部（DoD)各机构的体系结构开发，DoD 体系结构研究的重点是体系结构框架。

（5）开放组织体系架构框架（the open group architecture framework，TOGAF)体系结构。TOGAF 由国际标准权威组织开放组织体系（the open group，TOG)制定。TOG 于 1993 年开始应客户要求制定系统架构的标准，在1995 年发表 TOGAF。TOGAF 的基础是 DoD 的 TAFIM。它是基于一个迭代（iterative)的过程模型，支持最佳实践和一套可重用的现有架构资产。TOGAF 的关键是架构开发方法（architecture development method，ADM)，即一个可靠的、行之有效的方法，以发展能够满足商务需求的企业架构。企业架构方法有很多，但 TOGAF 是最主流的。不仅有 80% 的福布斯（Forbes）全球排名前 50 的公司在使用，而且支持开放、标准的 SOA 参考架构。

2）五种主流软件体系结构对比分析

通过对上述五种主流软件体系结构的分析，可以得出如图 6-27 所示的结论。

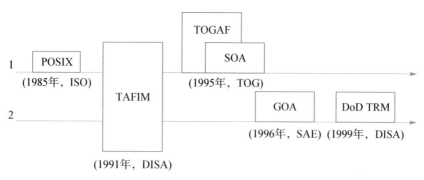

图 6-27　五种主流软件体系结构分析

从图 6-27 可以得出：在整个软件体系结构的发展过程中，形成了两条主要的发展线路。上面的线路 1 在 1985 年由 ISO 组织提出的 POSIX 开放系统环境参考模型中是基础，在 1991 年由 DISA 提出的 TAFIM 体系结构则是基于 POSIX 开放系统环境参考模型发展起来的。在 1995 年由 TOG 提出的 TOGAF TRM 又是基于 TAM 发展并完善的，在 TOGAF TRM 中很好地支持了 SOA 技术。下面的线路 2 中，TAFIM 体系结构则构成了整条线路的基础，在 1996 年由 SAE 提出的 GOA 则是对 TAFIM 体系结构的进一步发展。在 1999 年由 DISA 组织提出的 DoD TRM 体系结构则是在 TAFIM 体系结构和 GOA 两者结合的基础上发展起来的。

上述五种体系结构的基本目的都是很相似的，都是为了更好地实现灵活可变的软件系统，即实现软件的互联、互通以及互操作；软件复用以及实现更高层次的软件解耦,最大程度地确保信息资源的共享。这五种体系结构都强调软件的分层结构,具体信息如表 6-3 所示。

表 6-3 五种主流软件体系结构的比较

软件体系结构	模型层数	第一层	第二层	第三层	第四层
POSIX	3	外部环境	应用平台实体	应用软件实体	
TAFIM TRM	4	外部环境	应用平台实体	支撑应用软件实体	使命应用软件实体
GOA	4	物理资源层	资源访问服务层	系统服务层	应用软件层
DoD TRM	4	外部环境	应用平台实体	支撑应用软件实体	使命应用软件实体
TOGAF TRM	3	物理技术构件	逻辑技术构件	平台服务	

综合上述分析,可以得出:在主流的五种体系结构的基础上,形成了两大主要阵营,即 DoD TRM 以及 TOGAF TRM。由于 DoD TRM 体系结构在国内的发展远不及 TOGAF TRM 体系结构普及且市场占有率远不及 TOGAF TRM 体系结构,因此 DoD TRM 体系结构在国内较缺乏典型的应用且没有对应的货架产品,所以客舱与机载信息系统可选定在国内发展相对好的 TOGAF TRM 体系结构,该体系结构全面支持开放、标准的 SOA 参考架构。

6.2.2.3 开放式软件体系架构设计的依据

开放式软件体系架构作为开放系统的一种,其核心是软件系统的分层和每一层之间软件接口标准和规范的定义。总结起来,开放式软件体系架构设计的依据主要包含如下三个方面:

(1) 软件体系架构实现标准。根据 IMA 系统软件体系架构在航电系统中的广泛应用,按照 IMA 相关标准,开放式软件体系架构设计中根据开放式、分层式的研究方向发展,维持层次之间的独立性能,为层次之间进行的独立发展空间实行各种发展可能。航电层次间的端口也需要按照相关标准进行,以保障系统软件自身具有开放性,确保每个层次之间的可运动性和实用性。在航电系统中,根据相关标准将软件里的各种任务分配至其余的系统空间与资源中,使任务之间的应用层面能够相互分开,开放式软件体系架构应根据相关标准进行设计并对航电系统进行相关的管理。

(2) 依托 IMA 相关设计理念。IMA 是目前航电发展的最高层次,旨在降低飞机的生命周期成本(life cycle cost,LCC),提高航电功能和性能以及解决软件升级、硬件老化等问题,其与联合式航电各子系统软件/硬件专用、功能独立的理念不同,IMA 本质上是一个高度开放的分布式实时计算系统,致力于支持不同关键级别的航电任务程序。其理念可以概括为如下几个方面。

a. 系统综合化：IMA 最大程度地推进系统综合,结果为多个应用程序进行复用,系统能统一控制、调度和显示。

b. 结构层次化：IMA 通过各类标准接口隔离应用程序与底层硬件实现,使得应用程序只与功能有关而与硬件无关。

c. 功能软件化：为减少子系统个数,减少机体重量、空间、成本,提升资源利用率,并为后续扩展预留空间,IMA 越来越多地利用软件来取代硬件实现航电功能。

d. 网络统一化：IMA 统一了航电网络,改变了联合式结构中多种数据总线并存的格局。

e. 产品商用化：IMA 结构中的软件/硬件尽可能地采用了 COTS,推进产品的标准化、模块化。

f. 调度灵活化：IMA 将应用程序进行细粒度划分,采用周期轮转或优先级抢占调度策略,确保每个应用程序或安全关键程序的截止期限得到满足。

g. 认证累计化：IMA 强调负担性,引入安全累计认证思想。

h. 维护中央化：IMA 引入航电中央维护思想,形成中央维护系统。

6.2.2.4　开放式软件体系架构的典型样例

以开放式软件体系架构,如客舱管理系统(CMS)为例,其平台架构设计主要考虑如下几个方面：

（1）功能系统。CMS负责乘务员对客舱内设备的集中控制和状态监控旅客。此外，它提供了一个机组及维修人员的人机接口控制监控客舱相关的系统，如水/废物系统、空调系统或机上娱乐系统。提供紧急和安全功能，包括紧急情况信号和机舱视频观测。因此在现代商业飞机 CMS 中可以包括几百个周边设备，如旅客和乘务员接口、照明组件、硬件模块、沿客舱甲板和货物分布以及在驾驶舱、厨房、厕所的网络设备。

（2）实时方面。一方面，一些 CMS 功能有严格的时间限制。举一个例子，在客舱内的音频传输的最大可接受延迟是 $100\sim200$ ms。照明功能对时间同步性有较高的要求。另一方面，一些应用程序必须定期运行，而其他应用程序有一个事件触发性质。

（3）集成方面。近年来，客舱内的功能需求量发展巨大。这一趋势似乎在未来仍将继续。今天的客舱功能有许多作为单独的系统是随着个人客舱网络实现的。这样的设计哲学可能阻碍了对高度集成的 CMS 的缺点的认识。虽然一个更深层次的分析表明，这样的设计不仅增加了复杂度、重量和生产影响，而且还阻碍了功能的互操作性。CMS 的功能需要合作和相互作用，以提供一个最佳的服务。一个音频公告可能会停止视频流，可自行中断的紧急电话或报警。这个在客舱内的照明颜色和强度可能会根据当天的时间、飞行阶段和驾驶舱或厕所的周围区域而有所不同。这样的相互作用系统看似简单，但它们一起就导致了高整体系统复杂度。

一个完整的 CMS 将不仅缓解在功能之间的互操作性，而且它也将使用硬件资源优化和通过减少人机界面数量减轻工作人员的工作。因此，它似乎不可避免地为未来 CMS 集成尽可能多的客舱功能。

（4）可靠性。CMS 可能包含几个安全关键功能，如急救互通、急救照明、急救信号和烟雾检测功能。这不仅需要保证一个高水平的软件/硬件设计，而且也允许错误的操作行为，因此容错和冗余也应包含。客户满意度也是 CMS 的一个驱动方面可靠性。在舒适功能方面的干扰，如闪烁的光或嘈杂的语音通信在飞行过程中可能会使旅客感到不安，因为这可以被解释为一个危险的情况，会损失商务舱和头等舱的舒适功能，甚至可能迫使航空公司更换飞机。

（5）系统运行方式。飞行和地面的 CMS 运行环境在不同的生命周期阶段需要特定的系统行为和模式。每个阶段也可以包括子阶段，并可能需要与操作员的交互式操作。在有关的主要阶段，这项工作是"最后的大会""服务"和"维护"。为了从应用程序中提取这些阶段的大部分，面临的挑战是提供一个通用的系统运行管理。

（6）改变对 CMS 的要求。灵活地部署飞机在其工作生命周期是一个重要的商业参数。航空公司必须应对随着飞机进入市场，重新分配与动态的市场需求增加了，远离市场的需求减少了。此外，商用飞机在它的服役中约转卖 4 次。许多新的技术或趋势也可能出现在一架飞机的服役期间，这些都必须集成在 CMS 中。这些方案中的每一个都可能会导致广泛的客舱和 CMS 的变化。因此，一个高度可变的 CMS 会改善飞机的使用效率，因为它将缓解客舱布局重排、改造和重建的复杂度。

6.2.3　民机软件体系架构现状分析

6.2.3.1　现有民机软件体系架构的相关国际标准

现有民机软件体系架构的相关标准已经在国内外得到了广泛应用，特别是在航电系统改进改型中和新研的航电系统中取得了很好的效果，并得到了实际应用。为切实推行开放式软件体系架构，国际上制定了专门的政策文件，并成立了许多的工作组，如 DoD 成立了开放式系统联合工作组。

现有客舱系统软件体系架构的相关国际标准主要包括如下 3 个方面：

1）ASAAC 标准体系

航空电子架构联合标准协会（Allied Standard Avionics Architecture Council，ASAAC)标准体系包括了 5 个标准和 1 个系统要求指南，如图 6 - 28 所示。

图 6-28　ASAAC标准体系

（1）架构标准。架构标准分析了 IMA 架构的驱动因素，提出了 11 个系统结构特征：

a. 定义一个能够广泛应用的少量模块集合。

b. 设计可在一线进行更换的模块。

c. 尽可能提高模块的互用性和互换性。

d. 采用开放式系统架构。

e. 尽可能使用 COTS 技术。

f. 尽可能使软件/硬件元素的技术透明化。

g. 使硬件和操作系统升级的影响最小。

h. 尽可能提高软件的可重用性和可移植性。

i. 定义全面的 BIT 和容错技术以便延期维护。

j. 提供高度的物理和功能综合支持。

k. 减少重认证，保证性能提升。

（2）软件标准。软件标准定义了分层的软件架构，IMA 核心系统中的软件分为应用层、操作系统和模块支持层。每一层都相互独立，层与层通过标准的接口进行交互，接口服务封装在下一层软件中，其架构如表 6-4 所示，应用软件驻留在应用层，与具体硬件无关，从而实现了软件的可移植和重用。

表 6 - 4　软件标准架构

应用层	飞机：相关
	硬件：无关
应用软件/操作系统接口（APOS）	
操作系统	飞机：相关
	硬件：无关
操作系统/模块支持层接口（MOS）	
模块支持层	飞机：相关
	硬件：无关

（3）通用功能模块（common function module，CFM）标准。CFM 标准定义了通用功能模块的功能和基本接口，定义了如下通用功能模块：数据处理模块（data processing module，DPM），信号处理模块，图像处理模块（graphic processing module，GPM），大容量存储模块（massive memory module，MMM），网络支持模块（network support module，NSM）以及电源控制模块（power control module，PCM）。

（4）通信/网络标准。通信/网络标准定义了网络的功能和基本接口，规定了实现具体网络应考虑的因素，但没有规定数据通信/网络的拓扑结构、协议和技术，以便技术透明和尽可能使用商业化成熟的产品。标准定义了通信/网络由以下接口集合确定：模块支持层与操作系统层（MOS）接口，模块逻辑接口（module logic interface，MLI）以及模块物理接口（module physical interface，MPI）。

（5）封装标准。封装标准定义了通用功能模块的外形、尺寸等物理特性，MPI 以及集成机架和工作环境建议。

a. 互操作性：所有符合封装标准的模块插入机架时都能正常工作。

b. 可维护性：所有模块不需要特殊工具，容易在线拆卸。

c. 环境适应性：模块的冷却、供电、电磁兼容性等环境条件。MPI 包括通用功能模块与背板之间的连接器接口、冷却接口和插入拔出装置（insertion extraction device，IED）。

2）ASAAC 指南

除上述 5 个标准外，ASAAC 还制定了系统要求指南，其中包括 7 个部分，该指南只提供指导建议，并不是强制性的。

（1）系统管理。系统管理定义了由位于系统管理层的应用程序管理（application management，AM）和位于操作系统层的通用系统管理（GSM）组成，负责系统由加电、起飞、飞行到进场着陆、系统关闭整个阶段的控制管理。

（2）故障管理。故障管理描述了系统、部件及其组合的故障管理，要求每种故障管理都应评估其覆盖面、准确性、速度、使用资源（如网络带宽、内存、CPU 时间等），应满足系统对容错、综合测试和维护的要求，给出了系统故障的处理策略和流程。

（3）系统初始化和关机。系统初始化和关机描述了相关的内容及流程。系统初始化包括配置初始化、通用功能模块初始化和系统管理级初始化，系统关机包括关闭系统管理、通用功能模块断电和平台断电。

（4）系统配置和重构。系统配置和重构给出了在各种情况下（如任务模式变化、系统故障等），系统功能的配置和重构流程。要求在下列情况下，系统能够进行配置和重构：系统模式变化、故障管理、地面人员的测试维护以及系统初始化和关机。

（5）时间管理。时间管理分析了 IMA 系统需要分布式时间管理的需求，建议了几种系统时间统一的策略，包括绝对全球时间（absolute globe time，AGT）、绝对本地时间（absolute local time，ALT）和相对本地时间（relative local time，RLT）。

（6）保密性。保密性部分阐述了 IMA 系统保密的范围，主要限于 IMA 核心系统的数据隔离，并不包括飞机外的通信安全。介绍了几种在 IMA 中应用的信息安全机制，建议了信息安全的处理策略和流程。

（7）安全性。安全性部分要求：系统安全性在设计初期就必须考虑，与设计同步进行,而不是后来另外加上的;开发一个满足安全要求的系统,需要有专门的工作流程支持,如 DO-254 和 DO-178B;需要对残留的风险进行管理。

3)其他相关标准

(1) ISO 7498 标准。ISO 7498 标准为信息处理系统—开放系统互联—基本模型。

(2) SAE AS4893《通用开放式体系架构(GOA)框架》。SAE AS4893 标准为 GOA 框架,提供的结构模型允许对系统接口和接口标准进行分类。ASAAC 标准中提出,IMA 系统结构特征之一就是采用开放式系统架构,主要参考了 SAE AS4893。SAE AS4893 定义了开放式系统结构模型和两类 9 种接口模型,它借鉴了 ISO 7498—1989《信息处理系统-开放系统互联-基本参考模型》的开放式系统分层思想,将开放式系统分为应用软件层、系统服务层、资源存取服务层和物理资源层 4 层。

(3) 面向服务的架构(SOA)。SOA 是一个组件模型,它将应用程序的不同功能单元(称为服务)通过这些服务之间定义良好的接口和契约联系起来。接口是采用中立的方式进行定义的,它应该独立于实现服务的硬件平台、操作系统和编程语言。这使得构建在各种这样的系统中的服务可以以一种统一和通用的方式进行交互。

(4) 数据分发服务(data distribution service,DDS)。DDS 是对象管理组织(object management group,OMG)在 HLA 及公共对象请求代理架构(common object request broker architecture,CORBA)等标准的基础上制定的新一代分布式实时通信中间件技术规范,DDS 采用发布/订阅体系架构,强调以数据为中心,提供丰富的 QoS 服务质量策略,能保障数据进行实时、高效、灵活地分发,可满足各种分布式实时通信应用的需求。DDS 信息分发中间件是一种轻便的、能够提供实时信息传送的中间件技术。

DDS 标准为 OMG 组织发布的《Data Distribution Service for Real-time Systems》。该规范标准化了分布式实时系统中数据发布、传递和接收的接口和行为,定义了以数据为中心的发布-订阅(data-centric publish-subscribe)机制,提供了一个与平台无关的数据模型。DDS 将分布式网络中传输的数据定义为主题(topic),将数据的产生和接收对象分别定义为发布者(publisher)和订阅者(subscriber),从而构成数据的发布/订阅传输模型。各个节点在逻辑上无主从关系,点与点之间都是对等关系,通信方式可以是点对点、点对多、多对多等,在服务质量(quality of service,QoS)的控制下建立链接,自动发现和配置网络参数。

(5)机载软件标准。DO-178B《机载系统和设备合格审定中的软件考虑》是由美国 RTCA 于 1992 年发布的标准,是一套民用航空机载软件研制和审定的指南,并在实践过程中不断改进,推出了 DO-178C。

DO-178B 标准将软件研制活动划分为软件计划过程、软件开发过程(包括软件需求过程、软件设计过程、软件编码过程和集成过程)和软件综合过程(包括软件验证过程、软件配置管理过程、软件质量保证过程和审定联络过程)。为了保证标准的相对稳定性,DO-178B 采用了面向目标的策略。针对每个过程,DO-178B 都给出了实施该过程时应该达到的目标。标准中尽可能不涉及特定的技术或手段,这是因为目标可以是相对稳定的,而具体的技术或者手段则可能随着软件技术的发展而变得不再适用。

6.2.3.2 现有民机系统软件架构的前沿研究

1)民机软件架构发展方向

随着航电技术的不断发展,航电系统在全机的比重不断提高,而为了满足技术与市场服务的需求,民用客舱系统软件体系架构也在不断趋于完善。由于民机软件体系面临着技术的先进性以及经济上可承受的巨大压力,一方面需要在尽可能短的时间内设计出新的产品去满足市场需求,以适应技术的发展,占领市场的最大份额;另一方面,航电系统的综合程度越来越高,系统规模越来越大,民机软件体系架构也越来越复杂,因此迫切需要新的设计理念去满足系统要求和适应技术发展。

直到今天,仍有许多系统功能被独立的网络、分隔的系统实现。这种设计增加了产品复杂度、重量,还阻碍了系统间的交互,如旅客广播可以暂停视频播放,旅客广播也可以被紧急呼叫和告警中断。客舱照明的颜色和亮度可以根据飞行阶段或驾驶舱状态而变化。这种系统间的交互看似简单,但是所有的交互集中在一起会导致很高的系统复杂度。一个集成的 CMS 不仅会简化功能的交互,而且能更优化地使用硬件资源并减少人机接口(human machine interface,HMI)数量。新技术的引入,新设备的添加以及客舱布局的更改都有可能导致客舱管理系统的变化。软件架构能够使客舱管理系统用最低程度的人工干预,自动处理客舱的变化。

总结起来,民机系统软件架构呈现出两种主流的发展方向:自适应软件体系架构以及基于平台即服务(platform as a service,PaaS)的软件体系架构。

(1) 自适应软件体系架构。

为了应对当前民机系统中需求不断快速变更的挑战,在民机航电系统的架构中提出了一种自适应的航空软件架构,适应性民机系统是基于一个开放的面向服务的软件体系架构。该架构抽象了通信、冗余、容错和系统操作模式监控,它还包含组织服务(organization service),确保自适应软件能侦测到系统的变化并自适应变化,如客舱管理系统的自适应软件能帮助 CMS 以最少的人力交互来处理客舱的变化。该适应性 CMS 概念为系统集成和适配提供了一个独特的生命周期,该周期被称为组织阶段。在此阶段,硬件模块、网络设备和外部设备不需要个人预配置就能被加入 CMS,新的应用软件也能被上载到 CMS 组织服务器。该 CMS 自动侦测到发生变化的软件/硬件后,开始系统适配,包括通信建立、软件分配以及实例化和适应化。在 CMS 的自适应架构中,整个CMS 通常会有一个通用骨架和一系列的特定功能的实例。通用骨架包括两种类型的计算核心处理模块(core processing module,CPM)和输入输出模块(input output module,IOM)。IOM 直接连接具体的外围设备,所有的模块通过骨干网络相互连接。骨干网络通常还会包括一系列的子网络,每个子网络都会连接一个 CPM。

在自适应架构的设计中,通常会采用一种面向服务和基于组件的软件架构。通过复用和自适应服务来实现相关的细节,通常整个架构由一些定义了接口的组件构成,这些组件通常会作为一个服务的实例或者是扮演一些应用的容器。

(2) 基于 PaaS 的软件体系架构。

PaaS 就是指云环境中的应用基础设施服务,也可以说是中间件即服务。PaaS 在云架构中位于中间层,其上层是软件即服务(software as a service, SaaS),其下层是基础设施即服务(infrastructure as a service, IaaS)。在传统本机端部署方式下,应用基础设施即中间件的种类非常多,包括应用服务器、数据库、ESB、BPM、Portal、消息中间件、远程对象调用中间件等。对于 PaaS 平台,Gartner 公司把它们分为两类,一类是应用部署和运行平台即服务(application platform as a service, APaaS),另一类是集成平台即服务(integration platform as a service, IPaaS)。人们经常说的 PaaS 基本上是指 APaaS,如 Force 和 Google AppEngine。

PaaS 是一个服务传递模型,也就是云计算服务,其提供运算平台与解决方案堆栈即服务。它把软件研发平台作为一种服务,PaaS 把软件工程师从购买以及管理通用栈的元素开销以及复杂性中隔离开来。栈开发元素包含了硬件、操作系统、应用运行时、数据库等,而并非部署一整个技术的数据核心价值,PaaS 可以使开发者专注于应用的核心逻辑。PaaS 提供了通用的可重复使用的元素作为软件应用编程的接口,或者作为开发者的可管理的服务传送方式。与此同时,通过使用此类的软件模型可以获得最大的效益。

与软件开发工具集结合后,PaaS 服务模型给开发者提供了他们所需要的开发工具,用来为快速发展的航空电子应用补充相关的专业技术以便加强核心竞争能力。一个配置完好的工具集能快速地和高效地加强应用的创造力,同时也能节省时间和开销。

一个经过优良设计的 PaaS 模型将会占据航空领域数据集合与分析演变规

律中的核心,其能促使飞机操作员通过智能应用来完成接入、管理以及给用户分配数据的任务。

对于航空传输系统而言,改善后的机体数据通信以及网络传输能力成了重要的驱动因素,它能满足未来二十年突出的应用需求。互相连接的机体无论是在当前的形势下还是在商业表现中都发挥了核心的作用,这些改善包括了操作上的进步、安全性以及路由效率的提高和运行环境上的受益。在客舱环境中,飞行的舒适性以及便捷性在很大程度上取决于机体的通信以及客舱网络的传输能力。综合上述分析,PaaS 是航空领域中的一个重要选择。

2) 云技术与 SOA

企业利用云计算进一步去解决它所面临的核心问题,但主要目标是提升 IT 资源的利用率、降低 IT 成本,促进企业 IT 建设从粗犷型向集约型转变。云计算出现后,企业解决核心问题的思路如下。

(1) 在基础设施层:从虚拟化进一步扩展到 IaaS。相比于虚拟化,IaaS 增加了共享的资源池、自服务及统一的管理、监控和计量。

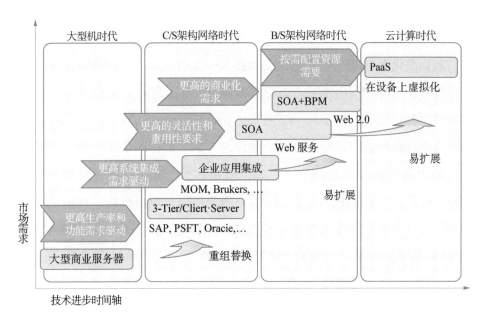

图 6-29　企业 IT 架构的演进

（2）在应用基础设施层：基于 SOA 架构在风格上逐步将应用迁移到 PaaS 平台上。从技术上讲，SOA 的核心构建单元，如 ESB、BPM 中间件，是位于应用基础设施这一层的，因此 SOA 与 PaaS 之间的对比或许更加合理。

（3）在应用层：企业会考虑更多地直接使用一些 SaaS 应用。

PaaS 就是云环境中的应用基础设施，也就是中间件，因此 PaaS 也可以说是中间件即服务（middleware as a service）。中间件的类型非常多，包括事务型中间件、消息中间件、远程过程/对象调用中间件、应用服务器、数据库服务器、ESB、BPM 等。

从图 6-29 中我们可以清楚看到，企业 IT 架构在大型机时代、C/S 架构网络时代、B/S 架构网络时代和云计算时代的演进过程以及每次演进的业务驱动力和技术驱动力。

6.2.4 基于 SOA 的软件体系架构

6.2.4.1 SOA 架构体系概述

由 IBM 提案，国际开放组织体系（TOG）提出了一个 SOA 架构的参考模型，这个架构框架目前是产业界最权威和严谨的 SOA 架构标准。TOG 是一个非营利标准化组织，是一个厂商中立和技术中立的机构，致力于提出各种技术框架和理论结构，致力于促进全球市场的业务效率。TOG 已有超过 20 年的标准制定与推广历史。在 1996 年，由 X/Open 与 Open Software Foundation 2 个基金会合并组成。TOG 最有名的是作为 UNIX 商标的认证机构。在过去，协会最出名的是其出版的单一 UNIX 规范，它扩充了 POSIX 标准而且是 UNIX 的官方定义，其成员包括 IT 用户、供应商以及政府机构。TOG 在中国的创始会员为金蝶集团，金蝶集团负责成立了中国分会。TOG 在 1993 年提出的 TOGAF 是一套行之有效的企业架构。历经 15 年 9 个版本的发展，支持开放、标准的 SOA 参考架构，已被 80%的福布斯（Forbes）全球排名前 50 的公司使用。

SOA 是一种应用程序体系架构,在这种体系架构中,所有的功能都定义为独立的服务。这些服务带有明确的可调用接口,可以采用定义好的顺序调用这些服务来形成业务流程。具体而言,SOA 是一组通过统一定义的 Web services 的集合。Web services 是精确定义、封装完善、独立于其他服务所处环境和状态的函数。各个服务基于 W3C 统一标准定制,使得各个服务间可以通过标准接口进行通信,可以实现在跨平台异构环境下的共享与复用。SOA 是粗粒度、松耦合的 Web 服务架构,它通过定义 Web 服务参考模型,使得各个服务之间能够通过简单、精确定义接口进行通信。这使得构建在各种各样的系统中的服务可以以一种统一和通用的方式进行交互。SOA 架构框图如图 6 - 30 所示。

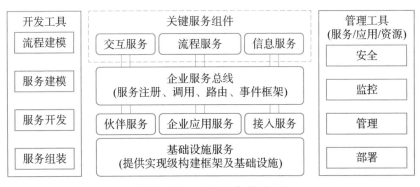

图 6 - 30　SOA 架构框图

根据这个框图,完整的 SOA 架构由 5 大部分组成,分别是基础设施服务、企业服务总线、关键服务组件、开发工具和管理工具。

SOA 基础设施为整个 SOA 组件和框架提供一个可靠的运行环境以及服务组件容器。它的核心组件是应用服务器等基础软件支撑设施,提供运行期完整、可靠的软件支撑。企业服务总线是指由中间件基础设施产品技术实现的、通过事件驱动和基于 XML 消息引擎,为 SOA 提供的软件架构的构造物。企业服务总线 ESB 提供可靠消息传输、服务接入、协议转换、数据格式转换、基于内容的路由等功能,屏蔽了服务的物理位置、协议和数据格式。在 SOA 基础实现的方案上,应用的业务功能能够被发布、封装和提升(promote)成为业务服务(business service);业务服务的序列可以编排成为 BPM 的流程,而流程也可以被发布和提升为复合服务(composite service),业务服务还可以被外部的 SOA 再次编排和组合。ESB 是实现 SOA 治理的重要支撑平台,是 SOA 解决方案的核心。从某种意义上说,如果没有 ESB,那么就不能算作严格意义上的 SOA。

关键服务组件是 SOA 在各种业务服务组件的分类。一般来说,一个企业级的 SOA 架构通常包括交互服务、流程服务、信息服务、伙伴服务、企业应用服务和接入服务。这些服务可能是一些服务组件,也可能是企业应用系统,如企业资源计划(enterprise resource planning,ERP)所暴露的服务接口等。这些服务都可以接入 ESB,进行集中统一管理。

开发工具和管理工具:提供完善的、可视化的服务开发和流程编排工具,涵盖服务的设计、开发、配置、部署、监控、重构等完整的 SOA 项目开发生命周期。

SOA 中面向服务的架构有助于提高重用率,从而促进生产力的提高和成本的降低。SOA 架构以构件技术为基础,服务共享的实现离不开构件技术的支持。在 SOA 架构中,服务都被封装起来,并体现为 Web 服务的形式。这些封装起来的服务的基本构成单元是构件。因为 Web 服务应该与环境无关,而以构件为构成单元才能满足这样的要求,所以 SOA 可以更容易地集成许多服务,同时将典型的分布计算集成所需的工作量降至最低。

SOA 的根本目的是提供企业业务解决方案,这些业务解决方案可以按需扩展或改变。同时,SOA 解决方案由可重用的服务组成,服务带有定义良好且符合标准的已发布接口。而 SOA 思想的核心根据定义可以拆分为两个重要的内容,一个是根据业务建模和架构设计过程找寻粗粒度的可重用的服务,另一个是这些服务可以组合、组装和编排以满足业务流程的需要。前者重点对应的是 ESB,而后者重点对应的是 BPM 和 BPEL 相关业务能力。SOA 能适应企业快速变化的需求,并且大大降低了企业成本,是目前软件工程中首推的软件架构体系。

目前,基于 Web 服务的 SOA 应用已经有了许多案例,它们分别应用于移动通信、大型企业网站建设、金融、医疗、教育等领域。

6.2.4.2　软件设计原则

(1) 标准化原则。遵循国际、国内以及本行业系统的建设标准参考架构和标准规范进行项目的总体规划,设计,建设和后续实施工作。

(2) 先进性和成熟性原则。应采用国际上先进稳定的技术和体系架构,使得设计更加合理、更为先进。充分考虑航空公司信息化建设的现状和特点,确保设备和技术都是有应用先例的。使用被证明是成熟的设备和技术,减少系统风险。

(3) 开放性及可扩展性原则。架构应具有较强的开放性和可扩展性。底层的接入与业务的处理需分离,支持系统规模的扩大和业务范围的扩展,能够满足今后业务发展的需要。能够在不更改系统的软件结构和网络结构的前提下,方便地支持系统扩容。能够完成与现有具有标准接口的系统完全对接,能够充分利用已有服务。

(4) 安全及鲁棒性原则。架构在设计时应遵循安全性的原则,采用高可靠性的产品和技术,充分考虑整个系统运行的安全策略和机制;在发生意外情况时,能够很好地处理并给出错误提示,具有较强的容错能力和良好的恢复能力,保障系统安全、稳定、高效地运行。

(5) 经济性原则。架构选型应尽可能支持民机航电领域成熟的技术和产品,能适配 COTS,降低整个客舱网络系统的成本及复杂度。

6.2.4.3　民机软件设计思路

以客舱系统以太网服务软件为例,按照民机软件的设计思路,可以分为统一接入服务、综合内容提供、应用软件集成支持、系统安全监测、网络管理服务和平台监控服务 6 大部分。

（1）统一接入服务：是客舱移动终端的接入平台，提供旅客各类终端统一开放的接入能力，对终端用户完成认证、鉴权和计费。

（2）综合内容提供：是客舱内容服务平台，既可以提供本地娱乐服务，也可以集成第三方服务内容（航空公司和互联网内容）。功能点覆盖旅客登录和注销登录、流媒体（音视频广播/点播）、数字版权管理、电子阅读、移动飞行地图、在线购物与支付[在线酒店、出行线上到线下（online to offline，O2O）、景点门票、在线机票预订、电商、空中互联网金融等]、版权影视内容按次付费、广告投放与管理、常用社交服务，如微信、QQ、微博等应用服务，以及服务器存储数据通过多种媒介（如 USB 存储设备、WiFi、3G/4G/5G）便捷地进行更新。

（3）应用软件集成支持：提供运行与客舱以太网服务器软件内的应用统一的管理接口，包括应用软件在客舱以太网服务器软件内的注册和注销、访问管理和控制、各个应用软件间的通信以及其他支持开放式客舱以太网服务器软件体系架构的基础功能。

（4）系统安全监测：系统集成软件防火墙，过滤外部攻击，提供防病毒服务器，定期扫描系统病毒。

（5）网络管理服务：提供内网和外网的路由控制管理以及网络安全的管理手段。对外提供通信通道的管理能力，对内提供客舱无线网络所有网络接入点、整个网络拓扑展现、安全可靠的访问控制和安全策略、客舱无线网络接入点的管理和内部网络的划分。

（6）平台管控服务：面向系统管理员提供内建的诊断和报告功能，监控管理平台内所有进程的状态，包括客舱以太网服务器软件平台上运行的应用软件状态和平台自身的运行状态。考虑到需要在飞机上部署机载子系统，平台需要提供统一的程序发布、部署、升级等功能。

6.2.4.4　民机软件架构

客舱软件采用基于 SOA 的软件架构设计，各个模块之间通过 SOA 总线通信。基于 SOA 服务总线进行应用集成，服务之间的交互通过总线进行，这样可以降低应用系统、各个组件及相关技术的耦合度,消除应用系统点对点集成瓶颈,降低集成开发难度,提高复用率,增进系统开发和运行效率,便于业务系统灵活重构,快速适应业务及流程变化需要。

客舱系统开放式软件平台架构分为 4 层:服务器资源层、数据存储层、服务提供层和展示层,如图 6 - 31 所示。

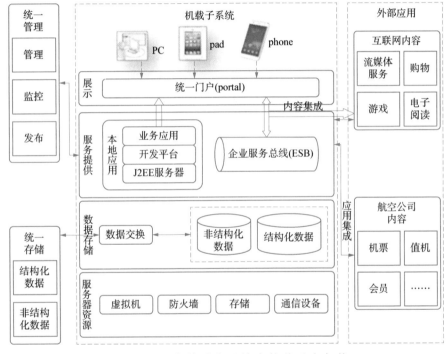

图 6 - 31   客舱系统开放式软件平台架构

服务器资源指客舱服务器,包括服务器内置的软件/硬件设备。由于数据存储的需要,因此客舱服务器上安装了数据库,用于本地关系型和非关系型数据的存储,以及客舱服务器与其他子系统的数据交换、多媒体资源更新等。

服务提供层由客舱本地的应用程序和 SOA 服务总线构成。企业服务总线用于外部资源和内容的统一接入和管理。本地应用程序又可分为 JAVA 平台环境(Java 2 platform enterprise edition,J2EE)服务器、开发平台、业务应用

3层,其中 J2EE 服务器作为 Web 应用的运行容器;开发平台支持业务应用的快速开发和全生命周期管理,包括应用的设计、开发、测试、分发、监控等;业务应用是基于开发平台实现的应用程序,对旅客来说就是提供服务的 Web 网页。

展示层主要是门户(portal),可以通过配置化的方式集成来自本地系统和外部网站的内容信息,形成统一的展示界面,旅客通过客舱无线网络访问的就是 portal 提供的内容信息。展示层对应于功能性需求中的统一接入要求。

portal 技术强调以用户为中心,提供统一登录界面,实现信息的集中访问。portal 创建了一个提供支持信息访问、传递的集成化环境。portal 不仅能展现应用,而且还能够处理业务。不同的用户,只要登录 portal,就能够进入对应的业务系统,完成业务功能。portal 采用的主要技术标准有网络服务描述语言(Web service description language,WSDL)、简单对象访问协议(simple object access protocol,SOAP)、远程门户网络服务(Web service for remote portlets,WSRP)协议等。

6.3　小结

本章描述了客舱系统和机载信息系统中的核心处理模块、存储模块、接口、通信模块、显示模块、内部互联模块、应用程序的开发与调试等关键内容。在对开放式软件体系架构的定义、依据和原则进行系统、全面地分析与总结的基础上,本章结合国内外民机客舱系统的特点,对国内外民机客舱系统软件体系架构发展现状和趋势进行了全面地综合分析,包括现有客舱系统软件架构的相关国际标准、发展趋势以及相关应用场景等。

本章对于国内民机客舱系统的软件体系架构的研究具有很强的参考价值,对客舱系统的设计具有较好的理论基础与借鉴意义。

7

民机信息系统的发展趋势与系统变革

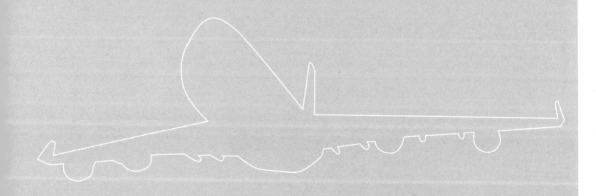

7.1　民机信息系统的发展趋势

7.1.1　民机信息系统所涉及的相关技术

7.1.1.1　民机信息系统设计的原则

波音、空客已经销售给航空公司的早期飞机,在设计之初并未配置机载信息系统,部分飞机根据航空公司的需要进行了改装。就我国民机所处的竞争环境以及将要满足的市场需求,机载信息系统应在以下几个方面的约束下进行研制:

(1) 按照航电域、信息域、客舱域、开放域等多层机载网络域的理念来设计机载信息系统。

(2) 大胆采用电子飞行包与通用信息平台相结合的技术,打造既灵活又节省成本的机载信息系统。

(3) 强化安全网关的设计,制定多种安保机制与措施,由航电网关、安全路由、信息网关等多层网关实现,在不同的协议层进行层层防护,打造强有力的民机信息系统的免疫系统。

(4) 在系统设计上采用模块化的设计,为故障的隔离、比能的扩展、系统内部的安全以及开发分工等提供便利。

(5) 通过网络的异构、产品实现差异化设计等手段降低各设备的功能异常不利影响,结合 FHA 进行分析,解开深度耦合的环节,以利于产品设计,并提高机载信息系统的飞机级安全。

(6) 基于目前全球供应商的产品,尤其与信息系统密切关联的机载维护系统、记录系统、通信系统、航电核心处理系统、客舱系统等,在充分结合相交联系统特点的基础上,设计出适应不同机型的机载信息系统。

(7) 结合主制造商在某些领域的优势,如飞机系统集成的优势,有选择地进行核心技术突破。

（8）在机载信息系统设计的同时,兼顾地面支持系统的设计(空客有Airman 系统、波音有 AHM 系统、CFM 公司有发动机地面管理系统),以使机载信息系统的功能得到充分的利用,提升运维中的信息化水平。

7.1.1.2 所涉及的关键发展领域

下一代民机信息系统的关键技术是将民机的多种信息服务功能进行整合,实现综合模块化的"综合信息系统",建立开放式的信息系统网络架构,实现更高效的飞机信息服务,并通过建立地空宽带高速信息网络,将机上和地面连成一体。另外,通过建立强大的网络安保体系,逐步实现空地作业的自动化,满足多种客户对信息方便获取的需求。因此,下一代的信息系统应结合应用需求,着重瞄准以下一些关键领域开展研究。

（1）地空宽带无线通信空地技术研究。研究内容包括:信道特性,频谱利用率,拟采用频率权衡,拟采用的制式,业务优先级分析,特殊安装工艺等。

（2）宽带卫星技术研究。研究内容包括:信道特性,频谱利用率,拟采用频率权衡,拟采用的制式,业务优先级分析,特殊安装工艺。

（3）综合化信息服务平台技术研究。研究内容包括:通用服务架构,数据驻留,应用(App)驻留,开放式接口,分区与隔离,数据共享,数据安保等。

（4）机载网络数据安保技术研究。研究内容包括:信息安保的资产识别,资产分类,威胁识别,场景识别,安全边界,防护策略,密钥与认证,病毒库管理与维护等。

（5）面向飞行员的新一代人机接口技术研究。研究内容包括:面向飞行员的新型显示技术,辅助飞行飞行员操作程序,友好的人机工效图形用户接口等。

（6）面向飞行员的多信息服务应用研究。研究内容包括:可在传统飞机提供的信息基础上增加航线气象服务,电子手册服务,移动航图服务,格式化航路信息服务,管制辅助信息服务,应急操作提示信息服务,机场终端导航服务,电子日志服务等。

（7）面向乘务员的多信息服务应用研究。研究内容包括：可在传统飞机提供的信息基础上增加旅客信息管理服务，贵宾（very important person，VIP）客户订制化服务，机上购物电子化服务，客户关系管理，餐食订制，常飞旅客服务，乘务员日志电子化等。

（8）面向运维人员的多信息服务应用研究。研究内容包括：可在传统飞机提供的信息基础上增加机载维护信息实时下传，维护日志实时下传，飞机状态监控与实时报告，远程数据加载与构型控制，视频监视下传，飞机参数无线自动下传等。

（9）面向作业自动化的信息服务应用研究。研究内容包括：由于下一代的民机通过客舱系统和信息系统信息化，建立的是基于空地宽带的 E 化飞机，因此可以有效地将空中与地面联为一体，形成地空信息一体的平台。民机形成了空中的移动网络终端，地面信息网络可以联结不同航空公司的运维服务网络、运控服务网络，联结不同系统供应商的服役产品管理与服务网络，联结主制造商的客户服务与快速响应支持网络等，从而可以在传统的作业上提供新型的应用服务。如飞机状态数据分析、工程维护支持、资源管理、设备寿命管理与航材备件管理、燃油消耗监测与优化、飞机性能监测及报告、飞机状态实时监控、飞机跟踪与识别定位、巡航监测及辅助告警、驾驶舱门视频监视、发动机工作状态监控、飞行中数据支持、飞行安全保障、机载娱乐及语音数据通信实时服务、发动机寿命监测与健康管理、多电系统寿命监测与健康管理、起落架寿命监测与健康管理、其他系统寿命监测与健康管理、系统缺陷捕获与设计优化等。

（10）新型客舱内局域网宽带无线通信研究。研究内容包括：研究舱内无线通信的制式及应用。舱内无线局域网主要研究电磁兼容与干扰、舱内无线分布、接入干扰与抑制、数据接入点布置、外部的数据接口、资费管理等；面向旅客的应用主要研究无线局域娱乐服务、即时消息服务、文本消息服务、电子邮件服务、有限的 Internet 接入服务、旅客全球移动通信系统语音服务、基于 IP 的语音服务、短信息服务、通用分组无线业务（general packet radio service，GPRS）服务、宽带 Internet 服务、网络协议电视（Internet protocol television，IPTV）等。

（11）基于空地宽带的航空器信息一体化技术研究。研究内容包括：通过基于空地宽带航空器信息一体化技术的研究，进一步促进机组、航线运控、航线运维、空乘服务、地勤服务等的信息获取与发布能力，从而促使民航网络的整体运营与服务效率提升。本领域的相关技术可以大大地提高运维效率、运控效率、空中获取地面服务信息的能力，提高民机实时宽带连接航线公共服务网络（airline public network，APN）的能力。

（12）空地无线链路管理技术。研究内容包括：数据排队，整形，智能路由，QoS 管理，空地无线链路状态监控和配置，卫通链路，ATG，3G/4G/5G 多链路网络协同工作和互联等。

（13）虚拟化中间件技术。研究内容包括：虚拟化技术体系和架构，微内核虚拟机技术，嵌入式虚拟机管理器技术，可信计算技术，虚拟化可信计算技术，虚拟化信息安全技术等。

（14）带网络安全的操作系统。研究内容包括：操作系统内核安全配置，外部文件系统配置，安保模块植入，安保措施设计与配置，安保策略制定，安保等级认证等。

（15）双向 ARINC 664P7 通信网关技术。研究内容包括：ARINC 664P7 双向安保架构，安保措施，脆弱性分析评估，有关协议和芯片，适航符合性验证，有关支撑技术等。

7.1.2　民机信息系统推动新技术研制

民机信息系统的研究将大大提高国内航电系统供应商的研制能力，有利于国内系统供应商掌握大型客机核心技术，为国内未来大型客机的研制奠定良好的技术基础,有效地降低研制风险和适航风险,推动国产大型客机的技术成功与商业成功。

7.1.2.1 形成维护与信息服务一体化机载信息系统的研制能力

国外新的大型客机,如波音 787 和空客 A380,都装备了机载信息系统和机载维护系统,最先进的空客 A350 客机不但装备了两个系统,而且实现了两个系统完全的一体化。国内新研的客机也装备了机载信息系统和机载维护系统,但并未实现两个系统的一体化。

目前仅有美国 Rockwell Collins 公司能提供维护与信息服务一体化机载系统的整体解决方案,并为最先进的空客 A350 飞机提供装机产品。

国内系统供应商缺乏对一体化机载系统需求的全面理解,也缺乏网络化信息综合处理架构的设计经验。如果直接进行大型客机一体化机载系统的工程研制,那么技术、进度和适航风险偏高,急需进行预先研究,掌握大型客机的维护与信息服务一体化机载系统的新技术,突破核心技术,建立原型系统并搭建演示验证环境,降低国内未来大型客机的研制风险。

7.1.2.2 形成飞机与地面信息一体化的基础能力

中国政府以国家意志强力支持国内自主大型客机,制定了《国家中长期科学和技术发展规划纲要(2006—2020 年)》,确定研制和发展大型飞机为国家重大科技专项,开启了国产大型客机的研制。国家在支持的同时也提出了对安全性和经济性的要求——安全性是第一位的,必须确保,因为没有安全性,一切都无从谈起,但是如果不注重经济性,不考虑成本,不考虑舒适性和环保性,那么造出来的飞机缺乏商业竞争力,就不能形成一个有市场竞争力的航空产业。

在飞机经济性上,国外民用大型飞机制造商已将国内制造商远远甩在身后,不但研制了一体化机载系统,而且开发了大量地面系统,形成了空地信息一体化的基础能力。在此基础上,航空公司可以不断改进运营和维修流程,降低运营成本,提高运营效率。

通过对空地一体化相关技术的研究，可以掌握一体化机载系统的关键技术，并通过地面支持技术的研究，形成空地信息一体化的基础能力，为未来国产大型客机的经济性奠定基础。

7.1.2.3 推动飞机信息安保适航审查标准的建立

信息一体化机载系统是高速发展的信息技术在飞机上应用的产物，采用了很多新的技术，带来了很多新的适航问题，如飞机系统与地面网络连接以后，如何保护机载系统免受外部网络攻击？FAA 及 EASA 为波音 787 维护与信息一体化机载系统发布了专用条件 25-356-SC 和 25-357-SC，EASA 也为空客 A380 发布了类似的专用条件。

在发布专用条件的同时，FAA 联合航空工业界，启动了对机载网络信息安保技术的相关适航技术的研究，产生了众多研究报告。如 DOT/FAA/AR-08/31 机载网络化局域网，DOT/FAA/AR-08/35 机载网络化局域网手册，DOT/FAA/AR-09/24 数据网络评估准则手册，DOT/FAA/AR-09/27 数据网络评估准则报告。

在航空工业界的支持下，FAA 已经制定了针对机载网络信息安保技术的适航过程的初稿 DO-326A 和 DO-356，逐步规范了网络安保的适航过程，降低了各航电系统供应商的适航风险。

CAAC 在面对飞机中机载信息安保技术所带来的适航问题时，由于缺乏国内航空工业界的理论和技术支持，因此无法通过标准来规范适航过程，只能发布专用条件。主制造商和系统供应商只能通过自己的方式向局方证明满足专用条件的要求。

为了所研制的机载系统能够适航，工业界需向代表政府的适航审定部门提交适航计划，并需共同研究和制定出一体化机载系统所涉及的适航符合性技术，尤其是机载信息安保技术的适航过程和方法。这为 CAAC 提供了有力的支持，促进了 CAAC 早日制定一体化机载系统的适航标准，推动了国内适航审查体系的发展。

7.1.2.4 提高地面对飞机状态的感知能力

马航 MH370 飞机失联事件出现以后,各国政府和航空工业界都在探讨如何提高地面对飞机状态的感知能力,以避免和解决飞机失联问题,并提出了多种解决办法,如要求飞机按固定时间间隔利用通信卫星发送飞机位置信息等。

一体化机载系统在提高地面对飞机状态的感知能力方面,可以提供如下几方面比其他机载系统更强大的能力。

(1) 提供多种空地通信方式。一体化机载系统是空地信息交换的机上节点,不但可利用机上现有的多种通信方式,如 HF、VHF、卫星通信和飞机通信寻址报告系统,而且可利用自身具有的蜂窝通信和 WiFi 等无线通信功能,实现近地时的空地宽带通信和地面通信,比机上其他系统具有更多的空地通信方式。一体化机载系统自身具备的蜂窝通信和 WiFi 等空地及地面通信方式,相比其他的通信方式具有更高的可用性。

(2) 提供非常完整的飞机信息。信息一体化机载系统作为非安全关键信息的综合处理平台,具有其他机载系统不具备的信息优势,可以提供大量、完整的飞机信息。

a. 飞机基本飞行信息:飞机注册号,位置,高度,速度等基本信息。

b. 飞机所有参数信息:一体化机载系统集成了飞行数据监控系统,可以实现飞机所有参数的集中采集和长时间存储,可以提供飞机在所有飞行阶段的信息。

c. 驾驶舱音信息:一体化机载系统集成了驾驶舱音快取记录器 (QACVR)功能,可以实现驾驶舱音频信息的全部采集和长时间存储,可以通过语音了解驾驶舱内已经发生和正在发生的情况。

d. 视频监视信息:一体化机载系统集成了视频监视系统,可以监视驾驶舱门、客舱、客舱门、货舱门、上视风景和下视风景情况,并进行长时间存储,有利于通过视频了解飞机上已经发生和正在发生的情况。

(3) 航空公司可以定制飞机与地面系统通信的机制。一体化机载系统具有开放的软件/硬件平台,并提供基础性的信息服务,包括飞机的完整信息和多种空地通信方式。在此基础上，航空公司可以根据各自的情况，开发与地面系统的应急通信软件，并驻留在一体化机载系统的平台上，实现飞机失联问题的差异化解决方案。

航空公司可以摆脱对飞机制造商和机载设备供应商的依赖，自行定制如下内容：失联情况发生的判断条件；失联情况发生后应急通信路径；空地通信命令和传递的信息。

例如，航空公司可以在一体化机载系统的应用中，设定失联的判断条件为：S模式应答机关闭，HF、VHF和商用卫星通信通道都不可用。当满足失联条件时，一体化机载系统自动通过多种通信方式与地面系统取得联系，如通过预定的应急通信卫星或蜂窝网络等，向地面发出警告及飞机位置信息。地面系统接到警告后可以发送命令要求一体化机载系统发出所需的机上信息，如飞机参数信息、驾驶舱音频信息和机内视频信息，在保证带宽的情况下，甚至可以实时观看机内视频和驾驶舱内的实时音频，极大地提高了对飞机情况的感知能力。

（4）空地通信的实现成本较低。具有完整的飞机信息和多种空地通信方式是维护与信息服务一体化机载系统的固有功能，无须增加研制和装机成本。实现飞机与地面应急通信功能的唯一的成本是来自航空公司开发应用的成本，而一体化机载系统提供的是开放的、强大的软件/硬件平台，应用开发成本较低。

7.1.3　民机信息系统所引起的新型民航空地作业系统升级

通过民机信息系统的实施，使航线上的飞机不再是一个与地面仅仅存在有限沟通的信息匮乏的孤岛，而是充分利用当今的先进信息通信技术，使互联网＋可以延伸至民航领域，让机上的人员（飞行员、乘务员、旅客等）和地面人员（空中管制人员、航空信息服务人员、运行监控人员、运行维护维修人员、机场地服人员、航空公司相关人员、飞机制造商、设备供应商等）能够充分地享受空地海量数据信息互联互通所带来的便利。运用大数据处理、云存储、数据推送等技术分门别类地将信息推送给相关人员，从而逐步地促进信息传送方式和信息加工处理方式的升级，丰富信息服务的广度和深度，不断地推动作业自动化的技术升级。先进信息技术所推动的地面和空中信息互联示意图如图 7-1，其展示了信息化后地面和空中立体架构的自动化作业工作图。

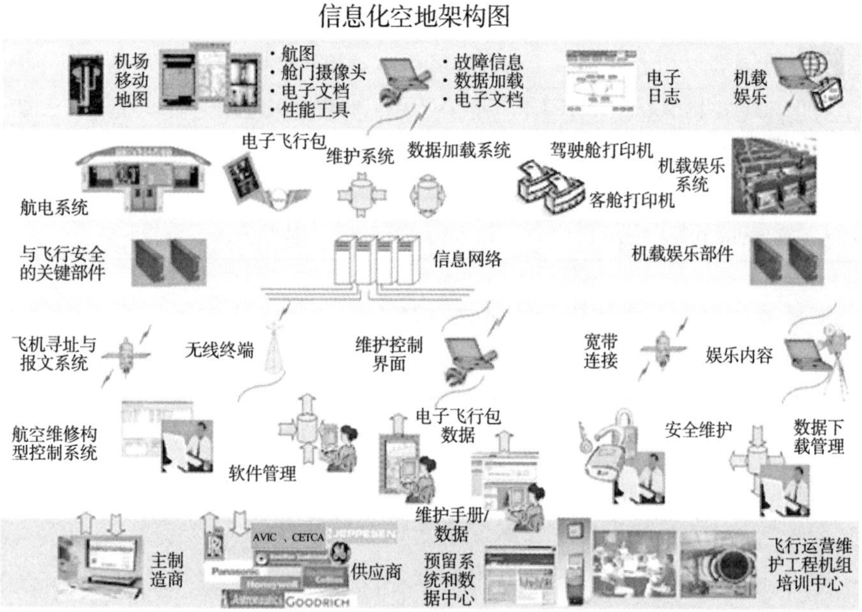

图 7-1　先进信息技术所推动的地面和空中信息互联示意图

表 7-1 列出了部分已知的可以基于该平台所提供的信息服务应用。

表 7-1　部分已知的基于空地信息互联平台的信息服务

机载应用	是否支持	是否适合	机载应用	是否支持	是否适合
航线信息服务	是*	是*	机载娱乐系统节目更新	是*	是*
电子飞行包	是	是	即时消息	是	是
飞机监控与报告	是	是	文本消息	是	是
飞机驾驶舱操作	是	是	电子邮件	是	是
机载维护自动化	是*	是*	有限的 Internet 服务	是	是

机载应用	是否支持	是否适合	机载应用	是否支持	是否适合
机组管理应用	是	是	旅客 GSM 语音服务	是	是
维护日志自动化	是*	是*	基于 IP 的语音服务	是	是
用户报告	是	是	短信息服务	是	是
机上购物自动化	是	是	GPRS 服务	是	是
客户关系管理	是	是	虚拟专用网络	是	是
到达机场停靠廊桥信息	是	是	宽带 Internet	是	是
免费食物计划	是*	是*	IP TV	是	是
常飞旅客计划（如国航知音卡、东航 Skyteam 等）	是*	是*	带 * 号的为传统航电已经提供的经典服务进行信息一体化升级		

下面就空地信息一体化所能带来的新型信息服务和作业系统自动化技术分项逐一论述，从这些方面入手不但可以降低航空公司的运营成本，而且可以降低工作人员的劳动负荷，增大信息获取量，从而在运营和维护等持续适航方面提高安全性、经济性、维护性和舒适性。

7.1.3.1 为实时监控和健康管理提供信息平台

图 7-2 展示的是空地一体通用信息平台为航线运行飞机实时监控与故障诊断所提供的维修维护信息服务，该信息服务可以实现飞行实时监控，通过获

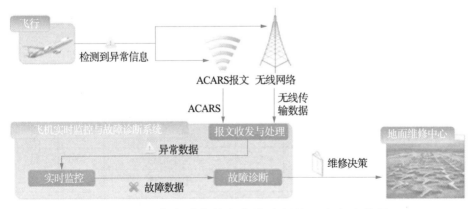

图 7-2 飞机实时监控与故障诊断核心业务流程图

取飞机运行数据，并对数据进行趋势分析，为掌握飞机的实时健康状态、预测飞机未来的健康趋势，实现联机故障诊断提供了技术基础，从而服务于飞机的全生命运行、维护过程。

通过该应用可以及时发现飞机故障和性能衰减，为航空公司用户及飞机制造商提供更简单、更有效的排故解决方案，方便用户采取更有效的预防维修工作以及更高效的工程支援来提高飞机利用率、缩短飞机延误时间、减少非计划维修、降低运行成本和维修成本。

7.1.3.2 为地面相关业务部门作业优化提供信息服务

图 7-3 展示的是空地一体通用信息平台为地面相关业务部门作业优化提供信息服务示意图。通过该信息服务系统，飞机和地面的相关业务部门逐步建立了深度联系，简化作业管理的中间环节，把许多作业从依靠人工转变到依靠设备上来，如电子化舱单依靠信息传递、维修支持推送、燃油计划管理、备件库存管理等。

7.1.3.3 为机载软件和数据加载提供自动化信息平台

图 7-4 展示的是传统的机载软件和数据加载通过自动化信息平台所进行的作业改进。该项改进不仅提高了加载的便利性，而且更重要的是利于整个机队、整架飞机的软件构型管理和数据构型管理。并且会通过信息化的数据监控手段，及时提醒飞机上定期更新的数据是否过期，以消除潜在的人为风险。另外，众所周知，"人"比"机器"更容易出错，因此借助空地一体化的先进信息作业平台后，保证了数据的唯一性、可追溯性，且让使用人员感到数据就在自己的身边，从而在作业操作上更加得心应手。

7.1.3.4 为黑匣子的数据实时云备份提供信息平台

图 7-5 展示的是空地一体通用信息平台为黑匣子的数据提供实时云备份服务，该应用的实施可以有效地提高飞机事故原因调查数据备份，降低对黑匣子的依赖度，扩大数据采集存储范围。当飞机在遭遇极端情况下发生事故时，黑匣子是事故调查的主要设备。而在马航 MH370 失联事件中，各国救援团队

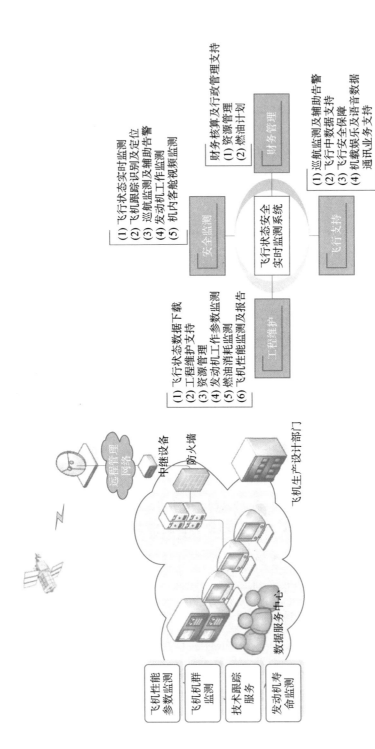

图 7 - 3　为地面相关业务部门作业优化提供信息服务示意图

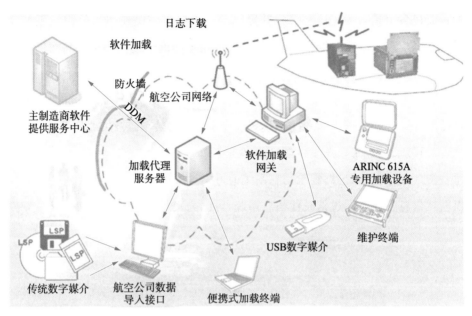

图 7 - 4   为机载软件和数据加载提供自动化信息平台示意图

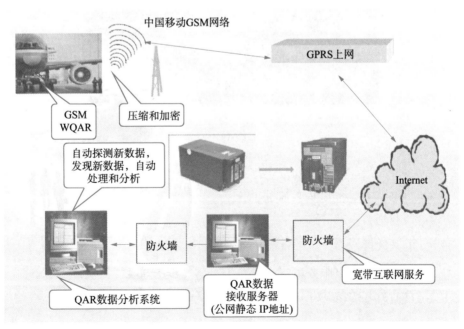

图 7 - 5   为黑匣子的数据实时云备份提供信息平台

的首要任务也是努力定位和寻找其黑匣子。虽然目前民航飞机的机载系统和设备已经实现了多次升级换代,但是黑匣子技术却由于使用频率不高而仍然停留在20世纪80年代的发展水平。因此,利用现有空地海量数据实时传输技术,实现黑匣子数据的实时云备份功能能够在飞机发生事故的第一时间,将飞机的飞行数据备份至云端,从而能够有效地提高飞机的救援效率以及事故分析的效率。

7.1.3.5　为驾驶舱提供航线信息服务

图7-6展示的是驾驶舱信息系统通过空地一体通用信息平台为飞行员提供航线信息服务。通过驾驶舱信息系统,可以为飞行员提供如下的信息服务:

图7-6　为驾驶舱提供航线信息服务

(1) 地到空。

a. 机场电子地图和电子航图。

b. 飞行通告。

c. 电子放行。

d. 机场终端情报服务。

e. 最低设备清单/构型偏离清单。

f. 航路气象信息。

g. 航司管理消息。

（2）空到地。

a. 音视频记录。

b. 电子日志。

c. 性能计算/载重平衡计算请求信息。

d. 飞行员访问航司消息。

e. 故障报告信息。

f. 其他通用消息。

7.1.3.6　为乘务员提供商旅及作业信息服务

图 7-7 所展示的是先进的空地信息平台为客舱乘务人员提供作业信息服务。通过乘务员空地互联，可以大大地改善和提高原来客舱服务中客舱服务员的诸多不便。例如，传统的纸质常飞旅客信息可以通过电子信息平台很方便地传送到飞机上，提高信息传送的效率；客舱设备的自检维护数据可以通过电子信息平台传送至地面，以利于过场时快速的更换，提高维护效率；客舱日志信息可以通过电子信息平台方便地传送至地面，利于机上和地面之间的快速作业沟通；客舱乘务员可以通过电子信息平台提供商旅预定、商品销售等增值服务。

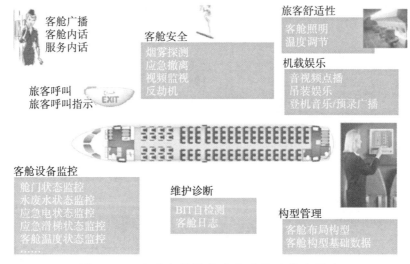

图 7-7　为乘务员提供商旅及作业信息服务

7.1.3.7　为旅客提供数据接入和语音接入服务

舒适性是民机的核心竞争力之一,也是航空公司占有市场份额、赢得客户所必须关注的重点。目前配置较好的飞机都装有机载娱乐系统(IFES),在飞行途中为旅客提供吊装式和椅背式的娱乐服务。然而,仅仅是封闭式的娱乐服务已无法满足日益多元化的市场需求,人们在逐渐丰富传统娱乐系统的内涵,主要表现为如下方面。

(1) 手机通信服务:包括语音通话、短消息等。

(2) 无线网络接入服务:包括因特网接入、电子邮件等。

(3) 终端设备(吊装式显示器、椅背式显示器、旅客的手机、笔记本电脑等)通过机内无线网络与头端的媒体服务器通信,传输娱乐节目。

(4) 头端设备(媒体服务器)通过空地间的传输链路实时更新娱乐节目、新闻资讯,在机内通过有线或无线的方式将内容传输至终端设备。

目前,国外航空公司普遍采用英国 Inmarsat 公司的 L 波段卫星通信进行

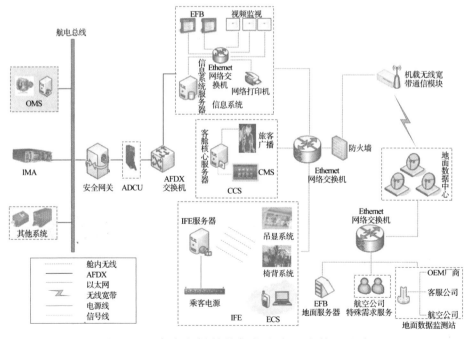

图 7-8　为旅客提供数据接入和语音接入服务

中继,即便是最先进的 SBB 业务其信道容量也只能达到 432 kbps,只能进行窄带业务的传输。少数航空公司采用 Ku 波段卫星通信进行中继,信道容量可以达到 1～5 Mbps,但是卫星通信资源有限,使用成本高昂,仍然成为制约宽带通信业务发展的因素之一。因此,采用具有我国自主知识产权的空地通信链路成为优先选择的方向。

7.2　网络与服务平台融合所带来的系统变革

7.2.1　机载网络的新变革

从 20 世纪 50 年代开始,模拟式机载通信网络发展到当今基于 IP 的交换式机载通信网络,美国 NASA 支持的小型飞机运输系统(SATS)项目通过无线网络来承载空中所有的通信、导航和监视数据,计划实现包括空中交通管理、紧急告警、导航和自动防撞以及互联网接入等各种服务在内的自由飞行,国际民航组织(ICAO)也计划在将来通过空地无线通信网络来构建空地实时数据交互网络。在军事上,美军正在发展新的基于 IP 的空中无线网络以适应网络中心战的要求,并计划把这种网络作为实现空中信息交换的基础设施。这种以空中高速飞行的飞机为主要节点,包括其他空中移动平台,通过无线数据链互联组成的、传输分组报文并能承载 IP 业务的网络称为机载网络。组网后的飞机和空中、地面的平台可以实时、可靠、安全地共享各种状态信息,为飞行提供更好的安全保护。

特别是单个欧洲空中交通管理研究(SESAR)实施计划和美国下一代空中运输系统(NextGen)所提出的通过建立以网络为中心的系统广域信息管理(system wide information management,SWIM)来提高空中交通管理和运营的水平。SWIM 通过先进的交通流量管理和实时网络化手段,提高飞行员、空管对空中交通状况的掌握,提高各方态势感知的能力;不但可以通过气象卫星、航线多飞机节点探测合成的气象为飞行中的飞机提供网络化气象服务,而且可以整合基于性能操作与信息服务的战略与战术的决策水平。

7.2.2　空地网络结构新变革

　　未来空地通信网络以视距通信为主要通信方式,通过数据链把空中的飞机节点、卫星和地面通信/控制站进行组网。由于空地通信网络运行在一个高误码率、高衰落和干扰严重的无线环境中,而且空中节点有快速移动的特性,因此节点的加入和离开将导致网络拓扑频繁地发生变化。可见,未来的空地通信网络是一个节点高速移动、带宽受限和网络拓扑频繁变化的 AdHoc 网络。

　　未来飞机空地网络拓扑图如图 7-9 所示,是以基于功能划分的不同网络

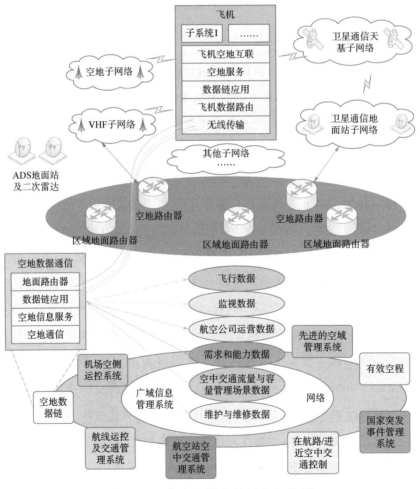

图 7-9　未来飞机空地网络拓扑图

域的多个 IP 交换网络域为骨干机载网络,各个设备作为子网域内的端系统,通过层层的网络交换、路由、网关等与其他节点进行信息的交互。

未来飞机空地网络主要有如下几个发展特点:

(1) 建立以网络为中心的信息化飞机的变化,如图 7 - 10 所示。

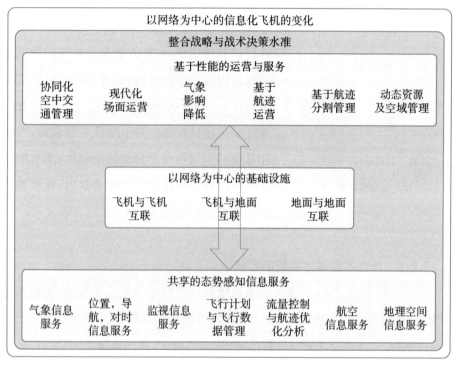

图 7 - 10　以网络为中心的信息化飞机的变化

先进的流量管理,可以通过实时网络化手段,提高飞行员、空管对空中交通状况的掌握,提高各方态势感知能力;网络化气象服务通过气象卫星、航线多飞机节点探测合成的气象为在飞飞机提供网络化气象服务;整合基于性能操作与信息服务的战略与战术的决策水平。

(2) 飞机在 SWIM 中的角色、信息及大数据服务呈现在网络中,利益相关方将共享飞行数据、监视数据、飞机系统数据、气象数据、管理数据、性能和需求数据等,维护信息化、运营信息化、飞行信息化、服务信息化、作业信息化在空地网络中实现。

7.2.3 机载服务器的新变革

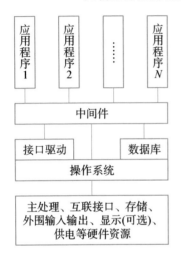

图 7 - 11 机载服务器的未来

随着飞机网络化,机载电子设备对硬件接口的依赖越来越轻,通过 IP 数据交换的方式,许多过去需要定制的数据接口逐步地实现硬件接口的通用化,主要的定义在软件的协议层实现。因此,未来的机载服务器具有标准的以太网接口、ARINC 664 接口,通过不同的操作系统管理硬件资源。为了降低安保风险,在操作系统和应用程序之间部署中间件,所有的应用程序面向中间件进行资源的调度,机载服务器的未来变革如图 7 - 11 所示。

7.2.4 新技术变革对系统的影响

随着新技术的变革,传统的航电系统架构已经不能满足更经济、更高效的发展需求,尤其是非控制域的飞机功能,如驾驶舱信息服务、运营信息服务、运维信息服务、自动化组织管理信息服务、视频监视、气象信息服务、客舱管理、机载娱乐、旅客通信、飞机实时监控与健康管理等。新应用具有功能丰富、数据吞吐量大、升级换代快、追求技术先进、信息互联复杂等特点,传统的系统架构已不能满足系统发展的需要,数字化手段特别是物联网技术的采用,对这些系统进行全面的改进和革新,以满足未来飞机功能增强与扩张的需要。

就客舱系统和信息系统而言,其未来的理想架构如图 7 - 12 所示。

未来机载系统,特别是非控制域的任务系统,大部分将是基于 IP 的通信,并且感知、处理、输入控制、显示输出、执行、无线交互等部分硬件具有独立的操作系统,可以看作独立的计算机,与其他模块进行 IP 数据交换通信。在硬件平

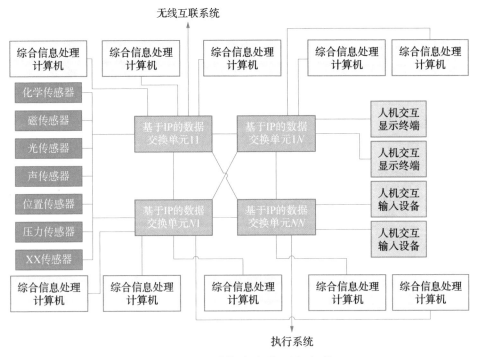

图 7-12　系统未来的理想架构

台中根据功能和任务需要,研制应用程序,并在部分应用程序与平台操作系统之间部署中间件,封装底层的资源,利于安全防护和访问控制。

7.2.5　基于空地宽带互联的民机信息一体化简述

信息化飞机依托信息化+手段,贯彻"智慧航空""国家安全战略""大数据"等大方针,高举"创新引领,绿色融合"旗帜,促进以飞机的运营、维护、服务、优化、管理为一体的互联互通,共赢发展,促进产业升级,实现共同繁荣。基于空地宽带互联的民机信息一体化飞机(见图 7-13)代表了未来数字化飞机的一种发展方向,被誉为一片新兴的蓝海。

总的来说,基于空地宽带互联的民机信息一体化系统可以为飞机带来如下几方面的收益:

(1) 飞机信息化可以大幅提升飞行性能和飞行效能。

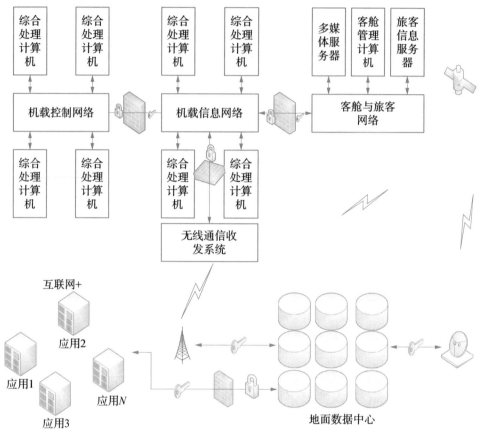

图 7 - 13　基于空地宽带互联的民机信息一体化飞机架构示意图

（2）飞机信息化可以提升在复杂情况下的飞行安全性。

（3）飞机信息化带来了运营效能和管理效率的提升。

（4）飞机信息化提升了飞机寿命能力和支持维护重构。

（5）飞机信息化推动了现代 IT 在民机客户服务中应用和水平提升。

基于空地宽带互联的民机信息一体化飞机相对于传统的飞机而言，其功能将在多个领域得到增强和扩展，如图 7 - 14 所示。

最后，利益相关方怎样从空地互联信息化飞机中获取收益呢？图 7 - 15 所示是利益分配的一种方式，供大家参考。

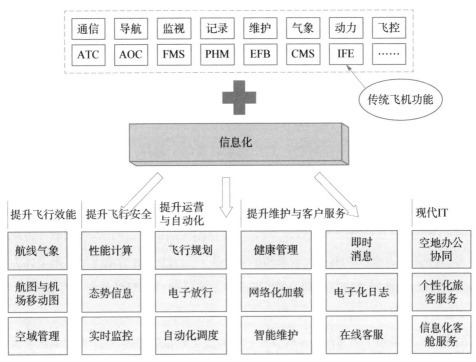

图 7-14　基于空地互联信息化飞机功能增强示意图

信息化飞机商业模式

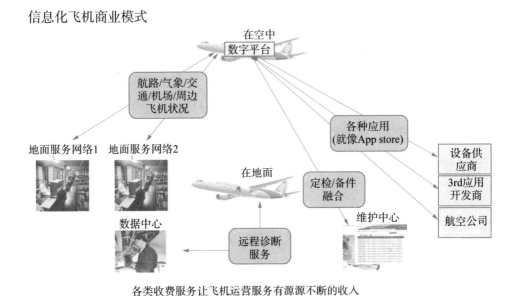

各类收费服务让飞机运营服务有源源不断的收入

图 7-15　空地互联信息化飞机收益示意图

7.3　小结

　　民机信息系统是一个随着信息化技术以及电子软件/硬件技术发展的新兴系统,代表着飞机新的应用方向。纵观航电系统的发展史,从 1910 年 8 月"寇蒂斯"飞机上的电台进行无线电通信,电子设备的应用首次被载入航空史册;尔后,为了飞机能够在浩瀚的天空辨识方向,导航技术应运而生。随后,飞机的飞行距离不断增加,并要求能够在比较恶劣的条件下飞行,这开始给飞行员带来了体力上的挑战,为减轻飞行员负荷,1933 年世界上最早的自动驾驶仪安装在寇蒂斯-莱特公司的双发、双翼客机上。再后来的机载雷达、空中交通防撞等系统为繁忙的交通运输提供了更多的安全性保证。随着设备数量的增加,机组人员的数量也需要不断地增加才能应付这应接不暇的设备操作与监控。航空业为解决这些问题,发起了驾驶舱仪表的革命。再到后来,莱特实验室提出了 IMA 架构,都是以需求为牵引并结合当时的工业技术而不断发展的成果。

　　同时民机的机载设备和总线自 20 世纪 50 年代开始也经历了几个阶段的明显变革,美国航空无线电公司(ARINC)在航空公司电子工程委员会的支持下,一直致力于航空电子设备标准的制定,以实现机载电子生产商的竞争和航空公司的自由选用。此种做法直接促进了 LRU 的快速进步,其可靠性得到了极大的提高,寿命得到空前的延长,航空公司的成本得到了显著的降低。图 7 - 16

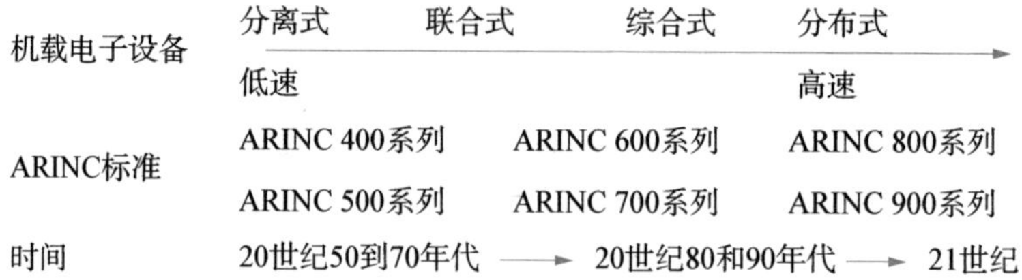

机载电子设备	分离式　　联合式	综合式	分布式
	低速		高速
ARINC标准	ARINC 400系列	ARINC 600系列	ARINC 800系列
	ARINC 500系列	ARINC 700系列	ARINC 900系列
时间	20世纪50到70年代 →	20世纪80和90年代 →	21世纪

图 7 - 16　机载设备和 ARINC 规范同步发展的演进图

是机载设备和 ARINC 规范同步发展的演进图。

从图 7 - 16 的演进过程可以看出,机载电子设备正在向着综合架构和网络化方向发展。

民机信息系统是一个新兴的系统,主要是从飞机的架构上对民机信息系统的研制提出了新的理念,将民机信息系统划分为高安全等级的系统(DAL A/B/C)和一般安全等级的系统(DAL D/E),从而为飞机的系统综合规划出更加清晰的道路。如机载维护系统会驻留在信息系统的服务平台内,快速记录系统也不再使用紧凑式闪存(compact flash,CF)卡,直接记录在信息系统的大容量存储器里,并通过空地无线以及机场无线网络自动下传到机场信息网络中心。数据加载与构型管理也可以通过网络的安全机制实现无线加载,通过民机信息系统大量地实现飞机与地面的 IP 通信,提高飞机的数据通信能力。

另外民机信息系统新的应用也不断地涌现,电子飞行包也在向三类电子飞行包发展、显示需要逐步和下显结合起来,以利于整个驾驶舱的设计和人机工效、移动航图、机场门到门导航的需要,甚至机场信息化、无纸化驾驶舱及系统 E 化等方面的需要,这都必将进一步激发民机信息系统新的功能不断被开发出来。

另外也可以大胆地预测,随着空地无线宽带通信的新规范在民机信息系统的成熟应用以及规范化,传统的航线管理及航线运营也可能和民机信息系统进一步的融合,并改进系统设计或产生新的应用。

附录 A 最新机型信息系统简介

A1 空客 A350 机载信息系统简介

A1.1 机载信息系统交联关系

在空客 A350 信息系统称为机载信息系统(onboard information system，OIS)，其交联关系图如图 A-1 所示。机载信息系统的功能是用电子文档与应用替代机载纸质文档,这些文档包括:

(1)飞行操作控制相关的文档,如飞行机组操作手册(FCOM)、导航地图等。

(2)客舱控制相关的文档,如客舱机组操作手册(CCOM)等。

(3)维护维修相关的文档,如 AIRN@V 等。

所有的应用都驻留在两个机载信息系统机柜中,电子文档也都存储在这两个机柜中,通过一些显示器的人机交互界面即可对应用进行调用,对文档进行查阅等。

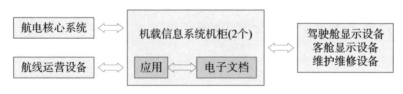

图 A-1 机载信息系统交联关系图

A1.2 机载信息系统数据资源

机载信息系统数据资源示意图如图 A-2 所示,其应用及相关的数据库(用于存储电子文档)驻留在如下设备中:

（1）航电服务功能机柜（the avionics server function cabinet，ASFC）。

（2）开放域服务功能机柜（the open world server function cabinet，OSFC）。

（3）两个电子飞行包（EFB）和商业货架产品（COTS）。

设备间的数据流链接如下：

（1）航电服务功能机柜通过两个专用防火墙，即安保通信接口（SCI）与航电核心系统相连，进行数据通信。该安保通信接口能够保护航电核心系统免受外界不安全因素的攻击，如病毒等。

（2）开放域服务功能机柜通过一个专用防火墙，即智能二极管模块（SDM）与航电服务功能机柜进行通信。SDM 能够保护航电服务功能机柜的网络安保有效防护隔离。

（3）EFB 与开放域服务功能机柜相连，获取各类电子文档等数据资源。

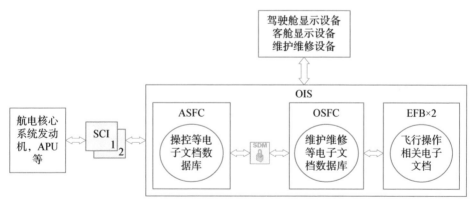

图 A - 2　机载信息系统数据资源示意图

A1.3　机载信息系统人机接口

驾驶舱内的机载信息系统的人机接口如下：

（1）两个 OIS 显示器。其位于主仪表盘上，飞行员可通过该显示单元访问飞行操作相关的应用或文档，维护人员可通过该显示单元访问维护相关的应用或文档。

（2）位于可抽拉小桌板上的键盘。用于为飞行机组提供在机载信息系统应用中进行操作的人机接口。

（3）机载维护终端（OMT）。安装于观察员座椅处，用于为维护人员提供访问维护应用和文档的人机接口。

（4）FAP。安装于客舱，用于为客舱机组人员提供访问客舱应用和文档的人机接口。FAP也预留了可访问其他客舱系统的接口。

需要注意的是，EFB电脑是为飞行员提供飞行机组相关的应用访问接口，收放在每个飞行员后方的坞站中。

A1.4　机载信息系统架构

机载信息系统的核心部分可分为两个域。

（1）飞机控制域（ACD）。包含如下两个部分：

a. 飞行域，包括飞机核心系统，例如燃油系统、起落架系统。

b. 飞机服务功能机柜，驻留航线操作控制应用、飞机控制域维护应用、飞机控制域通信应用（如将维护数据传输到维护控制中心）。

飞机控制域的两个部分通过两个安保通信接口（SCI）相互连接，以保护航电核心系统不受非法侵入。

（2）航线信息服务域（AISD）。包含如下两个部分：

a. 开放域服务功能机柜，驻留飞行操作功能（如电子日志）、客舱相关功能（如客舱日志手册）、维护和通信应用（如与地面进行高速数据传输）。

b. 两个EFB电脑，收放在坞站中。

飞机服务功能机柜和开放域服务功能机柜之间通过一个防火墙进行数据通信。

EFB电脑与开放域服务功能机柜连通后，飞行机组即可通过EFB获取飞行操作相关的信息（如电子飞行文件夹、飞行机组操作手册等），EFB维护数据等。

不同的机组人员有不同的人机界面：

（1）飞行机组人机界面。飞行机组可以通过 OIS 显示器，EFB 电脑访问飞行操作应用。

（2）维护人员人机界面。维护人员主要通过 OMT 访问维护应用，也可通过 OIS 显示器访问。也可以通过驾驶舱打印机打印技术文档。维护人员在客舱中可以通过 FAP 接入客舱特殊维护应用。维护人员也可以通过便携式多用途接入终端（portable multipurpose access terminal，PMAT），访问 OIS。PMAT 可以通过一些特定的点连接到 OIS 中。

（3）客舱机组人机界面。客舱机组人员可以通过 FAP 和选装的航线客舱电脑访问客舱应用，也可以通过安装在 IFE 的打印机打印客舱维护数据。

A1.5　机载信息系统应用

A1.5.1　ASFC 中的驻留应用

ASFC 作为服务器，其驻留应用如图 A-3 所示。它可以进行通用计算、驻留应用软件以及进行网络通信。

ASFC 中驻留了 4 类应用软件：

（1）飞行操作应用，如 AOC 应用；AOC 应用的主要功能是为飞行机组提供数据链接服务。

（2）通信应用，如 ACD 应用；飞机控制域通信管理有空地路由功能。

（3）基础服务应用，如打印、数据文件的导入导出等。

（4）飞机控制域维护应用。

维护应用包括：

（1）电源分配监控和维护功能（power distribution monitoring and maintenance function，PDMMF）。该功能可以在 CDS 的 C/B 页面或者 OMT/OIS 显示器上实施对连接器和断路器设备的远程控制和状态监控。

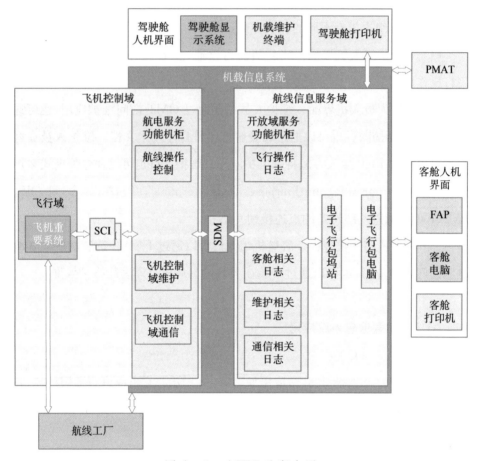

图 A-3 ASFC 驻留应用

（2）CMS‐ACD,包含飞机控制域维护功能(错误消息或者告警报告,测试等)。

（3）DLCS‐ACD,上传软件并形成构型报告。

（4）飞机状态监控系统(ACMS),包含实时监控功能。

A1.5.2 OSFC 中的驻留应用

OSFC 也是一个服务器。其中可以驻留 4 种类型的应用：飞行操作应用,客舱应用,基础功能应用,维护应用。

飞行操作应用包括：

（1）飞行操作人机界面管理器（maintenance HMI manager，MHM）。飞行操作 MHM 可以让飞行员看到空客 A350 飞机上的各个部分的功能。是一个人机界面菜单，可以浏览所有的飞行操作功能，包括驻留在 EFB 中的功能。

（2）技术飞行日志（可选）。技术飞行日志的使用会贯穿飞机的整个生命周期，记录每次飞行相关的所有信息。

客舱应用包括：

（1）客舱机组邮件。客舱机组邮件功能可以提供与地面工厂的邮件往来。

（2）客舱文件浏览。客舱文件浏览功能可以让客舱机组人员浏览客舱机组操作手册（CCOM）以及其他客舱相关文档。

（3）数字客舱飞行日志（选装）。数字客舱飞行日志为机上的客舱维护机组提供电子日志接口。

（4）本地维护功能（local maintenance function，LMF）。LMF 汇总和管理 OSFC 机柜以及 AISD 应用的错误消息、自测试报告等。

（5）简单数据加载（Simple Data Loader，SDL）功能。SDL 功能可以上传软件和数据库到 OSFC 机柜。

（6）OSFC Internet 协议通信管理器。OSFC Internet 协议通信管理器提供 OSFC 数据到 Internet 协议通信系统的路由功能。

（7）机场无线局域网管理器（wireless LAN manager，WLM）。WLM 管理机场无线通信系统（WACS）。

（8）客舱无线局域网管理器（Cabin WLM）。客舱无线局域网管理器管理客舱无线通信系统。

（9）其他基础服务（如打印，数据文件的导入导出）。

维护应用包括：

（1）维护 MHM。维护 MHM 提供了访问 AISD 和 ACD 维护应用的接口，提供在不同维护工作之间进行切换的导航界面（通过超链接和导航路径的方式）。

（2）维护中心入口。

（3）飞机文档系统。飞机文档系统能够显示与维护工作相关的技术数据文档（如排故程序，维护程序，图表和布线等），也能够浏览最低设备清单（MEL）或者构型偏离清单（CDL）。

（4）维护电子日志（选装）。维护电子日志为飞机上的维护机组人员提供人机接口。

A1.5.3 电子飞行包中的应用

两个 EFB 可以为飞行机组提供如下飞行应用：

（1）性能设置应用。

（2）电子飞行文件夹应用。

（3）飞行简报应用。

（4）电子文档。

（5）技术电子日志（选装）。

A1.6 网络安保的考虑

A1.6.1 机载信息系统安保功能设计

在空客 A350 飞机上，机载网络的保护分为不同等级。

飞机控制域是最安全的网络域，它包括：

（1）飞行域。该网络域包括关乎飞行安全的重要系统，这是飞机上安保等级最高的网络域。该网络域由两个 SCI 防火墙提供网络安全防护，可以隔离来自 ASFC 的可能的恶意数据。

（2）ASFC 机柜。该网络域由一个 SDM（OSFC 的一部分）提供网络安全防护，可以隔离来自 AISD 的可能的恶意数据。

AISD 也是个安全域，包括 OSFC 机柜及 EFB 坞站。

该网络域由自身内部的模块提供网络安全防护，如 SDM，通信路由模块（communication router module，CRM），以太网路由模块（Ethernet network router module，ENRM)等。这些模块可以保护该网络域不受来自如下网络的恶意数据攻击：

(1) HMI 网络，比如 EFB、PMAT、PDA 等。

(2) IFE。

(3) Internet 协议的地面网络。

OSFC 机柜包含的保护措施有如下几类：

(1) 对于便携式的设备，如 EFB 和 PMAT 提供防火墙和数字签名机制。

(2) 对于来自航线地面网络的数据提供加密和解码机制。

(3) 外场可加载软件签名机制。

(4) 反向链接功能。作为超链接的补充，支持在网络域内的导航功能。

A1.6.2　机载信息系统网络安保特定功能

网络安保特定功能由位于顶部面板的机载信息系统控制面板进行管理，主要是在发现有安全事件发生后，飞行员可以通过在该面板上进行操作，采取相应的应对措施。

(1) CAB DATA TO OIS P/BSW 按键是中断 IFE 和客舱无线局域网单元之间的数据通信。

(2) OIS DATA TO AVNCS P/BSW 按键是中断 AISD 和 ACD IS 之间的数据通信。

(3) GATELINK P/BSW 按键是中断机上和地面网络的无线数据通信。

A2　波音 787 信息系统简介

波音 787 飞机的信息系统包括核心网络和电子日志本(core network and electronic logbook)。本节主要介绍其主要的组成部分，即核心网络。

A2.1 核心网络系统的组成架构

核心网络系统由如下设备组成：

（1）核心网络机柜。

（2）航站无线局域网单元(terminal wireless LAN unit，TWLU)。

（3）机组无线局域网单元(crew wireless local area network unit，CWLU)。

（4）CWLU 和 TWLU 天线。

核心网络系统从安全等级上可以划分为两个网络域：开放数据网络(open data network，ODN)和隔离数据网络(isolated data network，IDN)。这两个网络之间通过三个路由/交换机相互连通。

开放数据网络连接到可信度较低的机载网络和地面系统。例如，维护笔记本通过无线与 CWLU 相连，地面网络服务通过无线与 TWLU 相连。

隔离数据网络通过一些交换和路由设备与低信任等级的网络进行隔离。隔离数据网路包括如下几个：公共数据网络(CDN)，维护笔记本用的以太网接口，前飞行记录器，驾驶舱打印机。波音 787 架构图如图 A-4 所示。

A2.2 核心网络系统功能

核心网络系统是机组信息系统(crew information system，CIS)的主要组成部分，其大部分的功能都是服务功能，没有机组控制操作或者指示。其主要功能包括：

（1）飞机支持数据和软件应用的存储，如外场可加载软件、手册、报告等。

（2）数据管理功能，加载、查阅、删除飞机系统软件。

（3）网络安保功能。

（4）提供无线链路，连接机载网络和航线地面网络。

（5）提供与飞行和维护相关的设备的连接，如电子飞行包和维护笔记本。

（6）提供与飞机其他网络和系统的连接，如机载打印机、公共数据网络(CDN)等。

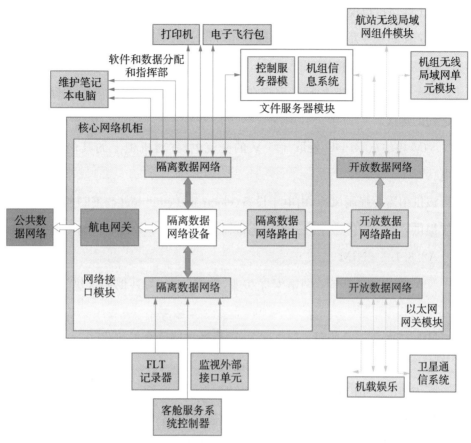

图 A-4　波音 787 架构图

（资料来源：http://wiki.carnoc.com/item/3/3799.html）

A2.3　核心网络组件

A2.3.1　核心网络机柜

核心网络机柜重 27 kg，115 V 交流供电，内部包含 6 个插槽，用于安装机柜内部各个模块。未安装模块的插槽用挡板盖住。该设备包含在最低主设备清单（MMEL）之中。

机柜中实现机组信息系统功能的模块包括：

（1）以太网网关模块（EGM）。

（2）网络接口模块（NIM）。

（3）控制服务器模块（CSM）。

（4）文件服务器模块（file server module，FSM）。

各个模块通过外加的螺丝固定在核心网络机柜上。机柜内部进行各个模块之间的连接。

NIM 模块从 RPDU 处取 115 V 的交流电，并对机柜上的其他模块进行供电。

该机柜需要强制风冷，由电子设备（electronic equipment，EE）舱中的冷却系统提供风冷。提供多个内部航空连接器，用于电源和数据的传输分配。

A2.3.1.1　NIM

NIM 实现如下功能：网络安保功能，数据分发，为其他模块供电，监控机柜温度。

NIM 有如下三个组件：航电网关；隔离数据网络交换机（IDN 交换机），16口；隔离数据网络边界路由器（IDN 路由器）。

在模块上有 LED 灯，指示模块的状态。

航电网关实现如下功能：负责公共数据网络（CDN）与隔离数据网络（IDN）之间的数据通信，进行 ARINC 664 数据格式与标准以太网数据格式之间的转换，进行光信号和电信号之间的转换，提供 CDN 和 IDN 之间通信的安保。

IDN 交换机连接如下设备：驾驶舱门视频监控系统（flight deck entry video surveillance system，FDEVSS），维护笔记本有线接口，文件服务器模块，前飞行记录器（允许数据下传），航电网关，EFB，驾驶舱打印机，IDN 边界路由器（防火墙）。

IDN 路由器进行 IDN 和 ODN 两个网络域之间的数据路由，并提供一定的安保措施（防火墙），保证 IDN 和 ODN 之间的数据通信安全。

NIM 也驻留了 EICAS 维护页面插件软件，是维护笔记本和公共核心资源

(common core resource，CCR)中驻留应用接口软件：

(1) 跳开关界面和控制(circuit breaker indication and control，CBIC)。

(2) 天气页面(synoptic pages)。

(3) 维护页面(maintenance pages)。

A2.3.1.2 EGM

EGM 是一个拥有 24 个端口的网络交换机、路由器，其中有 16 路为外部以太网接口，6 路是内部以太网接口，用高速数据总线为 IDN 和 ODN 提供数据连接，实现数据分发路由功能。能提供一定的网络安保功能。内部有热传感器，在温度过高时会自动关闭该模块。

该模块连接如下设备：

(1) NIM 的 IDN 边界路由器。

(2) CIS/维护系统(Maintenance System，MS)文件服务器模块(FSM)。

(3) 控制服务器模块(CSM)。

(4) 机载娱乐系统(加载选装软件以及下载 IFE 的状态报告)。

(5) EFB(下载 EFB 上的数据)。

(6) 航站无线局域网组件。

(7) 机组无线局域网组件(选装)。

A2.3.1.3 CSM

CSM 是一个文件服务器模块(FSM)。在核心网络机柜中一共有 5 个 FSM 插槽，CSM 必须安装在第一个插槽中，CIS/MS 文件服务器模块必须安装在第二个插槽中，航空公司可以增加更多的 FSM 在核心机柜中，以增加更多的应用和内存。在 CSM 中驻留了一些能提供网络管理服务和数据下载服务的软件应用，如下所列：

(1) 网络管理员应用(network manager)。

(2) 机载验证服务(onboard authentication services，OAS)。

(3) 核心网络软件服务(core network application services，CNAS)。

网络管理员应用软件可以通过维护笔记本或者 EFB 进行访问,是 CSM、EGM、NIM 的数据加载器,实现如下功能:

(1) 为连接到 ODN 的设备提供网络服务。

(2) 驻留核心网络数据下载器。

(3) 管理 EGM 的软件构型。

(4) 收集核心网络的故障信息和构型信息,并向中央维护计算功能(CMCF)发送该信息。

机载验证服务(OAS)存储、管理安保认证和授信信息,并为其他的应用提供相关的安保信息,例如下应用:

(1) 无线局域网管理器(wireless LAN manager)。

(2) 波音机上软件电子分配(onboard boeing electronic distribution of software)。

(3) 维护虚拟个人网络(maintenance virtual private network),为维护笔记本建立安全的无线连接。

核心网络软件服务(CNAS)可以允许航空公司开发客户化的软件应用,并在核心网络中运行,如维护日志应用。

CSM 的硬件驱动储存了核心网络的可加载软件,包括 NIM、EGM 和 CSM 中的可加载软件。当安装一块新的 CSM 时,可以用维护笔记本的核心网络初始数据加载器应用软件加载初始化的选装软件和网络管理员应用。

CSM 不需要进行操作控制,在 NIM 面板上有 LED 灯可以指示 CSM 的供电状态和工作状态。

A2.3.1.4 CIS/MS FSM

CIS/MS FSM 实现如下功能:

(1) 驻留文件传输服务软件,该服务软件可以实现在 CDN、IDN 和 ODN 之间进行文件传输。

(2) 驻留维护虚拟私人网络服务,该服务可以实现通过维护笔记本经由

ODN 进行对 IDN 的安全无线访问。

（3）驻留无线局域网管理员应用，对航站无线连接和机组无线局域网连接进行管理和控制。

（4）驻留机载维护笔记本支持功能，控制基于不同类型连接地对 IDN 的访问。

（5）驻留维护终端应用，为维护笔记本和 EFB 访问 CMCF、ACMF、OSM、ODLF 等维护应用提供接口。

（6）驻留波音机载软件电子分配应用。

（7）驻留机载存储管理应用（onboard storage management，OSM），可以查看、删除、下传机载数据。

（8）驻留机载数据下载应用（onboard data loading function，ODLF），可以从 FSM 加载 LSAP 到飞机上。

（9）存储 LSAP。

（10）存储维护数据和报告。

（11）可以安装更多块的 CIS/MS FSM 到机柜中，但是进行 LDSP 加载时，只能通过第一块 CIS/MS FSM 进行加载。

A2.3.2 航站无线局域网

航站无线局域网包括一个 TWLU 模块和一个 TWLU 天线，当飞机在地面上时，连接航空公司的网络和机载核心网络系统，进行数据的上传和下载。

地面航空公司端利用该无线局域网，进行如下活动：上传可加载飞机软件到飞机上；保持机载电子日志本与航空公司日志本系统服务器的同步；上传更新的性能数据，如重量和平衡数据信息；下载存储在文件服务器模块中的维护数据和报告；航站无线局域网不需要机组进行操作控制也没有任何指示，航空公司地面办公室的工作人员对数据上下载的过程进行控制即可。

在 CIS/MS 服务器中的无线局域网管理应用可以对连接到航站楼的无线连接进行构型管理、控制和监控。

A2.3.2.1　TWLU 模块

TWLU 模块是一个无线路由器,负责通过无线的形式连接机载网络和地面网络。TWLU 模块连接的两个设备是 ODN 中的路由器和 TWLU 天线。而 TWLU 模块是一个进行数字信号和射频信号转换的设备,它将从 ODN 处接收到的数字信号转换成射频信号,通过 TWLU 天线发送到地面。也可以将天线接收到的射频信号转换成数字信号,发送到 ODN 网络中。TWLU 和 CWLU 是相同的模块,彼此可以互换。

TWLU 模块能从飞行管理计算功能(flight management computing function,FMCF)获取下一个机场的数据,然后利用这些数据和机组信息系统(CIS)的飞机可更改信息(airplane modifiable information,AMI)可以确定机场、国家、信号强度和频道。

TWLU 模块可以从核心网络机柜的 CSM 模块的机载认证服务 OAS 获取安全数据,用以确认 TWLU 的连接是否安全。

A2.3.2.2　TWLU 天线

TWLU 天线是一个刀型天线,是通过无线的方式连接地面网络系统和 TWLU 的设备,可以发送和接收射频信号。它跟 CWLU 的天线是相同的天线,彼此可以互换。

A2.3.3　机组无线局域网

机组无线局域网在飞机在地面上时或者飞机在 10 000 ft 高度上时,可以提供核心网络系统和维护笔记本之间的无线连接。机组无线局域网是航线选装系统。

机组无线局域网组件包括 4 个 CWLU 内部天线,1 个 CWLU 外部天线和 5 个 CWLU 模块。

在 CIS/MS 服务器中的无线局域网管理应用可以对连接到维护笔记本的无线连接进行构型管理,控制和监控。

A2.3.3.1　CWLU 模块

CWLU 模块是核心网络系统的一个无线接入点,允许维护笔记本通过无线连接到 ODN 网络中。共有 5 个 CWLU 模块,每个模块都连接到跟它们相对应的 CWLU 天线。

A2.3.3.2　CWLU 天线

CWLU 天线分为外部天线和内部天线,共有 4 个内部天线和 1 个外部天线。4 个内部天线是树桩形状的天线,外部天线是刀形天线。外部的刀形天线和 TWLU 的外部天线是一样的,可以进行互换。

天线的作用是当其接收到来自 CWLU 模块的射频信号时,将信号转发给维护笔记本。当其接收到维护笔记本发来的射频信号时,将信号发送给 CWLU 模块。在 CWLU 模块中进行射频信号和数字信号的互相转换。

A2.3.4　电子飞行包

电子飞行包(EFB)可以显示飞行相关的数据信息,包括航班信息、航路信息、机场信息等;同时,跟维护相关数据信息也可以在 EFB 的显示界面上进行显示。

EFB 中驻留了大量的应用软件,包括故障信息、飞机性能、视频监视、机场地图、电子日志和文档浏览等。

参考文献

［1］ CARY R. SPITZER，UMA FERRELL，et al. Digital Avionics Handbook［M］. 3rd ed. Boca Raton：CRC Press，2017.

［2］ CARY R. SPITZER. Avionics：Development and Implementation［M］. 2nd ed. Boca Raton：CRC Press，2018.

［3］ 罗飞.应用空客 AIRMAN 系统保障深航 A320 机队安全运行［J］.科技创新导报，2012，(22)：82.

［4］ 金尼逊. 航空维修管理［M］. 李建楣，李真译. 北京：航空工业出版社，2007.

［5］ 曹全新，杨融，刘子尧.民用飞机健康管理技术研究［J］.航空电子技术，2014，45(4)：15－19.

［6］ ATAA. Information Standards for Aviation Maintenance［S］. Revision 2000.1，Washington，D. C. ，USA，Air Transport Association of America，Inc. ，2000.

［7］ 曹仁伟.综合化航空电子技术初探［J］.电子世界，2014，(22)：14－15.

［8］ Aeronautical Radio INC. Commercial Aircraft Information Security Concepts of Operation and Process Framework［S］. USA Maryland：Airlines Electronic Engineering Committee，2005.

［9］ 英特尔开源技术中心.OpenStack 设计与实现(第 2 版)［M］.北京：电子工业出版社，2017.

［10］ 张恒喜主编. 数字化维修理论与技术［M］. 北京：国防工业出版社，2006.

［11］ MIKE TOOLEY. Aircraft Digital Electronic and Computer Systems［M］. 2nd ed. London：Routledge Taylor & Francis Group，2013.

［12］ ELINOR ULFBRATT. Comparison of the SESAR and NextGen Concepts of Operations［R］. USA Washington：NCOIC-AviationIPT-SESAR-NextGen，2009.

［13］ 华为 Docker 实践小组.Docker 进阶与实践［M］.北京：机械工业出版社，2016.

缩略语

缩写	全文	中文
3GPP	the 3rd generation partnership project	第三代合作伙伴计划
	A	
AAP	additional attendant panel	附加乘务员面板
AC	advisory circular	咨询通告
ACARS	aircraft communication addressing and reporting system	飞机通信寻址和报告系统
ACD	aircraft control domain	飞机控制域
ACMF	aircraft condition monitor function	飞机状态监控功能
ACMS	aircraft condition monitoring system	飞机状态监控系统
ACP	area call panel	区域呼叫面板
ACU	audio control unit	音频控制单元
ADB	area distribution box	区域分配盒
ADCU	aircraft data collection unit	飞机数据采集单元
ADM	architecture development method	架构开发方法
ADS	Air Data System	大气数据系统
ADS-B	automatic dependent surveillance broadcast	广播式自动相关监视
AEEC	Airlines Electronic Engineering Committee	航空电子技术委员会
AES	advanced encryption standard	高级加密标准
AFDX	avionics full duplex switched Ethernet	航电全双工交换以太网
AFM	aircraft flight manual	飞机飞行手册
AGT	absolute globe time	绝对全球时间
AHEAD	aircraft health analysis and diagnosis	飞机健康分析和诊断

AHM	aircraft health management	飞机健康管理
AIP	attendant indication panel	乘务员指示面板
AISD	airline information services domain	航线信息服务域
AISS	aeronautical information system security	航空信息系统安保
ALT	absolute local time	绝对本地时间
AM	application management	应用程序管理
AMI	airplane modifiable information	飞机可更改信息
AMM	aircraft maintenance manual	飞机维护手册
ANSP	aircraft network security program	飞机网络安保过程
ANSP	aircraft network security progress	飞机网络安保过程
ANSU	aircraft network server unit	飞机网络系统服务器
AOC	airline operational control	航空公司运行控制
AOD	audio on demand	音频点播
APA	aircraft performance analysis	飞机性能分析
APaaS	application platform as a service	应用部署和运行平台即服务
AP	access point	接入点
API	application program interface	应用程序接口
APM	aircraft performance module	飞机性能模块
APN	airline public network	航线公共服务网络
APU	auxiliary power unit	辅助动力单元
ARINC	Aeronautical Radio Inc.	航空无线电通信公司
ARM	advanced RISC machines	高级 RISC 处理器
ARP	aerospace recommended practice	航空航天推荐惯例
ARU	airframe router unit	飞机路由单元
ASAAC	Allied Standard Avionics Architecture Council	航空电子架构联合标准协会

ASFC	the avionics server function cabinet	航电服务功能机柜
ASIC	application specific integrated circuits	专用集成电路
ATA	Air Transport Association	美国航空运输协会
ATC	air traffic control	空中交通控制
ATC COM	air traffic control communication	空中交通控制通信
ATE	automatic test equipment	自动测试装置
ATG	air to ground	空地
ATIS	automatic terminal information service	终端区自动信息服务
ATM	air traffic management	空中交通管理
ATN	Aeronautical Telecommunication Network	航空电信网
AUI	attachment unit interface	连接单元接口
AVOD	audio video on demand	音视频点播
AWCA	airport wireless communication antenna	机场无线通信天线
AWCU	airport wireless communication unit	机场无线通信单元

B

B2B	business to business	企业到企业
B2C	business to consumer	企业到消费者
BBU	building base band unit	基带处理单元
BIT	built in test	内置测试
BITE	built in test equipment	内置测试设备
BSP	board support package	板级支持包
BTS	base station transceiver	基站控制器

C

CAAC	Civil Aviation Administration of China	中国民用航空局
CAA	Civil Aviation Authority	民用航空管理局
CA	core avionics	航电核心

CAM	cabin assignment module	客舱分配模块
CAN	controlled area network	受控局域网
CAPT	captain	机长
CBIC	circuit breaker indication and control	跳开关界面和控制
CBM	condition based maintenance	基于状态维修
CCAR	China Civil Aviation Regulation	中国民用航空规章
CCD	cursor control device	光标控制装置
CCOM	cabin crew operating manual	客舱机组操作手册
CCR	common core resource	公共核心资源
CCS	cabin core system(ATA44)	客舱核心系统(ATA 44 章)
CD	computer disk(IT)	计算机光盘(IT 领域)
CDL	configuration deviation list	构型偏离清单
CDN	common data network	公共数据网络
CF	compact flash	紧凑式闪存
CFDS	central fault display system	中央故障显示系统
CFM	common function module	通用功能模块
CIDS	cabin intercommunication data system	客舱内部通信数据系
CISC	complex instruction set computer	复杂指令计算机
CIS - MS	cockpit information system-management system	驾驶舱信息系统之管理系统
CIU	cabin interface unit	客舱接口单元
CMC	central maintenance computer	中央维护计算机
CMCF	central maintenance computing function	中央维护计算功能
CMIS	cabin management interface system	客舱管理接口系统
CMS	cabin management system(ATA44)	客舱管理系统(ATA 44 章)
CMS	central maintenance system(ATA45)	中央维护系统(ATA 45 章)

CMT	cabin management terminal	客舱管理终端
CNAS	core network application services	核心网络软件服务
CNASM	core network application server module	核心网络应用服务模块
CNC	computerized numerical control	计算机数字控制
CNS	communication navigation surveillance	通信导航监视
CORBA	common object request broker architecture	公共对象请求代理架构
COTS	commercial off the shelf	商业货架产品
CP	cell portion	小区
CPDB	customization parameter database	客户化参数数据库
CPL	continuous parameter log	连续参数记录
CPM	core processing module	核心处理模块
CPU	central processing unit	中央处理器
CRC	cyclic redundancy check	循环冗余码校验
CRM	communication router module	通信路由模块
CSIP	cabin status indicator panel	客舱状态指示面板
CSMA/CD	carrier sense multiple access with collision detection	带有碰撞检测的载波侦听多路访问
CSMA	carrier sense multiple access	载波侦听多路访问
CSM	controller server module	控制服务器模块
CSS	cabin service system	客舱服务系统
CSSC	cabin service system controller	客舱服务系统控制器
CTSOA	China Technical Standard Order Approval	中国技术标准规定项目批准书
CTU	cabin telecommunication unit	座舱电信组件
CVR	cockpit voice recorder	驾驶舱话音记录器
CWLU	crew wireless LAN unit	机组无线局域网单元

D

DAL	design assurance level	研制保障等级
DCL	digital cabin logbook	数字客舱飞行日志
DDM	distributed data management	分配数据管理
DDR	double data rate	双倍速率
DDS	data distribution service	数据分发服务
DEU	director electronic unit	区域电子单元
DHCP	dynamic host configuration protocol	动态主机设置协议
DITS	digital information transfer system	数字信息传输系统
DLAN	digital local area network	数字化局域网
DLCS	data loading and configuration system	数据加载和构型系统
DMDT	diagnostic model development tool	诊断模型开发工具
DMRS	demodulation reference signal	解调参考信号
DNS	domain name system	域名系统
DoD TRM	Department of Defense technical reference model	美国国防部技术参考模型
DPM	data processing module	数据处理模块
DRAM	dynamic random access memory	动态随机存取存储器
DRD	distance runway dray	干跑道的着陆场长
DRW	distance runway wet	湿跑道的着陆场长
DSWG	digital security working group	数字安保工作组
DTH	direct to home	直接到户
DVD	digital video disc	数字视频光盘
DVI	digital video interface	数字视频接口

E

EAP - TLS	extensible authentication protocol-transport level security	可扩展的身份认证协议-传输层安全

EASA	European Aviation Safety Agency	欧洲航空安全局
ECAC	European Civil Aviation Conference	欧洲民航会议
EC	European Commission	欧洲委员会
ECM	engine condition monitoring	发动机状态监测
ECS	environmental control system	环境控制系统
ED	EUROCAE document	欧洲民用航空设备组织文件
EDS	electronic data services	电子数据服务
EE	electronic equipment	电子设备
EEPROM	electrically erasable programmable read only memory	电可擦除可编程只读存储器
EFB	electronic flight bag	电子飞行包
EGM	Ehternet gateway module	以太网网关模块
EICAS	engine indication and crew alerting system	发动机指示和座舱告警系统
EISA	extend industry standard architecture	扩展工业标准结构
ELB	electronic logbook	电子记录本
EMMC	embedded multi media card	嵌入式多媒体存储卡
ENRM	Ethernet network router module	以太网路由模块
EPSU	emergency power supply unit	应急电源组件
ERP	enterprise resource planning	企业资源计划
ESB	enterprise service bus	企业服务总线
ETACS	external taxing aid camera system	外部滑行辅助视频系统
EUROCAE	European Organization for Civil Aviation Equipment	民用航空设备欧洲机构
EVAC	evacuation	应急撤离
EVACSS	evacuation signal system	应急撤离信号系统

EVS	enhanced vision system	增强视频系统

F

FAA	Federal Aviation Administration	美国联邦航空局
FAH	flight attendant handset	乘务员送受话器
FAP	forward attendant panel	前乘务员面板
FAR	Federal Aviation Regulation	联邦航空条例
FCOM	flight crew operational manual	飞行机组操作手册
FDB	floor disconnect box	地板断开盒
FDD	frequency division duplex	频分双工
FDE	flight deck effect	飞行座舱效应
FDEVSS	flight deck entry video surveillance system	驾驶舱门视频监控系统
FDL	flight data loader	飞行数据加载器
FDR	flight data recorder	飞行数据记录器
FIM	fault isolation manual	故障隔离手册
FMCF	flight management computing function	飞行管理计算功能
F/O	first officer	副驾驶
FSB	fasten seat belts	系好安全带
FSM	file server module	文件服务器模块
FTP	file transfer protocol	文件传输协议
FTS	file transfer service	文件传输服务

G

GEO	geosynchronous earth orbit	同步地球轨道
GIS	geographic information system	地理信息系统
GOA	general open architecture	通用开放式架构
GPM	graphic processing module	图像处理模块
GPRS	general packet radio service	通用分组无线业务

| GSM | general system management | 通用系统管理（航空电子） |
| GUI | graphical user interface | 图形用户界面 |

H

HARQ	hybrid automatic repeat request	混合自动重传请求
HDTV	high definition television	高清晰度电视
HF	high frequency	高频通信
HMI	human machine interface	人机接口
HTTP	hyper text transfer protocol	超文本传输协议

I

I/O	input/output	输入/输出
IaaS	infrastructure as a service	基础设施即服务
IATA	International Air Transport Association	国际航空运输协会
ICAO	International Civil Aviation Organization	国际民航组织
ICD	interface control document	界面控制文件
ICE	in-circuit emulator	在线仿真器
ID	identification	标识
IDE	integrated development environment	集成开发环境
IDN	isolated data network	隔离数据网络
IEEE	Institute of Electrical and Electronics Engineers	美国电气和电子工程师协会
IEC	International Electronical Commission	国际电工委员会
IED	insertion extraction device	插入拔出装置
IFE	in flight entertainment	机载娱乐
IFEC	in flight entertainment center	机载娱乐中心
IFES	in flight entertainment system	机载娱乐系统
IKE	Internet key exchange	密钥交换协议

ILS	instrument landing system	仪表着陆系统
IMA	integrated modular avionics	综合模块化航电
IMSS	informed maintenance and support system	以信息为依据的维修和保障系统
IOM	input output module	输入输出模块
IP	Internet protocol	因特网协议
IPaaS	integration platform as a service	集成平台即服务
IPS	intrusion prevention system	入侵防御系统
IPSec	Internet protocol security	因特网协议安全
IPTV	Internet protocol television	网络协议电视
IRS	inertial reference system	惯性基准系统
IS	information system	信息系统
ISA	industry standard architecture	工业标准结构
ISO	International Standards Organization	国际标准化组织
IT	information technology	信息技术
IVHM	integration vehicle health management	综合健康管理

J

JCG	joint coordination group	联合协作组
JPEG	Joint Photographic Experts Group	联合图像专家组
JTAG	joint test action group	联合测试工作组

K

KANDU	Ka/Ku network data unit	Ka/Ku 波段网络数据单元
KCCU	keyboard and cursor control unit	键盘和光标控制单元
KRFU	Ka/Ku radio frequency unit	Ka/Ku 波段射频单元

L

LAN	local area network	局域网

LCC	life cycle cost	寿命周期成本
LCD	liquid crystal display	液晶显示器
LCM	Logic Control Module	逻辑控制模块
LMF	local maintenance function	本地维护功能
LPC	less paper cockpit	无纸化驾驶舱
LRC	Linux resource container	Linux 资源容器
LRM	line replaceable module	航线可更换模块
LRU	line replaceable unit	航线可更换件
LSAP	loadable software aircraft program	飞机程序可加载软件
LSAPL	loadable software airplane part library	可装载飞机软部件库
LSE	link switch equipment	链路交换设备
LSK	line select key	行选择键
LTE	long term evolution	长期演进
LW	landing weight	着陆重量

M

MAC	media access control	媒体访问控制
MCA	micro channel architecture	微通道体系结构
MCDU	multi control & display unit	多用途控制显示单元
MCU	modular concept unit	模数概念组件
MDI	medium dependent interface	媒体相关接口
MEL	minimum equipment list	最低设备清单
MEPG	motion picture experts group	运动图像专家组
METAR	meteorological aviation routine weather report	航空例行天气报告
MFD	multi-function display	多功能显示器
MHM	maintenance HMI manager	维护人机界面管理器

MIPS	microprocessor without interlocked piped stages	无内部互锁流水级的微处理器
MISM	maintenance information system module	维护信息系统模块
MLI	module logic interface	模块逻辑接口
ML	maintenance laptop	维护笔记本电脑
MLW	maximum landing weight	最大着陆重量
MMEL	master minimum equipment list	最低主设备清单
MMM	massive memory module	大容量存储模块
MMU	memory management unit	存储器管理单元
MPI	module physical interface	模块物理接口
MP	maintenance panel	维护面板
MSD	mass storage device	大容量储存设备
MSL	module support layer	模块支持层
MS	maintenance system	维护系统
MTBF	mean time between failure	平均故障间隔时间
MTOW	maximum takeoff weight	最大起飞重量
MZFW	maximum zero fuel weight	最大零油重量

N

NASA	National Aeronautics and Space Administration	美国国家航空航天局
NCU	network control unit	网络控制单元
NEMO	network mobility	移动网络服务
NextGen	next generation air transportation system	下一代空中运输系统
NIM	network interface module	网络接口模块
NOTAM	notices to airmen	航行通告
NSM	network support module	网络支持模块
NS	no smoking	禁止吸烟

NSS	network server system	网络服务器系统
NSU	network server unit	网络服务器单元
NVRAM	non volatile random access memory	非易失性随机存取存储器

O

O2O	online to offline	线上到线下
OAA	open application architecture	开放应用体系结构
OA	open architecture	开放结构
OAS	onboard authentication services	机载验证服务
OBRM	on board replaceable module	机载可更换模块
OCMF	onboard configuration management function	机载构型管理功能
ODLF	onboard data loading function	机载数据下载功能
ODN	open data network	开放数据网络
OEM	original equipment manufacturer	原始设备制造商
OIS	onboard information system	机载信息系统
OIT	onboard information terminal	机载信息终端
OMG	object management group	对象管理组织
OMS	onboard maintenance system	机载维护系统
OMT	onboard maintenance terminal	机载维护终端
OO	object orient	面向对象的
OSFC	the open world server function cabinet	开放域服务功能机柜
OSI	open system interconnection	开放式系统互联
OSMF	onboard storage module function	机载存储管理功能

P

PaaS	platform as a service	平台即服务

PACIS	passenger address and communication interphone system	旅客广播内话系统
PA	passenger address	旅客广播
PCH	passenger control handset	旅客遥控器
PCI	personal computer interface	个人电脑接口
PCM	power control module	电源控制模块
PCU	passenger control unit	旅客控制单元
PDA	personal digital assistant	个人数字助理
PDCCH	physical downlink control channel	物理下行控制信道
PDMMF	power distribution monitoring and maintenance function	电源分配监控和维护功能
PDSCH	physical downlink shared channel	物理下行共享信道
PED	portable electronic device	便携式电子设备
PFD	primary flight display	主飞行显示器
PHY	port physical layer	端口物理层
PIESD	passenger information and entertainment services domain	旅客信息和娱乐服务域
PIREP	pilot report	飞行员报告
PISA	passenger interface supply adapter	旅客接口及供给适配器
PKI	public key infrastructure	公钥基础设施
PMAT	portable maintenance access terminal	便携式维护访问终端
PODD	passenger owned devices domain	旅客自带设备域
POH	pilot's operating handbook	飞行员操作手册
POM	power outlet module	电源插座模块
POSIX	portable operating system interface	可移植操作系统接口
PRAM	prerecorded announcement and music	预录通知和音乐
PRA	particular risk analysis	详细风险分析

PSCU	passenger service control unit	旅客服务控制单元
PSU	passenger service unit	旅客服务单元
PTP	program test panel	编程和测试面板
PTT	push to talk	按压通话
PUCCH	physical uplink control channel	物理上行控制信道
PUSCH	physical uplink shared channel	物理上行共享信道

Q

QACVR	quick access cockpit voice recorder	驾驶舱话音快取记录器
QAR	quick access recorder	快速存取记录器
QNH	query normal height	修正海平面气压高度
QoS	quality of service	服务质量

R

RCC	remote control center	远程控制中心
RDC	remote data concentrator	远程数据收集器
RF	radio frequency	无线电频率
RLT	relative local time	相对本地时间
ROM	read only memory	只读存储器
RPDU	remote power distribution unit	远程动电力分配单元
RRU	radio remote unit	射频拉远单元
RTCA	Radio Technical Commission for Aeronautics	航空无线电技术委员会
RTOS	real-time operating system	实时操作系统
RTS	return to seat	回到座位

S

SaaS	software as a service	软件即服务
SAE	Society of Automotive Engineers	国际自动机工程师学会
SAP	service access point	服务访问点

SATA	serial advanced technology attachment	串行高级技术附件
SATCOM	satellite communications	卫星通信
SBB	swift broadband	快速宽带
SCAP	standard computerized airplane performance	飞机性能计算程序标准化
SCI	security communication interface	安保通信接口
SCSI	small computer system interface	小型计算机系统接口
SDL	simple data loader	简单数据加载
SDM	smart diode module	智能二极管模块
SDRAM	synchronous dynamic random access memory	同步动态随机存取存储器
SD	security disk	安全存储卡
SDU	seat display unit	椅背显示单元
SEB	seat electronic box	座椅电子箱
SESAR	single European sky air traffic management research	单个欧洲空中交通管理研究
SIRU	service interface router unit	服务接口路由单元
SMS	short message service	短信业务
SMT	software maintenance tool	软件维护工具
SNG	satellite news gathering	卫星新闻采集
SOAP	simple object access protocol	简单对象访问协议
SOA	service oriented architecture	面向服务的架构
SPECI	aviation selected special weather report	航空特选天气报告
SPM	seat power module	座椅电源模块
SQL	structured query language	结构化查询语言
SSD	solid state disk	固态硬盘
STAR	standard terminal arrival route	标准进场程序

SVS	synthetic vision system	综合视频系统
SWIM	System Wide Information Management	系统广域信息管理
SYN	synchronize sequence numbers	同步序列编号

T

TAFIM	technical architecture framework for information management	信息管理技术架构框架
TAF	terminal area forecast	终端区域气象预报
TCP	transmission control protocol	传输控制协议
TDD	time division duplex	时分双工
TFTP	trivial file transfer protocol	简单文件传输协议
TFW	trip fuel weight	航段油耗量
TOFW	take-off fuel weight	起飞燃油重量
TOGAF	the open group architecture framework	开放组织体系架构框架
TOG	the open group	开放组织体系
TOW	take-off weight	起飞重量
TPU	transformer power unit	电源转换单元
TWLU	terminal wireless LAN unit	航站无线局域网单元

U

UDP	user datagram protocol	用户数据报协议
UI	user interface	用户界面
USB	universal serial bus	通用串行总线

V

VDL	VHF data link	甚高频数据链
VHF	very high freqency	甚高频通信
VIP	very important person	贵宾
VOR	VHF omnidirectional range	甚高频全向信标

VPN	virtual private network	虚拟个人网络
VREF	landing reference speed	着陆基准速度
VSAT	very small aperture terminal	甚小口径终端

W

WACS	wireless airport communication system	机场无线通信系统
WAP	wireless application protocol	无线应用协议
WEP	wired equivalent privacy	有线等效保密协议
WiFi	wireless fidelity	无线局域网
WKP	well known port	标准端口
WLM	wireless LAN manager	无线局域网管理器
WQAR	wireless quick access recorder	无线快速存取记录器
WSDL	Web service description language	网络服务描述语言
WSRP	Web service for remote portlets	远程门户网络服务

X

XML	extensible markup language	可扩展标记语言

Z

ZAU	zone address unit	区域音频单元
ZFW	zero fuel weight	零油重量

索引

大飞机出版工程　书目

一期书目(已出版)

《超声速飞机空气动力学和飞行力学》(译著)

《大型客机计算流体力学应用与发展》

《民用飞机总体设计》

《飞机飞行手册》(译著)

《运输类飞机的空气动力设计》(译著)

《雅克-42M和雅克-242飞机草图设计》(译著)

《飞机气动弹性力学和载荷导论》(译著)

《飞机推进》(译著)

《飞机燃油系统》(译著)

《全球航空业》(译著)

《航空发展的历程与真相》(译著)

二期书目(已出版)

《大型客机设计制造与使用经济性研究》

《飞机电气和电子系统——原理、维护和使用》(译著)

《民用飞机航空电子系统》

《非线性有限元及其在飞机结构设计中的应用》

《民用飞机复合材料结构设计与验证》

《飞机复合材料结构设计与分析》(译著)

《飞机复合材料结构强度分析》

《复合材料飞机结构强度设计与验证概论》

《复合材料连接》

《飞机结构设计与强度计算》

三期书目(已出版)

《适航理念与原则》

《适航性:航空器合格审定导论》(译著)

《民用飞机系统安全性设计与评估技术概论》

《民用航空器噪声合格审定概论》

《机载软件研制流程最佳实践》

《民用飞机金属结构耐久性与损伤容限设计》

《机载软件适航标准 DO‐178B/C 研究》

《运输类飞机合格审定飞行试验指南》(编译)

《民用飞机复合材料结构适航验证概论》

《民用运输类飞机驾驶舱人为因素设计原则》

四期书目(已出版)

《航空燃气涡轮发动机工作原理及性能》

《航空发动机结构强度设计问题》

《航空燃气轮机涡轮气体动力学:流动机理及气动设计》

《先进燃气轮机燃烧室设计研发》

《航空燃气涡轮发动机控制》

《航空涡轮风扇发动机试验技术与方法》

《航空压气机气动热力学理论与应用》

《燃气涡轮发动机性能》(译著)

《航空发动机进排气系统气动热力学》

《燃气涡轮推进系统》(译著)

《燃气涡轮发动机的传热和空气系统》

五期书目(已出版)

《民机飞行控制系统设计的理论与方法》

《民机导航系统》

《民机液压系统》(英文版)

《民机供电系统》

《民机传感器系统》

《飞行仿真技术》

《民机飞控系统适航性设计与验证》

《大型运输机飞行控制系统试验技术》

《飞行控制系统设计和实现中的问题》(译著)

《现代飞机飞行控制系统工程》

六期书目(已出版)

《民用飞机构件先进成形技术》

《民用飞机热表特种工艺技术》

《航空发动机高温合金大型铸件精密成型技术》

《飞机材料与结构检测技术》

《民用飞机构件数控加工技术》

《民用飞机复合材料结构制造技术》

《民用飞机自动化装配系统与装备》

《复合材料连接技术》

《先进复合材料的制造工艺》(译著)

七期书目(已出版)

《支线飞机设计流程与关键技术管理》

《支线飞机验证试飞技术》

《支线飞机电传飞行控制系统研发及验证》

《支线飞机适航符合性设计与验证》

《支线飞机市场研究技术与方法》

《支线飞机设计技术实践与创新》

《支线飞机项目管理》

《支线飞机自动飞行与飞行管理设计与验证》

《支线飞机电磁环境效应设计与验证》

《支线飞机动力装置系统设计与验证》

《支线飞机强度设计与验证》

《支线飞机结构设计与验证》

《支线飞机环控系统研发与验证》

《支线飞机运行支持技术》

《ARJ21‑700新支线飞机项目发展历程、探索与创新》

《飞机运行安全与事故调查技术》

《基于可靠性的飞机维修优化》

《民用飞机实时监控与健康管理》

《民用飞机工业设计的理论与实践》

八期书目(已出版)

《航空电子系统综合化与综合技术》

《民用飞机飞行管理系统》

《民用飞机驾驶舱显示系统》

《民用飞机机载总线与网络》

《航空电子软件开发与适航》

《民用机载电子硬件开发实践》

《民用飞机无线电通信导航监视系统》

《飞机环境综合监视系统》

《民用客机健康管理系统》

《航空电子适航性分析技术与管理》

《民用飞机客舱与机载信息系统》

《民用飞机驾驶舱集成设计与适航验证》

《航空电子系统安全性设计与分析技术》

《民机飞机飞行记录系统——"黑匣子"》

《数字航空电子技术(上、下)》